未读

A
DR

思
想
家

理性的抉择:女性如何做决定

[美] 特蕾泽·休斯顿 著

张佩 译

HOW WOMEN DECIDE

by Therese Huston

图书在版编目 (CIP) 数据

理性的抉择:女性如何做决定 / (美) 特蕾泽·休斯顿著;张佩译. — 北京:北京联合出版公司,2017.6 (2022.3 重印)
ISBN 978-7-5596-0132-2

Ⅰ.①理… Ⅱ.①特… ②张… Ⅲ.①女性—成功心理—通俗读物 Ⅳ.① B848.4-49

中国版本图书馆 CIP 数据核字 (2017) 第 079714 号

北京市版权局著作权合同登记号 图字:01-2017-2517 号

选题策划　联合天际
责任编辑　崔保华　刘 凯
特约编辑　张 星
美术编辑　晓 园
装帧设计　@broussaille 私制

未读 DR 思想家

| 出　版 | 北京联合出版公司 |
| 北京市西城区德外大街 83 号楼 9 层　100088 |
发　行	北京联合天畅文化传播有限公司
印　刷	三河市冀华印务有限公司
经　销	新华书店
字　数	266 千字
开　本	880 毫米 × 1230 毫米 1/32　11.5 印张
版　次	2017 年 7 月第 1 版　2022 年 3 月第 7 次印刷
I S B N	978-7-5596-0132-2
定　价	49.80 元

关注未读好书

未读 CLUB
会员服务平台

Decide

How Women

What's True,
What's Not,
and Why it Matters

女性如何
做决定

Therese Huston

理 性 的 抉 择

北京联合出版公司
Beijing United Publishing Co.,Ltd.

[美]特蕾泽·休斯顿——著   张佩——译

献给乔纳森，
嫁给你是我做过的最好的决定。

目录

第三章　你好，冒险家

第四章　女性的信心优势

第五章　压力使她专注，而非脆弱

第六章 看着他人做出糟糕的决定

后记

致谢

附录

前言　如果决策者是女性，会怎样？

近些年来，让女性发起战斗的呼声从四面八方传来。这些号召鼓励女性向前一步，积极表达自己的诉求；要明白自身价值，尽力表现自己；要表现得强硬一些，缩小信心的鸿沟。这些振奋人心的话激励女性积极参与决策，承诺赋予渴望权力的女性权力。同时，也向女性传达这样的信息：只要她们努力工作、目标高远，就会获得巨大成功——这也意味着她们可以做出更多重要的决策。

可是，没有人提到，当女性做重要决策时，会出现什么样的情形。在做高风险的困难决定时，女性的感受与男性有什么区别吗？受这个问题的启发，我开始了相关研究，最终写成了这本书。我发现，男性在面临困难抉择时，只需要思考如何做判断，而女性在面临困难抉择时，不仅要思考如何做判断，还要考虑如何应对他人对自己的判断。

那么，一个聪慧、自尊心强、通常还很忙碌的女性，该如何做决策呢？

她需要知道女性的决策方式，以及如何在制定自己的行动方针时将决策过程中的现实问题考虑进去。告诉你一个秘密：女性处理决策的方式实际上比她们自己认为的更具优势。女性与男性处理决策的方式不同，但并不是人们所认为的那些不同。本书的主题既不是"生物性即命运"，也不是男性与女性的大脑差异。多年来，社会一直低估女性的决策力，我们所见到的许多性别差异都源于这种对女性判断力惯常的质疑。

很多时候我们并没有意识到，相较于男性，我们会更加严密地审视女性所做出的决定。这也许不易察觉，因为几乎不存在除了性别以外其他因素完全一样的情况。但是，偶尔也会碰到其他因素极其相似，从而偏见得以凸显的情况。以 2013 年 2 月玛丽莎·梅耶（Marissa Mayer）因为取消雅虎公司在家办公的政策而登上头条这一事件为例。当时，雅虎宣布公司员工不能再完全在家办公，媒体因此抨击梅耶。有评论员批评这种政策转变，认为这对女性不利，而且包括我自己在内的许多人，都对梅耶这项富有争议的决策感到诧异。然而，当零售公司百思买（Best Buy）的 CEO 休伯特·乔利（Hubert Joly）一周后做出同样的决定时，有多少人听说过这件事呢？[1] 当他终止百思买优越的家庭办公政策时，商业记者们尽职尽责地报道了这则消息，但乔利并没有像梅耶那样引起民愤。因为这个决策，乔利的名字只是在 2013 年的头条短暂出现过，但是直到 2015 年，记者还在讨论梅耶的决策，分析她的做法是否正确。[2]因此，对于同样根据判断所做出的决定，男性 CEO 所引起的关注只持续了几个月，而女性 CEO 却遭到了数年的审视和指责。

起初，我们会试图为自己做出不同反应而辩解：受到雅虎决策影响的员工肯定更多。因为雅虎是一家软件公司，在家办公的程序员可以穿着睡衣，不管白天还是黑夜，在任何时间都能工作；而百思买有实体店铺，我们推断其员工必须准时上班、穿着得体，在家办公的职员肯定很少。但有报道文章显示，梅耶的决策只影响到200名雇员，而乔利却让公司近4000名在家办公职员的生活发生了改变。[3]也就是说，百思买的决定影响到的员工数量是雅虎的20倍。

如果受波及员工的数目不是梅耶引起轩然大波而乔利却自鸣得意的原因，那到底该如何解释这种现象？难道是因为梅耶新近掌舵雅虎，而乔利是百思买的老舵手？也并非如此，两位CEO都任职大约半年，这就让情况显得更加令人不安了。[4]人们对梅耶的决策一直耿耿于怀，而对乔利的决策却忽略不计，也可能是因为许多人陷入了一种不自觉的思维模式：对于女性做出的决定，我们毫不迟疑地进行质疑；对于男性做出的决定，我们却都倾向于接受。对我们来说，男性和女性做相同的事情，我们会用不同的方式来看待。

这种倾向会造成很现实的后果。想想这种常见的情形，企业乐于提拔男雇员，却在提拔女雇员时顾虑重重。为什么会这样？很多书都解答了这个问题，但我的研究提供了一种新的说法，揭示了被许多人所忽视的东西。对于男性所做的决定，就算它令人费解、不讨人喜欢，我们也会迅速接受，并且认为必须如此。而当女性宣布同样的决定时，我们却会花双倍的力气进行审视。这也许并不是有意为之，但我们确实会怀疑她所做的决定是否正确。

决策包含着性别因素，尽管这可能有些难以置信。对于同样的决策，有人会对男性会心地点点头，对女性却皱起眉头怀疑。我们都会认为自己对待他人很公平而且充满善意，我从未见哪个人说："我喜欢以不同的方式对待不同的人。"如果我们想弄清楚性别影响决策过程的方式，以及我们面对男性决策和女性决策时细微但明显的反应，那么我们需要提出一些严肃的问题。男性和女性的判断力存在真正的差异吗？我们是否夸大了这种差异？流行的观点所揭示的男女决策方式的差异，哪些是真实的，哪些其实是编造出来的？假如男女使用不同方式做出相同的决定，那女性的决策方式会不会是一种财富，而非负担？

最重要的是，如果发现自己对待男性做出的决策和女性做出的决策的确有所不同，那么我们应该做些什么？我们如何才能及时意识到自己这种不公平的倾向？一方面，我们需要训练自己，学会察觉我们对待决策时的隐性偏向。不管是男是女，在做决定时都必须审时度势、制定策略，因为这不是一个人能够完成的。毫无疑问，无论你是男性还是女性，阅读此书能够帮助你提高决策能力。但是，如果我们想看到更多的女性参与重要决策，我们应当改变自身所处文化对女性判断力的思考方式。我们需要做一些结构性的改变，这些改变不仅会改善女性的生活，还会改善我们所做出的决定。我希望这本书能带来一点启发：让更多女性参与关键决策不仅对女性自身有益，还能改善决策，这对众人皆有益。

在做重要决定时，我们要问谁？

1968 年 1 月，西雅图一个寒冷的冬日，虽然没下雪，但人们都裹得严严实实。23 岁的芭芭拉·温斯洛（Barbara Winslow）在华盛顿大学读历史学专业，和丈夫结婚不到一年。就在几天前，芭芭拉被检查出胸部有一个肿块，她无法接受这个事实。医生向她解释，可以在麻醉后从乳房内取出一个切片进行活组织检查，如果检查结果呈阳性，说明是恶性肿瘤，那就直接在之前麻醉的基础上立即进行根治性乳房切除手术。这个手术的名字取得很合适，因为这意味着将会一下子切除整个乳房、乳房下面的胸肌以及位于女性腋窝的淋巴结。显然，这是一种高效而野蛮的治疗方式。[5]在芭芭拉进入麻醉状态、即将失去意识时，她想自己是否患上了癌症，醒来时等着自己的要么是好消息，要么就是原来乳房所在的位置满是缝线。

解释完手术步骤后，医生说会立即安排活组织检查，但是芭芭拉不愿意。她可以回家想想吗？为什么一定要立即做决定？对此，医生解释说，如果他给芭芭拉大量时间考虑这件事，她很可能因为太害怕，决定不冒这个风险。

芭芭拉认为确实不应该质疑医生的权威，所以她回答道："好吧，这也有道理。"医生便把手术同意书递给了芭芭拉的丈夫。"等等，"芭芭拉说，"为什么是我的丈夫签字？"医生给出的回答将会让她永生难忘："因为女性对她们乳房的依恋既情绪化又毫无理性。"[6]

这句话令人气愤吧？真是有些莫名其妙。做决定的人是谁？难道不是芭芭拉吗？可是这位医生并未真正问过她想怎么办。事实上，医生想表达的是，她容易情绪化、不理智，不能做这个决定。给人一种可自行选择的假象，有什么意义吗？如果芭芭拉当时说，"我不想化验"，那医生还会把手术同意书递给她丈夫吗？

2015年，芭芭拉告诉我："现在回过头来看，我希望自己当场就质疑了那位医生，我希望自己砸了他的办公室。我应该问问他，'我倒想知道，男性对身体的哪个部位依恋到丧失理性？'"芭芭拉有很多生气的理由，比如那位医生不相信女性能在压力处境中做出恰当的判断。然而，芭芭拉当时甚至都没有怀疑过他的武断结论。她说："那时我不会这样思考，大家都不会往这方面想，那时的女性就是这样生活的。"

这可能只是一个女人的一段可怕遭遇，但是作为一个决策研究者，我从这个故事中看到了更加令人忧虑的东西。我们可能会觉得，这类事情也就是发生在过去而已，这种情境中的各方面因素已经得到了改善，在当今的美国，已经没有医生会让一位女性的丈夫来替她做决定。但是这种处境到底改善了多少呢？人们很愿意自信满满地说，这种歧视已经不复存在了。但是类似这样对女性决策者的歧视，有多少已经完全消失，又有多少只是隐藏起来但仍然影响人们对领导者的选择？不管是在医生的诊室里，还是在商务会议中，女性在做高风险决策时，是否被平等对待？抑或，是否仍有这样一种念头难以打消，即男性不受恼人的情绪束缚，因而具有更高的决策能力？

差不多半个世纪过去了，癌症治疗过程不再像过去那么野蛮：女性自己在手术同意书上签字；在医生和病人讨论过活组织检查结果之后，才会安排进行手术；根治性乳房切除手术也基本上是过去的事了。如今人们听到芭芭拉的这个故事，都会觉得很震惊。但是我们仍旧得问问自己：**情况真的完全不同了吗**？

理查德·霍夫曼（Richard Hoffman）是衣阿华大学的一名医学教授，他发现直到今天，仍有必要想一想医生和患者之间是怎样对话的。对于在决策过程中的角色，医生向男性患者和女性患者分别传达的是什么？谁会被问到"你想怎么做"，谁不会被问到？是不是有些患者被当成搭档，而有些则被当成从属？

2011年，霍夫曼教授和他的团队分析了美国不同地方1100名成年人的调查数据，他们让患者报告近期与医生进行的关于癌症筛检的对话。霍夫曼主要关注的是50岁以上的成年人，因为医生一般建议超过50岁的人接受某些类型的癌症常规检查。如果医生认为男性和女性具备同等的决策能力，那么所进行的决策对话应该是相同的。然而并非如此。根据报告，在讨论男性前列腺检查时，有70%的男性被问过，"你想做这个检查吗？"而讨论女性的乳房检查时，同样的问题只有43%的女性听过。[7]

为什么会有这样的差别？当面临性器官癌症筛检的选择时，为什么男性比女性有更多选择权？而且值得注意的是，对于前列腺癌症筛检的有效性，一直存在争议。前列腺癌的前期筛检一般都要验血，大约有3/4的男性检查结果呈阳性，但并未患上前列腺癌，也就是说，误判比例很高。前列腺癌血检问题重重，因此美国预防服务工作组将这项检查评为D级，表明它的害处大于益处。而乳腺癌筛检，虽然也说不上完美，但至少被评为B级。[8]前列腺癌筛检会造成大量不必要的担忧，更不用说多余的诊疗及检查带来的风险。也许正因为如此，医生给男性更多选择权，让他们自行决定是否要经历这些可能具有误导性且令人不安的筛检过程。[9]

好吧。那么对于同一个器官的检查，情况又如何呢？霍夫曼后来考察了一个两性兼具的器官的筛检。他专门选了一个被美国预防服务工作组评为A级的检查，它能可靠地检测出男性和女性是否患有癌症。这个检查就是可怕的结肠镜检查。[10]在美国，结肠癌在最常见的致死癌症中排名第三，男性和女性都有很高的患病风险。[11]当医生和患者讨论是否要进行结肠镜检查时，是只需要说"你得做这项检查"，还是告诉他们有什么选择，然后问"你想做这项检查吗？"。霍夫曼教授得到的结果发人深省。医生问了71%的男性是否要做结肠镜检查，却只问了57%的女性同样的问题。这两个数字差别不是很大，没错，但是为什么不是一样的呢？为什么更多男性得到了选择的权利？这些男性和女性的年龄是在同一个区间内的，他们中大多数人的年龄在 50~70 岁之间，因为医生一般会建议从 50 岁开始做第一次结肠镜检查。美国男性患结肠癌的风险比女性稍高，21 名男性中有 1 人会在人生的某个时期患上这种疾病，而女性的患病比例是 1/22。[12] 不过，这是否就意味着更多男性有自己选择的权利，医生应该更多地询问男性，而不是直接告诉他们去做这项检查？相比之下，女性患结肠癌的风险更低。这就说明，如果有一个性别可以选择不做这项检查，那就是女性。那么，女医生更可能会询问女患者她们想怎么做（而不是直接告诉她们做什么）吗？我们不得而知。这组数据并不包含医生性别的信息。

第一次阅读这份报告时，我不知道该作何感想。也许医生对男性和女性区别对待是为了更有效地工作。医生一年要看几百名病人，察言观色是所有优秀专业医生的必备技能。会不会是医生发现如果不让男性自己做出选择，就会激怒他们，从而使他们一去不回？抑或是相当比例的女性一开始不肯做癌症筛查，但后来后悔不已，所以才更少地让女性选择？尽管现在医生已经不会让男性来签妻子的手术同意书，但似乎他们还是跟以前一样，比起女性，会更加相信男性以及自己的正确判断力。

在美国，女性获得重大决定权的历史较短。直到 1920 年，美国的女性才获得选举的权利，那时世界上已经有十几个其他国家通过了允许女性参与公民决策的法律。[13] 在 1968 年芭芭拉看着丈夫勉为其难地签署手术同意书时，医生并不是唯一认为男性比女性判断力好的群体，大多数专业领域都存在这样的看法，毕竟那时女性解放运动才刚刚开始。在 20 世纪 60 年代末，离过婚的女性想开始新的生活，一般无法直接买到属于自己的房子。她们有两个选择：不买房而是租房；如果一定要买，需要说服她身边的男性，通常是她的前夫，在抵押贷款上签字。[14] 而在 20 世纪 70 年代初，高收入女性申请信贷额度时，通常会遭到拒绝。以比莉·简·金（Billie Jean King）为例，她是世界网球冠军，曾在某一年的温网比赛中赢得三个冠军，用挣来的钱养活家庭。她曾经想以自己的名字办张信用卡，却没办成。她发现想要办理信用卡的唯一办法是让她的丈夫成为第一担保人，因为只有当贷款方确定此卡的财政决定者有一位男性支持时，她才能成为第二持卡人。如果她丈夫有经济来源的话，这种做法也许还有点道理，但是当时他并没有收入，比莉·简·金那时正供他在法学院上学。[15]

现在借贷程序的相关法律已经修改，但是为什么在 21 世纪，这些潜在性别偏见仍然影响女性在决策方面的待遇？为什么医生更多地让男性参与决策？不仅是医生，大多数人在评判一个人的决策能力时，是否对男性和女性进行了区别对待？社会对女性判断力的评估是否受偏见影响？

为了更好地了解现状，我们走进了维多利亚·布里斯科（Victoria Brescoll）的实验室。布里斯科是耶鲁大学管理学院的一位社会心理学家，她对于男性和女性是如何被评价的这一问题很感兴趣。布里斯科研究了普通成年人评价求职者、应试学生和政客的方式。她想知道，我们如何判断电视上的那位候选人或者站在我们面前的某个人能否胜任。

在一项研究中，布里斯科让普通人评价求职者。每个参与研究的成年人拿着一个写字板坐在屏幕前，观看一场已经开始的面试视频。这场面试分为两个版本，一个是男性，另一个是女性。整个面试过程看上去很常规，直到经理让面试者描述自己在以前的工作中曾犯过的一个错误。面试者都讲述了一个和同事丢掉重要客户的故事。随后，经理问道：“你当时是什么感受？”求职者听到这个问题恼怒起来，不安地高声回答：“当然很生气了。”看完视频后，受试者要对这个求职者进行打分，评估这个人在未来的工作中可以拥有多少权力。你会信任这个人，让他独立决策吗？最后，应该雇用这个人吗？

布里斯科真正想知道的是，这些评价会因求职者的性别不同而有所差异吗？

结果确实如此。布里斯科和欧洲工商管理学院新加坡校区的教授埃里克·乌尔曼（Eric Uhlmann）进行了三种形式的研究。在每种研究中，受试者给生气的女性求职者的分数比给有同样行为的男性求职者的分数都低。[16] 这些求职者其实是专业的演员，他们严格按照同一剧本进行表演，一样都牙关紧闭，发泄同等程度的情绪。但是那些受试者并没有这么看，发怒的女性求职者在他们看来显得“沉不住气”，不具备作为领导者的素质。[17] 不仅男性受试者这样看待女性求职者，连女性受试者也这么看。两种性别的受试者都认为，对过去的失误而感到挫败的女性应该担任低权力的工作，应该拥有少量独立决策的机会。

相较之下，受试者将男性的怒气归因于他们所受的压力，而非缺少控制力。因失误而感到挫败并没有影响一名男性的可信度，发泄情绪反而提高了他的地位。如果一位怒气冲冲的男性说他只是一名职位较低的助手，这些评估的人就想给他更多领导的机会。他们想让一个感到挫败的男人拥有更多的决策机会。[18]

布里斯科的研究说明，当男性和女性用同样的方式说同样的话时，我们潜意识中的偏见会自然而然地导致我们认为，他一定会大有作为，而她真是个麻烦精。

狗拉雪橇问题

有些群体坚持认为，如今女性已经获得大量的决策权，并列举了位高权重的杰出女性。谢天谢地，和不能办理信用卡的时候相比，女性的地位是有了很大提高。近年来，任职于美国最高司法职位的两位法官都是女性，她们是最高法院法官索尼娅·索托马约尔（Sonia Sotomayor）和艾莉娜·卡根（Elena Kagan）。自2000年以来，德国、巴西和韩国的公民都陆续选出了自己国家的首位女性首脑，让安格拉·默克尔（Angela Merkel）、迪尔玛·罗塞夫（Dilma Rousseff）和朴槿惠成为世界上最有权力的女人。甚至，从创立之初就由男性负责的金融机构，也最终决定让女性一展拳脚。2014年珍妮特·耶伦（Janet Yellen）开始指挥美国中央银行系统，2011年克里斯蒂娜·拉加德（Christine Lagarde）被任命为国际货币基金组织的总裁。

鉴于人们能一口气说出一长串权势女性的名字，似乎可以认为目前社会对女性判断力的信任程度与男性相当。然而，这些都是特例，并非常态。女性占世界人口的一半还多，可是在经济和政治领域担当重要决策者的女性却只有一小部分。2015年世界上的独立国家有195个，这些国家中只有11.2%的国家由女性领导；在美国500家最大的公司和英国100家最大的公司中，女性高管所占的比例都只有15%。[19]进入标准普尔前1500名的公司里叫约翰的男性CEO比叫任何名字的女性CEO都要多，我将其称作"约翰数据"。[20]

我们对女性是糟糕决策者的看法，并不是促成领导层性别比例差距的唯一因素。但是这个因素到底有多重要呢？公司机构喜欢找其他原因来解释高层女性稀少的现象，他们经常归因于野心的差距，称女性不像男性那样热衷于晋升。但有数据显示，职业女性和男性一样富有进取心。2013 年，一项调查收集了超过 1400 位管理人员的信息，发现想在公司担任高职位的女性和有同样想法的男性一样多。当被问到是否想让自己的职位再升一级时，83% 的女性管理者做出了肯定回答。同样的问题，只有 74% 的男性管理者做出了肯定回答。[21]

有些评论者认为，女性采取的成功路线不对。她们或是没能找到能够指导或支持她的人，或是没有要求晋升或加薪，抑或是不愿牺牲晚上和周末的时间，而办公室的男同事周日可能会来上班。然而，一项研究显示，仅仅"做正确的事"对于女性还不够。这项研究由非营利研究机构 Catalyst 开展，它跟踪调查了 3345 名毕业于美国顶尖商学院的学生，询问了这些商学院男女毕业生所使用的职业策略，并在数年间跟踪了解他们的收入变化以及晋升速度。在调查中发现，比起女性，那些理应行之有效的职业策略对男性更有帮助。[22] 千方百计采用所有职业发展策略的女性，还是没有使用同样策略的男性上升得快或挣得多。

另一个群体不以为意，认为这个问题正在逐渐得到解决。"耐心点，"他们说，"现在处于中层领导岗位的女性越来越多，再过几年，等到体制跟上去，就会有更多的女性跻身高层。"也许吧，可是最近几年的数据却呈现出另外一种情形。[23] 美国 500 强公司中女性董事成员的人数连续 9 年没有大的变化。[24] 2014 年美国女性州长的人数只是 2004 年的一半。[25] 如果把女性的进步比作管道的话，这个管道在科技领域满是漏洞，在科技产业女性的离职率是男性的两倍。[26] Textio 是一家新成立的软件公司，它的 CEO 基兰·斯奈德（Kieran Snyder）采访了超过 7000 位离开科技产业的女性，发现她们离开的主要原因是那里的文化氛围排斥女性。其中一位受访女性电力工程师杰西卡说："我热爱我的工作，我喜欢解决问题，创造能够改善人们生活的科技。我不喜欢的是，每天都要去兄弟会（frat house）上班。"[27]

要理解这种女性领导的边缘化，我们需要自问：**为什么人们不放心让女性成为高层决策者？**并非人们认为女性的智力不如男性。美国皮尤研究中心（Pew Research Center）最近做了一项面向超过 28 岁的美国人的调查，结果发现 86% 的调查对象认为男女智力相当。此外，有 9% 的调查对象认为女性比男性更聪明。也就是说，只有 5% 的人认为男性更聪明。[28]

但是**智力**不等同于**判断力**。我们脑中完美的决策者是什么样的呢？调查显示大多数人认为领导者必须勇敢无畏、行动力强，只有那些临危不惧、在每一个关键时刻都信心十足的人才能做出最佳的管理决策。[29] 聪明的人可能懂得多，但一名优秀的决策者要敢于在自己懂的东西上下重注。

在大多数人脑中，以上所有特征勾勒出了一位男性的形象。

但是你在自己公司四处看看，也许能看到不少女性在做重要决策。在美国，38% 的经理是女性。但是这些女性经理都做什么类型的决策呢？[30] 协调团队、计划项目、解决纠纷和监督部门预算。对于此类重要的内部决策，女性通常颇受欢迎。但是对于决定企业发展方向的外部决策，要靠公司老板，很多时候是公司的 CEO。就美国 95% 的大型公司而言，靠的是男性。[31]

有些人可能会反驳，中层管理人员所做的许多决定并不是他们自己的决定。2015 年一项面对 21859 名全职雇员的研究发现，主管和中层经理通常是最抑郁的雇员，他们的抑郁水平高于薪水更少的下属和收入丰厚的老板。[32] 为什么中层人士如此郁郁寡欢呢？哥伦比亚大学和多伦多大学的研究者认为，原因在于这些中层管理人员拥有的决断权太少。主管和中层经理一直在执行别人的决策，如果出错，他们不能像一线工作者那样轻易地指责别人。在很多组织里，中层管理人员无法获得处理最终产品或者帮助客户的满足感。也就是说，自治权很少，影响力也很小，但压力和责任却很大。

在纽约做视觉艺术和法律助理的莉斯听到这种说法时，一点也不觉得吃惊。她把专业领域的决策分工比作狗拉雪橇比赛。她认为，在执行所有次要决定和处理团队准备阶段的选择时，女性备受欢迎。人们很乐意让女性决定在工作中谁需要更多鼓励，谁需要适当约束，谁能在额外培训中有所收获，谁最后得到奖赏。莉斯解释说，让女性管理预算，甚至挑选顶尖团队的成员，都没有问题。"但是，在赛跑那天，当观众和摄像机就位，控制一切的是一个男人，而不是安排好这一切的那个女人。"我把这种现象称作"狗拉雪橇问题"。女性做一系列开始的决定，将雪橇准备妥当，但是当旗子升起，赛跑正式开始，大家都希望由男性来驾驶雪橇，由他们来做大家都看得到的、能赢得比赛的关键性决定。

男性和女性在电脑编程领域的历程是狗拉雪橇问题的完美例证。尽管今天看起来很不可思议，但女性的确是电脑编程领域的开拓者。传记作者沃尔特·艾萨克森（Walter Isaacson）在他2014年出版的书《创新者》（The Innovator）中描述了女性在编程史上扮演的极其重要但鲜为人知的角色。在20世纪40年代中期，建立第一代通用电脑硬件的工程师都是男性，编程人员却全是女性。在哈佛大学工作的女数学家兼海军军官葛丽丝·霍普（Grace Hopper），创造出了第一个使用文字而非数字的电脑程序COBOL。那时男性对电路系统很感兴趣，认为编程和打字一样，都是秘书性质的工作，没有什么声望，也不需要做什么有趣的决定。编程只不过是在为电脑解决问题做准备。在男人们看来大约如此。[33]

但是，到了20世纪五六十年代，这种迹象日益明显：关于软件方面的决策十分有趣而且格外关键。工程师和管理员们逐渐认识到，事实上软件也许比硬件还重要，因为电脑程序是可以移动的——不论程序是在伯克利还是在柏林被开发出来的，它能在任何一台电脑上运行。于是，男性忽然想做编程工作。当然，吸引男性的不只是程序员可以做关键性的决定。在1984年前后，大学里电脑科技专业的男生比例大幅上升，这可能是因为比起他们的女儿，父母更可能为儿子购置个人电脑，因此，青少年中对编程产生兴趣的男孩居多。[34]

对于女性来说，做一个富有耐心和进取心的勤奋工作者还不够，她们仍旧会不断遭遇这种狗拉雪橇问题。如果我们想让领导层有更多女性的身影，我们不能再将她们看作专门负责准备工作的人，要开始将她们看作竞赛当天富有潜力的控制者，甚至更进一步，让她们来决定是否该有这样一个团队。

他选择了坎坷的路，而她是在犯错误

我是一名认知神经学家，在我过往的学术生涯中，我总会绕开性别问题。上大学时，作为一名心理学专业的学生，我疯狂学习一切有关语言、记忆、推理等方面的知识，唯独对性别方面的课程避之不及。如果有人问我原因，我可能会礼貌地回答，我对女性问题不感兴趣。但事实上，研究性别这一行为本身似乎带着一种性别色彩，我的男性朋友中没有一位研究性别问题，我想表现出我在智力方面和他们一样强。对于这种想法，我现在会摇摇头，但是在 22 岁时，我认为关键是要做了不起的事。在研究生院，我专攻三个由男性主导的领域——计算机建模、认知科学和认知神经学。通常实验室里的男生很多，男女比例至少是 6：1，但是我从不把女性稀少当成一个问题，指出偏见的存在无异于示弱。如果我努力奋斗，我也通常如此，那么它就成了我要解决的问题——我只需要更卖力地干活儿。我话不多，也很谦虚，但我从没想过是不是因为我扎马尾，我的科研素养就会被特别审视。实验室里的每个人都在玩着名为"审视"的游戏。

我认为性别不是真正的问题，至少在专业领域不是。所以在经历困惑之后——由于我一直认为这个问题并不存在，所以尤为困扰——我才开始思考，是不是大家对女性和男性所做决定的评判标准有所不同。

我和丈夫订婚之初，两人住的地方相距 480 多千米。我们各自都有前景不错的工作，他在费城，为一个上好的工作机会而接受培训；而我在匹兹堡，做的工作能使我进入更受瞩目的项目。有些关系即使相距很远，也会保持亲密。但是我们的不行。我们很想在忙完一天后见见面，但那时离 Skype（可以视频通话的软件）的出现还很遥远。我们花了一年时间来研究我们的选择，寻找空缺职位，一遍又一遍地讨论各种可行方案，最终决定追随我的职业。因为我的上司跟我说过，她想让我在将来的某一天接替她的职位（也因为我在费城找到的唯一类似的工作，是让我和复印机共用同一间办公室，而不是和下一任 CEO）。在婚礼举行的前两天，我的准丈夫将他的衣服、电脑、长号和他儿时的伙伴——好奇猴乔治，一起塞进车子，驶上了宾夕法尼亚州的收费高速公路，然后搬进了我的公寓。在出发去度蜜月时，我们坚信他回来后能找到工作。

他确实找到了工作，但让他感到泄气的是，这份工作一点都不适合他。他很努力地工作，决心充分利用当时的处境——我们甚至竟投了一所小巧漂亮的殖民地风格的房子——但是不到一年，我们都认为，他需要变换职业路线。当时我们面临一个可怕的选择。在那一年中，我的工作得到了大量认可，我大幅度升职，而且我和他人合著了两份项目申请书，我的老板还邀请我做一个很有价值的研究项目的带头人。但是在和丈夫深入讨论和调查后，我必须承认，虽然离开这份工作我会难过，但我们应该像重视我的事业那样重视他的事业，这样才公平。我们在国内挑了一个我想居住的地方，他申请到了理想的工作，公司给他的待遇也很好。虽然我还没有找到工作，但就像之前一样，我同样信心满满。

一年前，我的丈夫向同事宣布，他要辞掉工作追随我，也就是说，要离开一个优秀的雇主，到一个尚无工作前景的地方。当时几个关系好的同事告诉他，这个决定很伟大。领导们告诉他，欢迎他随时回来，并且如果需要推荐，他们也很乐意替他说好话。在他的朋友、家人和同事中，没有一个人质疑过他的决定，至少没有人当面这样做，也没人说过，**你确定要这样做吗**？

当我们两个人的情况掉转过来，我追随他，让他抓住自己下一个重要的职业机遇时，发生了什么呢？我真希望自己能说大家对我像对他那样，做出了相同的反应。然而，并非如此。我的上司告诉我，她觉得我对待自己的事业不够认真："有太多女人这样做了，不要犯这个错。"几个熟悉的人以及好朋友都忧心忡忡地问我，是否确定自己做的是"正确的选择"。我的上司为我写了一封热情洋溢的推荐信，表扬我的工作。然而，有一天她走进我的办公室，关上门说，如果我要这样做的话，她认为我还没准备好接任她一直以来培养我担任的管理职位。

我并没有把这种情况归结为性别歧视。我想当然地认为，他们的反应揭露了一个隐秘而令人不安的真相。也许那些关切的朋友在我身上看到了令人失望之处；也许这个选择真的说明我对待自己的事业不够认真；也许这说明了，到最后关头，我还是会固守传统，把丈夫的需要放在首位。我以为我们会轮流讨论彼此的工作，但是也许夫妻之间总是这样开始协商，直到自然而然地落入一种模式：他的事业，还是他的事业。最让我感到不安的是我上司的评论。也许她是正确的，也许这真的说明我的决策能力存在一个至关重要的缺陷，我还没准备好成为一个管理者。接连好多天，我夜不能寐，不停思考有什么万全之策能让我既保留上司的尊重，又能支持我的丈夫。我甚至开始怀疑自己的判断能力。当我后来找到一份很棒的工作，成为一名管理者时，我尽量淡化我的职位。我办公室的门牌上写的是主管，但是我避免别人那样称呼自己，总是用含糊不清的表达描述自己的岗位："我在教学中心工作。"我担心如果我说出自己的头衔，有人会质疑我的领导能力。

我们之所以遭遇不同，可能是性别的原因，几个月后我的丈夫先意识到了这一点。他说："这是不是很有趣？一个男人决定把自己的事业放在一边，去追随他的妻子，没有人质疑他；而当一个女性做同样的决定，要去追随她的丈夫，却要经受审视。"这时，我才放下了之前的思维。确实，在我做决定时，感觉自己被冠以辜负女性、辜负自己的罪名。因为这个选择，我让自己之前做过的所有重要的决策都显得站不住脚。但是，当我的丈夫做出自己的选择时，大家认为他支持配偶的决定不畏艰难，令人钦佩，所以对他频频称赞。我和丈夫描述了同样的决定，人们怀疑我的决定，却向他的决定致敬，这种现象只发生在我们身上吗？抑或，这只是特例吗？

与男性相比，决策对女性来说更麻烦，要接受这一点可能有些不容易。我们都愿意相信这是个正义的世界，也都想相信进步。我的朋友和上司对我的决定心存疑虑，也许是出于好意，是在担心我，但值得思考的是，人们是否更容易评判女性的选择。社会对男女决策的偏见，容易让人们在评价女性决策时落入狭隘的、模式化的窠臼。这对社会来说很轻松，却为女性带来了很大的困扰。

为什么女性尤其需要了解决策？

优秀的决策能力不是单一的技能，它包括多种技能。你必须能分清轻重缓急，想出并仔细分析方案，然后测试你的想法，进而选出与优先考虑因素相匹配的方案，得到人们的支持，并且要为决策失误可能导致的情况做准备。[35] 无论男女，都能获取以上所有技能，而在这本书中，你将看到其中某些技能对于女性来说其实更容易获取。

不难看出机构组织对足智多谋的决策者都格外看重。在工作文化越来越呈现出全天候趋势的今天，老板想要员工能展现出良好的判断力，而不是事事都征询上司的意见。但是，我们将在这本书中看到，拥有优秀的决策技能对职场女性尤为重要，因为女性往往要比男性更频繁地证明自己。如果一位男性为公司做了一次英明的重要决策，他会因此受益良久，也许他能得到提拔。可是，大多数女性需要证明她并不是只能做一次聪明而富有战略性的选择，而且并不是运气、时机或人际关系的作用使她们做出了正确的选择。琼·威廉姆斯（Joan Williams）和蕾切尔·邓普斯（Rachel Dempsey）将女性所面临的这种情况称作"再次证明"歧视。[36] 这也意味着突出的判断力是女性应该具备且经常使用的技能。

许多女性还在努力挣脱这样一种看法：比起男性，女性更难将一种行动路线贯彻始终。因为人们普遍对女性存在着误解，认为她们天生优柔寡断，面对选择时不停纠结，不肯承担做决定时应担负的责任。在本书的第二章，我们将看到女职员的同事可能将她表现出的合作意愿误解为缺乏决策能力。

一套不同的战术

目前，已经出版了很多关于做决定的优秀书籍，但这些书中给出的一些建议对男性来说颇有助益，对于女性来说却糟糕透顶。想想这些建议："只要有可能，尽量让所有人对一项决定达成一致""多花些时间来思考，拓宽你的选择面"。当男性管理人员采用这些策略时，可能显得耳目一新，但如果是一位女性管理者，就不会有这种效果。如果一位女性副总裁说，"等所有人达成一致后再决定"，大家会觉得她既没把握又没能耐，而不会想到她是在努力建立一个联盟。当一位女性不紧不慢地分析选项时，人们很可能会认为她缺乏决断、不够称职，而不会觉得她深思熟虑、考虑周全。

即使是备受爱戴的女性，所承受的期待和刻板印象也和男性不同，所以人们应该根据她们的实际情况来提出相关的决策建议。是时候停止让女性使用男性的战术了。[37]

也许这样做会更麻烦？在那些针对女性所著的领导战略书籍中，有许多建议并没有包含科学家对成功决策法的发现。人们经常见到这样针对女性提出的建议："像你身边有魄力的男性那样自信。"但研究表明，事实上自信会对良好的判断造成阻碍，相信自己是许多糟糕决定的根源，对于男性和女性来说，都是这样。更加自信也许会促使人们在会议中发言，但却不能提高他们发言的质量。自信心像一个人人都能使用的工具，但成熟的决策者大多明白什么时候拿起这个工具，什么时候将它放下。

研究者在性别和决策方面得到了许多发现，这些发现能够在组织机构中进行实际运用，但人们无法在任何关于男性或女性决策的书籍中找到它们。越来越多的证据显示，当人们在高压情境下做决定时，女性的决定一般偏向一个特定的方向，而男性的偏向与之相反。这种相互抗衡的局面说明，要在高压下做出正确的决定，需要男性和女性共同参与，需要同等重视双方的意见。神经科学家知道这种倾向，但投资银行家不一定知道，公立学校的负责人也很可能不知道。人们对性别和决策的相关科学了解得越多，在组建高压环境下的工作团队时，就能准备得越充分，也会更警觉。

这本书适合任何一个在乎自己事业的女性阅读。处于职业生涯各个阶段的女性——不论你是正在应聘第一份全职工作，还是正值职业生涯中期，考虑给自己放个长假——都能在这里找到答案。我之所以关注职场女性的决定，一方面是因为有关的文献资料很分散，另一方面是因为有太多女性觉得之所以一进办公室，她们的决定就会受到评判，原因在于她们自身。她们想知道，自己在职业中面临的挑战和感受到的劣势地位是自己造成的，还是现行体制带来的。如果是体制问题，是否有办法来打破当前的局面。但我希望每一位女性都觉得这个讨论与自己相关，书中提出的问题和策略不仅对工作场合适用，还能运用在生活中。

这本书也适合那些想把自己的公司做强，以及关心身边女性的男性阅读。如果你是男性，希望留住自己公司里的女性人才，通过阅读这本书，你就会明白她们面对的挑战是什么，你能找到改变环境的策略，从而使她们的决定得到公平的判断，同时尽可能地使她们走向成功。如果你有一个女儿，你想知道她的决策过程为什么看上去和你的很不一样，那也适合看这本书。

同时，我写这本书也是为了那些想提高工作效率的人。作为专业人士，我们会参加关于提高工作效率的研讨会，也会参加关于利用多样性的研讨会，但是我们很少看到这两者之间的关联。如果你看到这种关联会怎么样？如果包容差异能提高你的决策质量，而且也能保证你按时完成任务，会怎么样？这本书不会附赠魔杖，也没有什么所谓的神秘配方。但是，书中提出了一些具体的建议，能让你想出更多出色的点子，确保你的同事，无论男女，都能在决策过程中发挥出最好的水平。

决策对话

基于大家对我追随丈夫的决定而做出的奇怪反应，我想全面了解女性的决定是如何发挥作用的。面对不同的性别，采用不同的标准来评价他们的决定，这种现象普遍吗？男性和女性的决策方式真的有所不同吗？我承认，我不愿相信男女决策者在大众眼中分别是这样的形象：男人做决定时迅速果断，而女人似乎永远也下不了决

How Women Decide

心，我想知道：这些看法符合事实吗？

在项目开始之初，我找了一些我尊敬的女性，让她们谈谈自己做过的特别满意以及特别犹豫的决定。我把这些谈话称作"决策对话"。我提出问题，做笔记，对自己听到的内容感到愕然无语，这些想法和感受比我从鸡尾酒会上的闲谈和学术研究中所了解到的要复杂得多。一位女性说到自己在决定是否要做身患老年痴呆症的父亲的代理人时是多么煎熬；另一位则谈到了自己放弃护理工作，回去读研究生的决定；几位亚裔女性说，她们羡慕在场的其他女性，因为她们理所当然地享有自由。而自己虽然已经成年，事业有成，但是仍要应付父母亲毫无道理的期待。我不知道她们的兄弟是否也背负同样的包袱，但这些期待让她们疲惫不堪。

我们的谈话总会绕回"别人如何看待女性做出的决定"这一问题。有些人说，她们不在乎别人怎么看；有些则承认她们很在意别人怎么看自己，并为此感到十分苦恼。但是无论参与者的立场如何，如何评价决策这一话题总能引起讨论。

我搜罗了有关决策的热门书籍。这些书并没有谈到性别，也没谈到如何在审视之下做决定，更没提到如何应对这种审视。除了阅读关于决策方面的全部大众书籍，我还梳理了几百项原始研究，这些研究聚焦男性和女性的决策方式，以及在面临高风险决策时，他们所处的复杂境地。接着，我开始直接联系女性，对她们进行采访。共有34名女性分享了自己的经历，为阐释这本书中的心得和见解提供了案例。除了芭芭拉·温斯洛和其他几位曾谈起过自己故事的公众人物，其他人都使用了化名。你会见到一位警察局长、一位主厨和一位朋克摇滚歌手；你会听到一位专攻神经理论的数学天才和一位因为厌烦常见的相亲网站而自己创建公司的女性，讲述她们的故事；你还会看到一位挑战忍耐力世界纪录的女性决定自己是否应该继续，尽管她已经几乎无法动弹。跟我谈话的女性，有些只有20多岁，正面临着毕业后的首次重大决定；有些正值事业巅峰；还有的已经退休，能够回望自己做过的决定。

当你读到这本书中的一些发现时，你肯定会想到一些例外情况，也许你的妻子就是例外，也许你儿时的好友长大后成为了一名战斗机飞行员，她的个人经历和书中讲性别和冒险的一整个章节完全不符。没关系，就像我们不能说所有女性的头发都比男性的长，我们也不能说所有女性都是这样做决定的，而所有男性都是那样做决定的。在你阅读接下来的研究过程中，如果你能始终记住"一般来说"这个词，你会更有收获。一个群体中的每个成员和另一个群体的每个成员在任何一个方面都有同样的差别，这种情况几乎是不可能的，不论我们所讨论的是某人打断别人说话的频率，还是一个人做糟糕决定的频率。

收起强力胶带，这与纠正女性的错误无关

此书的首要任务是考察女性在我们眼中是怎样的决策者。在决策方面，男女有什么不同？女性做决策的优势是什么？劣势是什么？当女性回头看自己深思熟虑后所做的选择时，总是将复杂的抉择过程变得看似简单、轻松。

看到这里，有些人马上会说（在办公室里私下表达，或者在网站上匿名发声），每种刻板印象都有几分道理。这些人坚称，他们相信女性的负面特征，是因为他们有眼睛和耳朵，知道自己看到和听到了什么。他们会说："我多么希望这不是真的，可是这确实是我的

亲身经历。"这就是我们在讨论团体差异时，特别想弄明白的问题。这些刻板印象真的说明了一些事实吗？还是我们只注意到了我们所期待的东西，却忘掉了自己遇到的所有例外情况？对此，科学给出的说法是什么？剖析这些问题，找到并理解其中的科学根据是这本书的第二个任务。为此，我们会对一些研究成果进行深入调查，并采访现实中一些女性，从而探究人们对女性决策者的不同误解。我们将会发现在决策过程中，男性和女性在何时同路共行，又在何时分道扬镳，以及是什么促使他们分道扬镳。

不过，我想说明一下，这本书与以下两件事情无关：首先，它与纠正女性无关。近几年，陆续出版了一些聚焦职场女性的精彩书籍，但是这些书所引发的讨论通常围绕同一个主题，那就是"女性做得不对"。而当我考察女性的决策方式时，脑海中浮现的不是"**差错**"。那么，是**勇敢**吗？是的。是**瑕疵**吗？当然，但并不比男性的多。是**误解**吗？必然如此。这本书致力于帮助我们每个人理解女性如何决策，以及女性在职场中如何应对别人的评判，如何发挥出她们最好的技能和天赋。其次，这本书不会告诉女性哪个选择最好。如果你是一名女性，在继续工作和回去读书之间不知该如何选择，你在这本书里找不到明确答案。我也无法告诉你，是否应该嫁给那个你正在交往的人。我肯定不知道，当艺术家到底适不适合你。此书探讨的话题不是女性要决定的**内容**，而是女性的决策**方式**。

不过，我会提供一些实用的策略，让大家在做选择时考虑得更加全面周到，我也会提出一些两性都适用的建议。如果你因为要做一个决定而感到压力重重，那是不是可以用这份压力来改善你的思维？是否有应该完全**跟着感觉走**的时候？通过分享有助于更好决策的方法，我希望男性和女性读者都能够做出令人尊重的满意决定。

现在是重新审视我们对女性和决策的看法的好时机。我们正在逐渐接近 2020 年，这一年是美国女性获得选举权的 100 周年。虽然从首次赋予美国女性表达"我想让这个人来领导，而不是那个人"的机会到现在，已经有差不多一个世纪了，但是社会大众依然对女性的决策方式抱有极其陈旧的看法。现代世界和我们过时的观念之间的鸿沟，不仅让我们对那些做出大胆决定并经受严格评判的女性肃然起敬，而且激起了我们对那些因为屡次未能做出有力而周全的决定而感到悔恨的女性的同情。

增加女性的决策工具

还记得芭芭拉·温斯洛吗？她从活组织检查中醒来时，听到了好消息，那个肿瘤是良性的，根治性乳房切除手术没有在她沉睡时进行。苏醒后，她还意识到，自己不想像有些女性那样轻视自己的判断力。几年之后，当医生再次不尊重她时，芭芭拉起身拿起外套，愤然离去。之后，她成了妇女运动方面的国际专家，2012 年美国妇女研究会将她提名为"30 位最有影响力的女性"之一。

女性如何增加自己的决策工具？怎样才能让女性不再怀疑自己的判断力，而是去质疑那些关于女性决断力的说法？她们不一定要直接追随芭芭拉的脚步，成为杰出的妇女运动家，但是理应好好想一想，一直以来她们是如何看待自己的思维过程的。她们可以选择自己想利用的决策工具，来了解并且消除那些自己长久以来存在的决策偏见。对于想做出更有力、更聪明的决定的女性——尽管这个世界仍旧在暗示她们无法做到这一点——这本书是一份邀请函，也是一个工具包。

第一章
理解女性的直觉

Chapter One

当伊莎贝拉走进门时，我觉得她很时尚，但是有些腼腆。我以为她会像烹饪节目里的厨师一样穿着古板的厨师外套，看上去精力十足。相反，她身着面料光滑的黄褐色丝质套装，双手紧握，低声问我这个地方是不是不好找。法国蓝带厨艺学院是世界上最古老、最负盛名的厨艺学校。我们走进这所学校的一间会议室，她端出了一壶沏得很好的茶。我心想，说不定还会有一盘奶油泡芙呢。不过，我可不是为了吃甜点才到那里的，而是因为伊莎贝拉是法国厨艺界最具影响力的女性之一。

伊莎贝拉是这所学校的高管，她负责录用指导老师。她还为学员选择烹饪法，学员们只有掌握这些烹饪法，获得批准后才有资格为世界人民烹饪。除此之外，她还负责挑选厨师去参加欧洲顶级烹饪大赛。她的头衔是资源中心主管，事实上她是一位决策管理者。

我让伊莎贝拉告诉我，她是如何做出来蓝带工作这一决定的。伊莎贝拉之前在欧洲一个大使馆做了近十年的主厨，曾为各色人物准备过餐宴，其中包括美国著名厨师茱莉亚·查尔德（Julia Child），也包括法国首相。从各方面来看，这都是一份很不错的工作。她解释道："当时，我接到了校长的电话，他说，'伊莎贝拉，我想让你来为我工作，我想让你管理蓝带'。"她耸了耸肩，笑着说，"这些话谁都喜欢听。"接着，她又叹了口气，眼睛盯着地板说："但这依然不是一个容易的决定。我知道我会得到很多，的确，我再也不用站到凌晨两点半，为5000个人准备鸡尾酒会了。我的年龄越来越大，体力也不如从前，在办公室工作似乎很不错。但是我会失去一些朋友，丢掉之前所有的关系，也少了很多福利。而且我不能每天都烹饪了，我会怀念这些的。为了更清楚地感知这个地方，我和几个曾在巴黎蓝带工作过的人聊了聊。我花了两个月，不，事实上是三个月，考虑这个决定。最终，我下定决心，我能做这份工作。"

我感到惊讶且佩服，一个工作机会为她预留了三个月，这比我们当中很多人所遇到的都要长，不管我们有多么被需要。但真正让我感到吃惊的是伊莎贝拉紧接着所说的话，她抬起头，眼睛不再盯着地板，点了点头，骄傲且不带一丝戏谑地说："你可以说，我不过是跟着直觉走。"

不过是跟着直觉走？数月的苦思冥想，权衡利弊，以及调查真实情况，不能说是直觉反应。在采访女性的过程中，我反复听到她们这么说。女性在做关系决定、职业决定和医疗决定时，会用很长时间来苦思冥想，但是一旦她们做出决定，即使是那些受过良好教育、身居要职、能力很强的女性也会把这些决定的过程视为**"跟着感觉走""追随内心而非理智""相信直觉"**。这些女性都是在谦虚吗？我觉得最发人深思的是，她们认为这些是自己最满意的决定。当她们回顾自己的一生时，觉得那些经过仔细分析、反复思考，最终被归因于本能或直觉的决定，是她们做过的最好的决定。

你听说过"男性的直觉"吗？很可能一次都没有听过吧。直觉被认为是女性的特征，仿佛它是我们穿在文胸里面的东西。深受欢迎的新闻博客，比如《赫芬顿邮报》（*Huffington Post*），定期刊登关于女性直觉优势的文章。女性出版物也是如此，比如《奥普拉杂志》（*O, The Oprah Magazine*）。2015 年，《今日心理学》（*Psychology Today*）的一位专栏作家这样建议女性："女同胞们，记住这句箴言：相信你的内在知识、你的直觉，以及那种内心感觉……如果你在做交易时不相信某个人，那就听从你的直觉。"但是我们应该承认这一点吗？不。这篇文章警醒女性，不要透露自己所做的决定是基于自己的"第六感"。他还建议女性，要记住"感觉在男性世界里是不可信的"。[1]

我在读类似的专栏时，感到一种惊人的脱节——它们告诉女性要为自己跟着感觉而感到骄傲，但是她们应该将此事隐藏起来。要承认，但不要声张。这难道是一种隐秘的超能力吗？说到这里，我还有几个问题，女性真的比男性更依赖直觉吗？她们应该这样吗？真的存在女性第六感吗？无论男女，一个人什么时候应该单凭直觉做决定？

我们将要审视一个许多人很看重的理念，一种有些女性认为让她们优于男性的能力。有的女性可能在阅读这个章节时，心里会想："**你就不能放过女性的优势，让我们在这个方面赢一次吗？**"然而，你将会认识到，女性直觉这一概念并不像乍一看那样能给女性带来力量。

你听从内心，还是听从大脑？

在继续深入之前，你不妨评估一下自己的认知方式，看看在直觉-分析谱（intuitive-analytical spectrum）上，你处于哪个位置，是更具直觉性，习惯听从内心，还是更具分析性，更习惯听从大脑。我准备了一份简易的调查问卷，来帮你认清自己喜欢哪种方式。首先，列出数字1～14（没关系，你可以写在页边上），然后在每个数字后写上 T（True）或者 F（False）。如果这句话描述的是你的自然状态或倾向，你的答案应该是 T。如果这句话听起来和你很不符，描述的不是你的自然状态，或者你一般不会如此，那你的答案应该是 F。回想你过去3个月所做的任何决定，可以是要不要购买健身手环，也可以是要不要接手一个新的客户。放心，答案没有正误之分。对于某些问题，你很可能比别人的感受更强一些；而对于感觉不强的问题，请仍尽力用 T 或 F 作答。

1. 细节和数据比宽泛的描述和想法更让我舒服。

2. 做决策时，我的直觉和仔细分析同样可靠。

3. 我觉得，在做决定时，一步一步分析太花时间了。

4. 我喜欢浏览报告，而非仔细阅读。

5. 和随性的人一起工作时，我能发挥到最好。

6. 我很少不假思索地做出决定。

7. 那种需要逻辑性、分步骤进行的工作，让我感到备受限制。

8. 解决问题时，我喜欢收集数据。

9. 通常在有证据支撑时，我才会提出建议。

10. 在做某项任务时，我觉得自己可能太井井有条了。

11. 时不时地就会有人告诉我："你可能想太多了。"

12. 当我要做的任务有一个清晰的次序时，我的效率最高。

13. 我的信念是，小心驶得万年船。

14. 我认为，只有在不同的想法和可能性之间权衡，才能让问题得到最好的解决。

现在花点儿时间，计算你的得分。2、3、4、5、7、10、14 这几个问题，答 T 得 1 分。剩余的问题答 F 得 1 分。*现在把你的得分加起来。[2]

你的分数最低可能是 0 分，最高可能是 14 分。如果你得了 0 分

---

* 请注意，这不是一项正式的性格测试，并未经过科学证实。我在两种最常用的认知风格评测的基础上进行了改动，形成了这些问题（关于认知风格的不同种类，详见本书末尾的注释）。

或 1 分，不要担心。在这里，低分不是坏事。得分低，说明你很可能在解决问题和制定决策的过程中更倾向于分析；得分高，说明你的认知方式很可能更偏向直觉；如果你的得分在 6~8 分之间，则被研究者称作适应型，也就是说你分析和直觉并用，会根据不同情况，调整使用比例。

但是，不论你格外依赖直觉，还是喜欢分析问题，当你发觉自己正在相信直觉时，你的确切依据是什么？

内心的指南针，还是消防员训练有素的感觉？

我们是如何看待直觉的？直觉仿佛是我们所接收到的东西，它通常迅速出现或者不期而至，不是我们辛苦一整天就能形成的东西。一直以来，杰出人物将他们的伟大发现归功于直觉。乔纳斯·索尔克（Jonas Salk）成功研制出了第一支小儿麻痹疫苗。他曾说，"我每天早上都怀着激动的心情醒来，想着今天直觉会为我带来什么，就像来自大海的礼物。我跟随直觉一起工作，我依赖着它，它是我的搭档"。[3]在美国深受欢迎的脱口秀主持人奥普拉·温弗瑞（Oprah Winfrey）将直觉视为"能够指引你到达真北的内置卫星导航"和只有当你安静地坐着倾听时才能听到的"细小的声音"。[4]对于我们许多人而言，直觉是一种突如其来的感觉，这种感觉带来的东西超越了眼前的数据，是一种牵动内心的信念。在做决定的过程中，你应该暂时忽略外部的世界，专注倾听内在的声音。

我一直将直觉称作一种感觉，不过，这个词并不能准确地描述它。直觉不像是嫉妒、激动，或者其他一般的人类情感。直觉和领悟相似。最棒的是，直觉像是不费一点儿力气就能得到的领悟。英国诗人、小说家罗伯特·格雷夫斯（Robert Graves）将直觉描述为"一种摒弃全部思维过程、直接从问题跳到答案的超级逻辑"。[5] 如果我们将直觉的英文"intuition"拆开来看，它的意思是"受内心教导或指引"，因为直觉来自内在，而非外在，所以让人觉得更精确、更值得信赖。[6] 我们受到一股力量牵引，去倾听并追随自己的直觉，如果感受到了它，却选择无视，从而背道而驰，我们会想自己是不是违背了真心。如果后来种种迹象表明，我们确实做了错误的选择，那就会向好友倾诉，说自己的内心一开始就"知道"正确的选择，但却没有理会，这就是我们大多数人对直觉的看法。

日复一日钻研直觉的科学家发现，人们对直觉的认识在三个关键方面是正确的。第一，他们赞同直觉的出现很迅速。设计师能在不到两秒的时间内，判断出眼前的手包是真的普拉达（Prada），还是冒牌货。[7] 熟练的消防员走进一幢着火的建筑时，能在几分钟内，感觉出要坍塌的部位。[8] 第二，科学家还赞同，强烈的情感通常伴随直觉而来，被一种东西所吸引或者对另一种东西产生厌恶。俄亥俄州克利夫兰市的一名消防队指挥官，在和队员用软管浇灭厨房的大火时，猛然间产生了一种不祥的感觉，紧接着他喊"撤出这里"。几秒钟后，厨房的地板塌陷了。调查员了解到，着火的不仅有厨房，还有整个地下室。[9] 我们大多数人不是消防员，但我们都知道那种莫名的厌恶或吸引是什么感觉。

研究者也赞同直觉的第三个根本属性：直觉意味着建立全面的关联，一种在当下的小事和很久之前你已经很清楚的事情之间惊人的跳跃。消防队指挥官包裹着全身，但是他拉起了头盔上的护耳，这让他得以"跳跃"。研究员盖瑞·克莱恩（Gary Klein）在火灾后多次与他面谈，经过细致推断，他们确定了两个可能让这位消防队指挥官做出那样反应的原因：其一，他感觉到耳朵很热，若是中等火势，不该如此；其二，虽然产生了巨大热量，但是没听到什么燃烧的声音。大多数人都不能觉察到这两个细节，谁知道厨房着火的声音该有多大呢？但是这位指挥官多年的经验告诉他情况不妙。

阿曼达是华盛顿州西雅图市港景医疗中心（Harborview Medical Center）的一名外科医生，她训练实习医生从碎片化信息中获得尽可能多的灵感。阿曼达所在的部门是几个州中唯一的一级创伤中心，那里通常接待最严重的病人。救护车将三级烧伤的一岁孩子送进海景医疗中心，直升机将盆骨粉碎的建筑工人带去交给阿曼达救治。一周中，总有几次，需要她和她的团队迅速做决定，比如，是否还有时间做 CT，是否要在信息不足的情况下将病人推进手术室。此时，熟练的观察和专业的直觉至关重要。阿曼达训练她的实习医生以多种方式在信息量最少的情况下快速做出准确的判断。她告诉他们，在走进重症监护室之前，要在门口停留一会儿，先别看表格，尽可能打量一切，猜测躺在床上的病人是不是有所好转。她解释道："这不过是猜测，过一会儿，你看病人的表格时，就能知道自己猜对了没有。"阿曼达让他们留意种种迹象，注意那些能和他们已有的广博的书本知识相联系的细微线索。她要让她的实习医生在看到一点点却能够知道很多时，认识到这一点。[10] 这就是可靠的直觉。

阿曼达这种做法富有开创性，因为大多数医疗训练都是学习准确说出你看见了什么，没看见什么，这种类型的症状说明了什么。但阿曼达不是在训练医生的意识思维——这些医生如果没有很高的智力水平，也不会出现在她的医院里。她在训练他们的无意识，帮助他们训练快速判断能力。多数专家同意，直觉并非来源于意识层面，不是理性慎重的思维。我们不能计划直觉的步骤，一般也无法追溯直觉的根源，所以我们通常对直觉或本能反应的来源一无所知。

有时，要让我们接受不能有意识地解释自己的本能反应并不容易。我们总是能找出理由。假设你不喜欢住在你家旁边第三栋房子的那位女士，当你出门注意到她时，就会掉头进门。你一周只见她一面，也说不清楚为什么没办法信任她。如果有人给你一分钟时间去思考这个问题，你多半能想出一个能够被社会所接受的理由，即使这并不是真正让你产生厌恶的原因。你可能会说，她从不跟我打招呼，即使你自己也想不起跟她打过哪怕一次招呼。或者，她让垃圾漫出了她的垃圾桶。然而，所有这些都是你后来想出来的，你回想自己的某种感受或行为，试图找出原因来解释，但如果你实事求是，就会明白其实自己并不知道。你对有意识地回顾信息并不排斥，但是你没有看到所有杠杆一个个动起来，就像复杂的鲁布·戈德堡机械*那样，你只看到了最后的结果，那只最终滚入意识滑道的球，然后你感到鄙夷。

通常情况下，我们对直觉的理解是科学的。然而，研究者称，多数人在谈论直觉时，在一个方面的认识是错误的，而这个方面很可能是最重要的一点。我们都以为，直觉能很自然地让我们做出更好的选择，我们的第六感能察觉到大脑意识遗漏掉的根本因素。有时是这样的，有时却不是。我希望能带来更好的消息，但事实是直

---

*译注：鲁布·戈德堡机械（Rube Goldberg machine）是一种被设计得过度复杂的机械组合，以迂回曲折的方法去完成一些非常简单的工作。由于鲁布·戈德堡机械运作繁复而费时，而且以简陋的零件组合而成，所以整个过程往往会给人荒谬、滑稽的感觉。美国漫画家鲁布·戈德堡在他的作品中创作出这种机械，人们就以"鲁布·戈德堡机械"命名这种装置。

觉并没有那么准。你很可能已经多多少少了解到了这一点。至少，你知道**其他人**的直觉通常是错的。你的叔叔给一家公司投资了几千美元，因为感觉是对的，但在被问及是否对那家公司做过调查时，他耸耸肩，转换了话题。如果那位让人难以忍受的邻居是你的妈妈，你也许会说，"我觉得她没有什么问题——也许是你想太多了"。本章会告诉我们，根据过去 20 多年的研究，哪些类型的直觉最值得信赖，哪些需要更系统的审查。

女性倾向于使用数据

所以，女性的直觉真的像所吹捧的那样吗？这是个值得思考的问题，但在它背后还隐藏着一个更值得注意的问题：在面临选择时，女性比男性更可能使用直觉吗？老一套的看法是，女性在做决定时，听从直觉，基于她们的感觉或者连她们自己都说不清的东西；而男性通过分析来做决定，基于由数据支撑的线性思维过程或可用 PPT 展示出来的逻辑论证。我们应该弄明白，这些普遍看法有没有事实根据。

简单来说，没有。克里斯托弗·阿林森（Christopher Allinson）和约翰·海斯（John Hayes）是英国利兹大学的管理学教授，他们分析了 32 项比较男女决策方式的研究。这些研究的对象主要是商务人士，但包括来自各个地区以及处于职业生涯不同阶段的人，有美国商学院的在校本科生，也有新加坡的高管。这些研究都使用了同样的决策类型诊断测试，即阿林森和海斯为了评估直觉和认知决策类型而开发的"认知风格库"（前面做的调查问卷，有一部分是从这里挑选并改编的）。通过分析，他们发现女性不一定总是依赖直觉。40% 的研究得出结论，相较于男性，女性的决策风格更加倾向于分析，这与大多数人的想法恰恰相反。那剩下的 60% 是什么样的呢？剩余的研究发现男女认知风格并没有大的差异，在思维过程中，男性和女性依赖直觉的程度相同（或者依赖分析的程度相同）。32 项研究中没有任何一项发现女性的决策风格比男性更依赖直觉。[11] 10 项研究中差不多有 6 项说明听从直觉和听从理智的人并无区别。

如果你听到，工作中有人擅长分析和系统性的思维，而且这些人是女性，而不是男性，可能不会觉得惊讶。许多女性觉得在提出一个想法之前，有必要将一切安排妥当，特别是当她们和男性一起工作，想让他们认真听时。凯特是一家科技公司的前任 CEO，正如大多数科技公司那样，这家公司的男职员要比女职员多。她发现，当女性职员想为公司的一种产品添加一个新特征，或者想让公司朝一个不同的方向发展时，一般会以市场调研为依据。但是男性呢？凯特说："男性职员喜欢认为自己想出了一个点子。"男性将自己视为拥有远见的人，而女性将自己看作有理有据的人。

研究显示，如果男女同时参与一项讨论，在没有指定领导者的情况下，男性喜欢在对话中享有更高的地位，除非话题是买衣服、育儿，或者其他传统上被认为是女性专长的领域。[12] 想想如果一位男性和一位女性一起完成一项富有争议的任务，比如决定在哪里缩减预算，会发生什么？美国鲍林格林州立大学的社会学家们发现，当一位男性和一位女性就如何解决一个问题产生不同意见时，即使这名男性在讨论过程中犯过明显的错误，而且很明显这位女性在这个话题上比他懂得要多，但还是会听他说什么，让他影响自己的判断。可是，如果女性犯过明显的错误，那就不一样了。根据这项研究，在意见相左时，一旦发现女性有错，男性更可能坚持自己的看法，女性为失误所付出的代价比男性要高。这些发现说明，只有之前比男性表现得更出色，女性在说服和影响男性方面才会更成功。[13] 因此，女性之所以在做决定时要将方方面面都考虑清楚，可能是因为她们想确保自己能引起重视。

此外，还要考虑工作需要的因素。有些科学工作者认为，如果你想预测一个人是更偏向直觉，还是更偏向分析，要看工作性质，别看性别。[14] 如果你是华尔街的一名股票交易员，你经常要依赖直觉快速做决定，因为在变化快的时候，还没等你读完晨报的标题，股票价格可能已经变了 3 次。[15] 但如果你是一名精算师，在一家保险公司工作，考虑要增加还是减少所有未满 30 岁房主所要缴纳的保险金，光有直觉是不够的，老板会希望你用细致的分析支撑你的建议。

想让团队更聪明吗？让女性加入，并让她们真正成为一分子

所以，与大众的看法截然相反，女性基于有文档记录的分析做出判断的频率，如果不比男性高，至少也和他们相仿。可是，有些人在说"女性的直觉"时，想表达的意思却很不同。他们认为，女性更擅长看人，他们用"女性的直觉"这个术语来形容那些对有助于判断别人情绪的言语和非言语线索格外敏感的人。[16] 一个感觉敏锐的人走进会议室，扫一眼在座的人，在大家发言之前，想到：**"史蒂夫因为什么事特别生气？这次会议要比我想象的难熬得多。"**讨论开始，史蒂夫真的生气了。在这种情况下，"女性的直觉"指的是同理心，研究者将其称作人际敏感度、社交敏感度，或者同理心精确

度。所以这就是第二个问题，因为女性通常比男性更擅长读懂别人的情感，所以女性在判断方面就更偏向直觉吗？

如果你问你的同事是否擅长看人，你很可能发现女性比男性更可能说自己擅长。[17] 社会告诉女性，她们理应擅长读懂内心，应该拥有能探查到别人想法和情感的触角。[18] 在经典电视情景喜剧《老友记》（Friends）中，钱德勒和莫妮卡经常进行类似哑剧字谜（charade）的对话，只不过总是莫妮卡在猜。钱德勒看起来不开心，莫妮卡猜发生了什么坏事。钱德勒微微晃一晃手，示意她"继续猜"，然后她接着猜。莫妮卡说出的情境越来越复杂，等到她仅凭钱德勒转动眼珠就能准确判断出整个事件的来龙去脉时，钱德勒会简单地点点头。

那钱德勒要猜莫妮卡为什么满脸不开心吗？不用。而且真要到猜的时候，他通常都猜错了。这不过是一部电视情景喜剧，但它说明我们经常被告知，男性在弄清别人的思想和感受方面享有免费通行证，而且我们很容易就接受了这件事。女性杂志经常建议读者，如果男同事、男朋友或丈夫看不懂她们的情绪，不要为难他们。在一本关于性别差异的书中，作者认为，女性经常在男性知道自己的情绪之前就知道他们的情绪了。[19] 我们时常听到别人说，女性在移情方面具有优势。

这种说法部分正确，至少女性在辨别他人情绪的技能方面是正确的。但是那种认为女性比男性更早了解他们的情绪的看法则夸大了女性的洞察力，也侮辱了男性的自我察觉能力（而且我们很快就会看到，男性在这个方面享有免费通行证，对他们并没有什么好处）。研究表明，女性在识别非言语线索方面比男性更加敏锐，所以女性也许能更快地觉察到同事对谈话感到不耐烦，能更准确地判断老板垂下头是表示挫败还是在集中注意力。女性还能更快地通过一个人嗓音判断出这个人是否感到恼怒。如果要在电话会议中做决定，看不到别人的面部表情，这种信息会很有帮助。[20]

在这个研究领域中，最不可思议的发现可能是女性在"从眼神中读懂心灵测试"（Reading the Mind in the Eyes Test，简称眼神测试）中的表现。安妮塔·威廉姆斯·伍莉（Anita Williams Woolley）是美国卡内基梅隆大学的一名组织心理学家，她和同事让男性和女性在只能看到一个人的眉毛、眼睛和脸颊最上部的情况下，猜测这个人的情绪。[21] 他们的眼神是担忧，还是恼怒？是诙谐，还是讽刺？这听起来很难办到，很少有人能给出完美的回答。但伍莉和她的同事在多次研究中发现，女性比男性表现得更好。[22] 当然，人们很少根据这种孤立的信息来判断他人的情绪，因为在通常情况下，你在看到对方眼睛的同时，也能看到对方是愁眉苦脸，是眉开眼笑，还是在虚情假意地笑。

那么，女性具有看懂别人情绪的"天赋"吗？并没有。有证据表明，男性在这方面能做得和女性一样好，并且要获得这种能力，不需要参加专门的培训。期待和动力是这种能力的关键。研究人员发现，当男性认为这个研究测试的是他们的认知能力，而不是情绪敏感度时，他们在识别情绪方面表现得和身边的女性一样好。[23] 因为如果测试和智力有关，他们就会全力以赴。然而，如果被告知测试的是同理心，女性会比男性得分高。同样地，当男大学生认为读懂他人情感的能力会让他们有更多性爱机会时，他们识别情绪的准确性立马就提高了，不需要任何培训。[24] 所以，只要有合适的刺激物，男性感知情绪的能力就会和女性不相上下，这说明动力明显是男性读懂他人情感的关键方面。[25] 需要动力的并非只有男性。莎拉·霍奇斯（Sarah Hodges）、肖恩·洛伦特（Sean Laurent）和凯琳·路易斯（Karyn Louis）是美国俄勒冈大学的心理学家，他们认为，女性在同理心测试中表现出色的一个主要原因是，人们有这方面的期待。[26] 让一位女性参加人际关怀测试，她觉得需要证明自己的敏感度，而男性却没有这种感觉。还有些研究人员认为，在这个过程中生理起到了重要作用，女性更擅长阅读社会信号，是因为她们体内催产素水平更高，睾丸素水平更低。[27] 单单这个因素很可能无法解释这种性别差异，而期待、社会化和生理的互相作用或许可以。

权力是不是也发挥作用了呢？如果你几乎毫无权力，那么快速准确地读懂别人的情绪能帮你守住现在的工作。社会心理学家卡罗尔·塔夫里斯（Carol Tavris）写道："这不是一个**女性的**技能，这是一个**自我保护**技能。"[28] 她指出莎拉·斯诺德格拉斯（Sara Snodgrass）所做的一项精彩研究，斯诺德格拉斯将哈佛大学的学生两两分组，让他们一起工作一个小时。[29] 有时是两个女生一起工作，有时是两个男生或者男女搭档。斯诺德格拉斯会更换小组的领导：在一半时间内，男生被指派为组长；在另一半时间里，女生任组长。如果女性天生更敏感，那么我们会期待，不管女性的搭档是谁，扮演什么样的角色，她们都会在识别非言语信号方面表现得更加出色。但是事实并非如此。结果显示，组员更能读懂组长发出的信号。斯诺德格拉斯发现，当女生是组长，男生为组员时，男生在识别对方的情感和非言语信号方面比女组长好得多。这项研究表明，当女性处于领导地位时，男性能够很快学会如何看懂领导的不耐烦或者感兴趣。斯诺德格拉斯建议，不应该将直觉称作女性的直觉，而应该称其为下属的直觉。[30]

不论原因如何，女性倾向于拥有更高的人际敏感度，这意味着她们能为团体带来决策优势。研究员伍莉发现，女性比男性更擅长根据少量面目表情洞察他人的情绪。她与麻省理工学院和美国联合学院的同事尝试了解促成团队高效的因素。我们大都以为，如果让能干的人一起工作，那就集合了一个能干的团队。但我们都看到过，一群精明能干的人也会做出不理智的决定。对我们中的很多人来说，团队合作可能徒然无功，我们情愿独自完成一项任务。伍莉和她的团队想知道预测团体智慧的因素，他们将之命名为一个团队的"C 因素"。研究者聚集起一些互相不认识的人，将他们随机分成 2～5 人的团队，让他们解决一些复杂问题。对于有些任务，团队需要头脑风暴，展现出他们的创新能力。但与此同时，团队还面临复杂的选择：他们必须根据信息做出评估，决定如何分配资源，如何解决捉摸不定的道德难题。也就是说，团队必须全力应付那些和实际情形相同的抉择。

伍莉的发现产生了轰动效应，而且理应如此：一个团队的集体智慧不由该团队所有成员的平均智商值或最聪明成员的智商决定，其实决定团队智慧最重要的一个因素是它的社会敏感度。想出最佳方案的团队拥有能够读懂组员非言语信号的成员，换言之，这就意味着拥有更多女性成员的团队能做出更好的决定。一个团队的集体智慧与它的女性成员比例呈正相关。即使对于那些在线上工作、用网络聊天室进行沟通的团队，女性成员多的团队表现出了更高的集体智慧？为什么会这样？我们都知道通过邮件信息判断一个人的语气有多难，很多人都有自己发的短信或邮件被误读的经历，一句不经意的话被曲解成另一种意思。但女性似乎具备读懂语气的优势，即使没有肢体语言或面目表情，她们还是能从字里行间体会到。[31]

要让女性来提高一个团队的表现，当然，首先她们的声音需要被听到。现实中的许多团队都存在一个问题，那就是女性经常被边缘化，她们说的话、做的事不是被忽略不计，就是被猜测怀疑。在伍莉的研究实验中，成员们十分清楚自己以及各自的参与度。在一项实验中，每个人的脖子上都佩戴了一个小盒子，记录下发言的人和让别人发言的人的表现。[32] 我并不是说，我们在每次会议开始时都会发录音器，但如果想弄明白一个人的同理心带来的好处，我们需要去倾听。

如果你正在寻找一个雇用更多女性的原因，那么你找到了一个。在做关键决策时，我们需要团队里有更多女性，不只是因为这样做公平。我们要提拔女性，让她们加入高层团队，也不只是因为我们"看重多样性"，因为有限额或者只有象征性的少数女性的公司机构看上去很不好。我们需要更多女性对团队做出有意义的贡献，因为这样的团队会发展得更好。这并不意味着，只有女性的团体比只有男性的团体更具智识优势，绝非如此。关键的一点是，当一个团队必须做出选择时，它需要能够察觉团队动向及决策因素的成员。

对于"女性的直觉"这种说法，目前人们在两方面混淆不清。一是社会敏感度，即感知他人，这是女性往往有卓越表现的方面。创伤外科医生阿曼达说，她鼓励实习医生在走进医院病房时，猜测病人的情况是有所好转，还是出现恶化，就是为了开发这种直觉判断力。另一方面是对自身深刻、无意识、难以解释的偏好的敏感度，也就是自我感知。主厨伊莎贝拉在谈及她决定是否换工作时，说到的就是这种本能或直觉。所以，我们探索了两种不同的直觉，在识别他人的状况时，女性的表现突出，而在识别什么对自身最好时，女性的表现并不突出。

花 37 美元买瓶葡萄酒太贵了吗?

接下来,本章将集中探讨关于直觉的一个更普遍的理解。无论是电视名人,还是投资者,人们都信奉这样一个理念:追随内心的指引。我们已经明白,与男性相比,女性同样擅长分析,同样注重数据,有时候还会更胜一筹。不过,不论男女,有人能直接跳过分析这一步吗?假设你对朋友同事怎么看待自己的选择毫不在乎,不需要靠煞费苦心的分析来佐证自己的决策过程,那么单凭直觉,你能做出合理的判断吗?

在听从当前的直觉反应时,人们往往会受偏见误导。切记,直觉无关自省,所以一种想法是如何产生的,我们并不知道。我们只察觉到自己突然间产生了一种偏好,或是被吸引,或是感到厌恶,至于这种瞬间产生的偏好的根源会让我们觉得骄傲,还是难为情,我们不得而知。问题的关键是,不准确、扭曲事实、充满偏见的直觉给人的感觉,跟准确合理的直觉没什么差别。自信心不是一个可靠的标准,你可能对带有偏见的错误判断和没有偏见的判断同样自信,甚至有可能更自信。

直觉反应会对我们造成多深的误导呢?我们来探讨一下锚定效应。关于锚定效应的好例子有很多,但我最喜欢的是丹·艾瑞利(Dan Ariely)的例子。

丹·艾瑞利是杜克大学的心理学教授。他所著的畅销书《怪诞行为学 1:可预测的非理性》(Predictably Irrational)趣味盎然且富有洞见。在这本书中,艾瑞利介绍了他与麻省理工学院和卡内基梅隆大学的同事共同做的一项研究。这项研究要求学生写下他们社保号码的后两位数,然后写下他们愿意为不同物品出的最高价格,这些物品包括一瓶红酒、一个无线键盘、一盒比利时巧克力。竞价结束后，艾瑞利问他的学生，他们写下的社保号码是否对给出的价格有所影响。他们回答，当然没有，并且这样想太不可思议了。然而，等艾瑞利回到办公室分析数据后，却发现了一个清晰的规律。社保号码末尾数字高的学生（80～99）出的价格要比社保号码末尾数字低的学生（0～19）高得多。例如，社保号末尾数字高的学生愿意为一瓶高档红酒付37.55美元，而社保号末尾数字低的只愿付11.73美元。最终，社保号末尾数字高的学生为每件物品所出的价格比社保号末尾数字低的学生高出2.16～3.46倍。社保号码产生了影响，仅仅因为人们在不久前看到过它们。虽然是随机的数字，却发挥了锚的作用，学生们不知不觉将这个首先出现的数值当作了参照。[33]

你可能会想：**这对那些学生来说太糟糕了，但我在买东西前从没想过社保号码**。那好，假设你在商场，走过一家百货商店时，被陈列的设计师款牛仔裤吸引。你没打算今天买牛仔裤，不过管它呢，你花了一分钟，找了一条尺寸适合自己的，然后你翻遍整条牛仔裤找标价牌。当看到这条裤子卖190美元时，你会想：**这么贵？不就是一条牛仔裤吗？** 你赶紧放了回去。你认为这家店定价过高，不打算再看其他衣服，于是你径直走出了商场。然后，一个女人微笑地站在茶叶店前，递给你一杯样品茶。你尝了尝，很喜欢，询问价格。她说，两盎司只要16美元。你不禁感到欣喜，心想，**真划算**。

真的是这样吗？也许不是。但最初出现的数字190，成了你的最初参照点，也就是你的锚，相较之下，你会觉得第二次出现的数字就像是捡了一个便宜。这其实是偏见的作用。在清醒时，你会想我才不会将一条牛仔裤上的标价和一袋茶叶的标价相比较，可是在无意中，你一定会这么做。

有什么办法能够消除这种不自觉的锚定效应吗？有。试试女性很擅长的做法——多分析。具体而言，是要分析这个锚。据研究者称，策略之一是回想你所见的第一个数字，问问自己：**将第一次出现的数字置于现在这种情境，是否有不合适的地方？在做这个决定时，我应该想着第一次出现的那个数字吗？**这听起来可能有点不自然，所以应该结合眼前的决定，把它变得更具体。处于上面的情境中时，你可以问问自己，花190美元买茶叶是不是太贵了？锚定效应很难避免——最初锚的作用很大，极难摆脱——但有意识地对它进行分析，会帮助你摆脱对它的强烈依赖。[34]

你无法记下自己看见的每一个数字，但当你进入一个新环境，特别是可能允许议价的情况时，请注意你遇到的第一个数字，不管它是什么样的。如果你要去汽车经销点买辆车，比如一辆大众甲壳虫汽车，那么在脑海中记下你见到的第一个标价。如果销售员领你在车场四处转，他很可能会先让你看最贵的汽车，一辆标价35000美元、内置导航系统的甲壳虫敞篷车。出于礼貌，你坐在驾驶座位上体验了一会儿，然后说太贵了。接着他会带你去看更便宜的车，以至于看到第三或第四辆，标价27000美元带天窗的掀背汽车时，你突然觉得好像还能接受，这个价位比35000美元的"锚"要低得多。虽然你的最高预算是24000美元，但现在你已经调整了预期。试驾那辆车时，你想：**你懂的，27000美元听起来很划算。**你已经让自己被一个并不相关的数字影响了。

为了分析你的锚，你要回想走进那家汽车经销店看见或听到的第一个数字，然后问自己：我会为这辆车付35000美元吗？这个数字与现在的情形相关吗？恰恰是这个数字牵扯着你的本能感受，让

27000 美元变得如此有吸引力，因此要质疑这个数字。35000 美元对这辆 27000 美元的车来说太贵了，你很可能会找到很多原因，比如，没有真皮座椅，没有后视摄像头，也没有触屏导航系统。花些时间想清楚这辆车与 35000 美元的车有多大差距，你就会明白自己不该被这个数字影响。这能帮你回忆起自己最初 24000 美元的预算，于是你会意识到，就算是 27000 美元也太贵了。虽然留意最初的数字能帮助你忽视它，似乎是违背了直觉，但你能确保自己有意识地分析最先出现的价格。如果你不分析自己的锚，它会像隐形的驾驶员一样，操控着你的思维。

你可能会想到，女性是不是特别容易受锚定效应影响？并非如此，每个人都会受它影响，男女都一样。但如果你有意识地去质疑自己的直觉判断，你犯这些错误的可能性就会更低。

何时能相信我的专业直觉？

你可能会在买车或在商场浏览商品时受到误导，但你坚持认为，工作是另一回事。在职业生涯中，有些决策你会经常碰到，什么时候你可以听从脑中浮现的第一个想法，什么时候你需要坚持分析不同的选择？在一种情况下，你可以信赖自己的快速直觉判断，那就是当你是一位专家，处于一种被称作"友好的"（kind）环境中，具备渊博的相关专业技能时。

这里的"友好"不是如外婆的厨房那般温暖，能给你莫大的支持，而是一个专业术语。罗宾·霍加斯（Robin Hogarth）是一名经济学家，他曾经在芝加哥大学工作，现在就职于西班牙巴塞罗那的庞培法布拉大学。他认为学习环境存在优劣之分。[35] 在友好的学习环境中，个人的预测和决定能得到"清晰、迅速且不被预测行为所影响"的反馈。[36] 对于这种学习环境，丹·希斯（Dan Heath）和奇普·希斯（Chip Heath）兄弟举出了一个绝佳的例子：天气预报。你预测某天下午的天气，然后能迅速得到清晰的反馈（下雨或是不下雨），这就意味着你能学会把握规律。你能了解到哪些线索是精确的，哪些有偏差。最后，你得到的反馈不会出现偏差，因为你无法根据自己的预测而改变天气。

阿曼达也在试图为重症监护病房的实习医生创造一个友好的学习环境。她要求医生们在看患者之前，猜测病人的病情是好转还是恶化，以此确保他们的预测得到迅速清晰的反馈。

而在恶劣的学习环境中，对预测及决策的反馈迟缓且不明晰，或者会因预测而发生变化。教学属于恶劣的学习环境，主要体现在三个方面：首先，反馈迟缓。你给学生上课，以为他们都懂了（班上的五个孩子也说自己懂了），但在看到他们交上来的作业前，你无法预知是不是所有学生都懂了。[37] 其次，反馈不够清晰。学生考试表现糟糕，你不知道是因为你在课堂上没讲明白，还是因为他们没有认真做作业。最后，如果你觉得本届学生比上一届更有潜力，你可能会花更多工夫去让他们反馈意见，回答他们的问题，以避免出现偏差。

詹姆斯·尚托（James Shanteau）是堪萨斯州立大学的一位心理学教授。通过细致观察不同职业的特征，他发现某些职业拥有友好的学习环境，比如，会计师、航天员、数学家、保险分析员、试飞员、照片判读师，以及家畜品质鉴定师（没错，就是家畜品质鉴定师）。有些职业拥有恶劣的学习环境，比如院校招生人员、法院法官、股票经纪人、临床心理师、精神病医生，以及人事选拔人员（招聘经理）。[38] 尚托还划分出了第三类职业，这类职业有些工作任务是在友好的学习环境中完成，有些则在恶劣的环境中完成。对于某些疾病的诊断和治疗，经验丰富的护士和医生很可能拥有高效的反馈，但他们不时也会遇到从未见过的症状，或者当他们去检查一位患者时，其症状看似熟悉，却发现是其他毛病，导致错误诊断和错误治疗。在这两种情况下，他们的医学直觉都可能将他们引向歧路。[39]

显然，这里罗列的职业并不详尽，但你能从中感知哪些是具备恶劣学习环境的职业。想想你最近在工作中所做的重要决定，你是什么时候得到反馈，知道自己的决定是否正确的？这是一般情况下所需要消耗的时间吗？这也许会帮助你判定自己所处的环境是否能够让你形成可靠且有效的直觉。

这并不简单。我们可能会欺骗自己，认为自己的专业技能足够让自己相信本能反应。如果你已经做了十年的经理，一位资历较浅的同事提出了一个新的办公室布置方案，你可能会立即产生强烈的疑虑。**不，那样行不通。**之前有人试过吗？事实上没有。这是你的本能反应吗？在最初的疑虑之后，你迅速想出了两三个可信的理由，证明那位同事的想法是有问题的。但是这些可能并不是你做出如此反应的真实原因。你强烈的否定态度可能源于潜意识的一种偏见，也可能源于对变化的普遍抗拒，也可能是出于不耐烦，因为你太忙了，没有时间思考有没有更好的地方可以放置饮水机。

也许判定自己能否信赖专业直觉的最佳方案就是反馈测试。坦诚地回答这个问题：**以往就这类决定，我是不是经常得到迅速反馈？**如果你的答案是，**这类决定我做得不够多，所以还没收到过反馈**，那么你便知道自己的直觉不可信赖。

你可能在想，迅速反馈并不重要。只要你在某一刻得到反馈，知道自己的决定是否准确，然后你就能改善自己的直觉。与此同时，你会不断训练你的技能，使其变得更出色，并且训练自己的直觉。但你这是在自欺欺人，迅速反馈仍旧至关重要。如果你无法得到迅速反馈，那么评断过去的决定就会像看不到靶子却想学会射箭一样。我知道这听起来不可思议，但你还是想象一下自己是一名弓箭手，在一片漆黑中开心地射击，即使你无法看见箭射在了哪里，但仍能不断练习，提高自己的射击技能。你可以加快拉弦的速度，可以加强耐力，避免手腕酸痛，并且毋庸置疑，你也想知道该怎样放置手臂，才不会让箭上的羽毛擦到皮肤。你的身体会学到很多，有朝一日你可以自动地、无意识地运用这些知识。可是，你能成为一个好的弓箭手吗？不能。如果你看不见靶子，不能迅速得知箭头离靶心有多远，不知道你做的调整是否在让箭头掉落的位置离靶心越来越近，那么就无法更加准确地射击。你不辞辛苦地练习了 1000 次，但如果你是在一个月之后才看到箭落下的位置，那么你的射击水平可能会变得更差。

直觉亦是如此。你可能通过大量训练，让自己在做快速判断时更高效、更轻松，同时也会因为熟悉而对这些判断更加自信，但这并不等同于你做出了更好的判断。这样，直觉判断是不会有所改善的，除非你在做出决定后，能迅速知道引导自己做出反应的线索是否击中了目标。

帮我找到五条数据

加里·克莱恩（Gary Klein）是最著名的直觉拥护者之一。他写了超过六本赞美直觉的书，说明如何运用直觉做出更好的决策。令人惊讶的是，尽管如此，当商业刊物《麦肯锡季报》（*McKinsey Quarterly*）问到"管理人员何时能相信他们的直觉"时，克莱恩回答，"你无论何时都不该相信自己的直觉"。这是不是意味着，我们应该完全忽略自己的感受和最初印象？并不是。他接着解释道："你应该把直觉感受当作一个重要的信息点，可是之后你必须有意识地、审慎地进行评估，看它在此情此境中是否合理。"[40] 也就是说，对最初产生的直觉，你需要紧接着进行仔细分析和思考，就像伊莎贝拉在考虑要不要去蓝带工作时所做的那样。

所以，如果你产生了一种直觉，并以此开始了你的决策过程，一定要再往前走一步，要做到深思熟虑。深思熟虑意味着你可以在分析可选项时有意识地形成步骤，并且可以将这些步骤解释给别人听。如果你觉得自己好像只有一个选择，那么仔细考虑全局，直到再想出至少一个可选项。同时，你也可以搜索并获取更多信息，从不同的角度看待这个决定。

艾米丽在一家快速发展中的科技公司担任销售副总经理，她有一套测试直觉的办法。"我此刻产生了一种预感，公司的某一项业务需要得到更多关注，我们的销售团队也能在那方面取得更好的成绩。"她紧接着说，"在领导团队会议时，我将会告诉他们，'这是我的预感。现在我们去确认这个预感是否正确。'"艾米丽不想让她的领导者团队就这个预感进行辩论，或是让他们在白板上列出可选项，又或是开全体大会一起想可能会出现的困难。她想要的是数据。她告诉团队成员："在接下来的一周，我需要你们去调查分析五个方面的问题。我对自己的推断很有信心，但我们需要找到事实依据。"虽然在出席会议的人中，有几个认为她确实发现了什么，还有几个认为她的想法不过尔尔，她表现得太夸张了，但所有人都认为他们需要数据。

这个团队会不会只收集能够证实会议室中最有权力的那个人想听的内容的那些数据？艾米丽意识到了这种可能性，数据经常被用来佐证以及编造人们想听的故事，但她使用了两个策略来防止出现类似情况。首先，想出问题的是这个团队，而不是艾米丽。"我们一致赞同不管是要证实还是否定这个预感，我们都需要找出并回答五个问题。"请注意，她没有要求团队预测未来，她问的是："什么样的证据会让我们相信任何一种立场？"其次，这个团队从问题入手，而非数据，因为如果从孤立的数据入手，你几乎能解释一切。让我们举一个其他行业的例子，看看从单一数据点中谋利是多么容易。假设你看到美国人平均每年在冰激凌上花费 54 亿美元。[41] 你一直想开家属于自己的店，冰激凌是你的最爱，而你做的咸味焦糖卷十分美味。刹那间，一切看上去都合情合理，因为你看到的那条信息正好与你的爱好吻合。于是你就想，**如果我买一辆冰激凌车，我能边付账单，边做自己热爱的工作**。然而，差不多任何事都能和一条信息完全契合。如果你先从问题开始，这些问题至少形成两条信息，你可以将它们放在一起进行比较。这样的问题可以是"冰激凌销量最高的城市有什么共同之处？""在那 54 亿美元中，冰激凌车销售的比例占了多少，店铺销售的比例又是多少？""多数美食车车主头两年一周要工作多长时间？"这时你不是在证实，而是在分析。

艾米丽的方法有用吗？她的科技公司的销售额在三年中至少提升了 70%。销售增长超过 30% 就会被称作"成长狂飙期"。艾米丽紧接着澄清，"帮我找五条数据"这一方法并不是公司获得令人羡慕的成功的唯一原因，杰出的科学家、充满激情的销售队伍、富有创新力的团队，当然还有与时俱进的产品，都是重要的因素。但她的理念确保她的同事不会仅因她的第六感，一时冲动而去推进一种想法。直觉是他们决策中的一部分，但并不是决策过程的起点和终点。

另外，即使清楚现在应该开始好好分析了，但也并不意味着能轻而易举地做到，因为有时直觉会很强烈，难以忽视。幸好研究者发现了一些巧妙的方法，能让我们从直觉模式切换到分析模式。如果你感到心血来潮，那就需要慢下来，仔细分析你的不同选项，同时皱起眉头 30 秒。这种做法简单奇特，但有用。皱眉能将你置于一种批判性的情绪中，这样你就能更有意识地去思考问题，更可能去拆解分析决策的细节，包括你自己的决定。[42] 忧愁的情绪也会让人们切换到偏向分析性的模式，回想悲伤的记忆能让你与最初强烈的偏好拉开一定距离。[43]

但你也不必破坏自己的心情。有些人觉得只需要对自己说，**仔细思考，斟酌每个理由**，他们就会变得更加偏向于分析。如果你想让团队成员在做提案时不要跟着直觉走，那么你试着这样告诉他们："我需要你们对自己做的任何决定都充满信心。"尽力做出最好的决定所造成的压力能让人们更深入地思考研究，然而，某些压力会产生相反的效果。给一个团队很少时间或者告诉他们"你们要尽快给我一个决定"，都会让人更容易转而依靠直觉。而这样说效果会更好："不用着急。如果今天能给我决定，很好，但比起迅速的决定，我更愿意你们给我一个好决定。"或者也可以这样说："我没有催你们的意思，我想在决定之前，让大家花上 40 分钟好好讨论一下我们的选择。"

写给任何一个认为自己追随内心的人

如果你倾向于认为女性的直觉比男性强，女性可以通过听从内心或直觉做出明智的决定，那你可能不赞成"女性并非更富有直觉"这一观点。然而，近来有研究表明，你如何看待自己决策方式会直接影响你的判断质量。[44]北达科他州立大学的两位心理学家亚当·费特曼（Adam Fetterman）和迈克尔·罗宾逊（Michael Robinson）进行了一系列研究，对声称自己服从于大脑的人所做的决定和声称自己听从内心的人所做的决定进行了比较。研究结果很明晰，思考者更具优势。认为自己通过思考（而不是听从内心）做出决定的大学生对眼前的问题想得更加深刻，在面临道德困境时，他们所做的决定能使更多人受益，其课程总体得分也更高。

分数问题可能会引起大家的警觉，认为两者存在因果关系，也许分数在思考或者直觉发挥作用之前就已经影响了人的想法。也许课程成绩好的学生一开始就认为自己属于勤奋型，真正懂得如何使用大脑，而学习成绩没那么好的学生则安慰自己：**好吧，我的天赋在其他方面。**

也很可能是成绩造成了人们对自身优势的看法。但是研究表明，也可以轻易地将这种暗示运用于决策，当他们这样做时，他们会以不同的方式解决问题。在研究过程中，费特曼和罗宾逊让一半的人在回答问题的同时将食指放在太阳穴上，指着大脑。当这样做时，男性和女性给出的答案都更具分析性，不是那么情绪化。指着太阳穴可能听起来有些做作，但做起来并不十分古怪。当某个人坐在书桌旁认真思考一个问题时，他很有可能会揉自己的前额，或者用双手托着下巴。然而，当受试者按照指令将食指放在胸部时，面临道德困境的男性和女性，都变得更加感性，没那么理智。一个小小的手势改变竟能造成思维策略产生如此大的变化，实在是有趣。

这只是一组研究，有些研究者不赞同其背后的大前提，即思维会受身体影响。[45] 然而，这类研究领域的最大发现，可能不是用手指很重要，而是你可以在不同的决策风格间灵活地转变。即使你一直秉承着"追随内心"这四字箴言，但在下次面临艰难抉择时，你还是可以试着说，"我也知道怎么思考"，看看能想起什么新的解决方案。

可是，直觉才能反映真实的自我

也许你仍然不信，在思考真实性的问题。有些女性和男性认为，如果他们听从自己的直觉，所做的决定更真实，更能反映他们真实的自我。正如我的一位朋友所说的那样，"我脑中全是别人告诉我该怎么做。而我的直觉，才能反映真实的自我"。

我当然能理解她这句话的意思。当你坐下来分析自己的选项时，他人的偏好可能会让你自己的意向变得模糊。如果你在纠结是回学校继续学业，还是开始新的事业，你可能会想自己现在的老板会如何反应，你的伴侣会怎么看待你的收入下降，你母亲对你现在的工作感到十分骄傲，放弃会不会让她觉得失望。你会考虑这个改变对周围依赖你的人所造成的影响，不论是家里的孩子，还是你的工作团队，或者两者兼有。这些利益冲突让你很难分辨出对你而言真正重要的是什么。你可以一页页地记录下来，但仍然看不清楚什么才是最重要的。直到你发现自己渴望能有一种难以解释的强烈直觉，于是开始相信任何直觉感受都是从这团乱麻中闪耀而出的"真实自我"。

如果你担心脑中都是别人想要的东西，如果你被听从直觉这个办法所吸引的原因是，直觉能帮助你把自己的根本需要与其他人的需要分离开来，那么你可以试试另一种办法，我们将其称为"回望"。这种方法所依据的策略，我们将会在"冒险"一章中做详细了解。[46] 首先，想象从你做决定到现在已经有一年了，然后补充这个句式："回头看，我庆幸自己……"或者"回头看，我这一年做的最重要的决定之一是……"这些回望让你认识到什么是最重要的，什么是你目前的头等大事。还有一种我和我的丈夫都在使用的回望方式我也很喜欢——"如果我今年没有___的话，我真的会觉得遗憾"。2013 年的一个晚上，我和丈夫使用了这个句式。我说："如果我今年没有去巴黎的话，我会觉得遗憾。"他用胳膊搂住我，说："巴黎除了你和我，还有什么？"我们真的去了，后来我遇到了伊莎贝拉，开始了整个故事。

为什么想象现在是一年之后，你回过头去看，会有所帮助？我们会在讨论冒险时解答这个问题，与此同时，请思考这个问题：反思过去和预测未来，哪个更简单？

那么，回望和罗列利弊有什么区别呢？回望具有追溯的性质，但有一点容易被忽视。决策者时常会想出一系列利弊来帮助他们做决定，他们会填满一张张纸，希望想出每一条利弊，认为这样就会离清晰明了更近一步。但想出更多利弊并非更有效。正如奇普·希思和丹·希思在他们趣味盎然的《决断力》(Decisive)一书中所指出的，罗列利弊经常会"扬起大量尘埃，以致我们难以看清前路"。[47]

典型工作面试中存在的问题

直觉对职业生活中的一个方面影响深远，那就是雇用决策。在某些时候，你很可能要雇用他人，可能是你家房子的承建商，也可能是你办公室的员工。试想，你需要雇一名新的行政助理，你的资金充足，而且已经预留出时间来面试应聘者，你和最优秀的四名应聘者安排了会面。这个时候人们最常犯的错误是什么？

那就是只和他们坐下来交谈。潜在雇主经常这么干，认为通过让这些应聘者谈论自己及其相关的经历，就能了解他们。这种开放型的面试是雇用过程中最常见的一个步骤，但也是最糟糕的一个步骤，[48] 甚至一项基于网络的简单智力测试都比这种典型的面试更能准确地预测工作表现。[49] 问题不在于潜在雇主不擅长看人，而是他们所看的方面很可能无法很好地预测工作表现。我们大都只需半个小时就会对一名求职者产生强烈的感觉，开始想，**她让我想起 20 年前的自己！**或者，**她还可以，只不过我看不出她身上有什么特别之处**。这是人事经理喜欢开放式面试的原因之一，他们认为，或者可能只是希望，如果他们和应聘者谈一会儿，让他们描述之前的工作和之后 5 年的职业规划，他们会看出一些让真正有潜力的人脱颖而出或让一个人暴露出问题的重要素质。[50] 这种第一印象，那些骤然而生的喜欢和厌恶之情，可能会帮助你决定晚宴上要不要在某个人旁边坐两个小时，但用来衡量他是否具备管理一个团队或在预算内将项目做完的能力，是行不通的。

有些人可能会认为，咖啡馆里的非正式面试不是评估应聘者的最好办法，但也没有什么坏处。令人吃惊的是，这样做有坏处。研究者发现，一旦面试官对一个应聘者形成一种印象，就算过于武断，通常也无法摆脱。如果应聘者问卡布奇诺能否用大麻籽牛奶制作，或者中途去接了通电话，面试官就可能会感到有什么不太对。他说不清楚到底是什么不对，却对那个不相干的细节格外重视，反倒忽略了真正重要的信息，比如应聘者以往优秀的工作业绩。或者他也有可能录用了魅力风趣、处事圆滑，却无法胜任这份工作的应聘者。一个小时的面试很快过去了，经理觉得这个职位所列的关键资格并没有那么关键。心理学家将其称作"稀释效应"（dilution effect），即无关紧要的发现稀释了真正重要的东西，在工作面试中这种效应屡见不鲜。你因为一个人在面试中看起来自信满满、阅历丰富而雇用他，但在六个月后，却因为他频频要求请假去旅游而深受困扰。

你可能会想：**等我有了更多经验，我就会知道在谈话中要关注什么，就可以相信自己的直觉。**然而，研究显示，就算是专攻面试、整天都在为不同岗位挑选应聘者的人，也无法通过一场面试很好地预测一个人将来的表现。[51] 我们很容易受到个人好恶影响，不管你怎么努力，这些情绪都很难被忽略。我们之前说过，只有当反馈迅速清晰时，才可以训练直觉。"迅速"是指几分钟后，或者至少是当天。雇员开始工作的第一天，通常与面试相隔数周，而且不论是谁，都不会有大的成就。对于复杂的工作，要过一个月或者更久，你才能评价一个新职员的表现，那个时候，你的直觉感受早已淡化了。你无法控制自己的最初印象在那段时间的变化。幸运的是，你仍可以训练自己意识层面上的反应。你可以审视面试中提过的问题，看哪些太过模糊，而且可以决定你要电话联系至少三个证明人。你可以提升自己思考的方式，但是，鉴于过大的时间差，你无法提升你潜意识的本能反应。

如果随意的工作面试困难重重，有什么替代办法吗？最好的一种策略是，让求职者完成一项典型的工作任务，这样求职者就有机会模拟将要从事的工作类型。如果你要雇人做咨询，给他一个遇到问题的客户，安静地坐在一边，听他们沟通。如果你要雇人设计网站，给每一位求职者一台安装好所需软件的电脑，给他们一个小时，让其独自待在一间屋子里做这项工作。显然，求职者没办法完成整个可以投入使用的网站，但这种做法让你有机会将他们处理任务的方式进行对比。

我不止一次使用过这个方法，最近的一次是招聘一名助理研究员，帮助我完成这本书。有三个人参加应聘，她们都还在读大学，有很不错的简历，都看起来很有潜力。我和每位面试者单独会面一小时，告诉她们没有一般常见的面试，我要让她们完成一项典型的研究任务。我给她们的研究项目是那种入职后每天都会做的事情：我让她们去找一个女性做某一决策的事例，可以是美国高管、德国政客、巴西运动员，只要她们感兴趣，任何人都可以。

我让她们最多花七个小时做这个项目，包括总结和反思。我提前告诉她们，所选的研究项目很难，所以有可能她们在规定时间内得不到任何发现，这没关系。我告诉她们五小时后停止搜索，开始记录她们的思路和寻找过程，以及使用全部资料的来源。然后，我们用剩下的大部分时间一起讨论分给她们的研究项目。她们会得到一定数量的酬劳，在十天后将报告通过电子邮件发给我，而且我告诉她们，如果有任何疑问，可以与我联系。

我没有收到任何问题。十天后，我收到了三封电子邮件。首位参加面试的人向我道歉，说她要放弃这个职位的申请，她找了四个小时，一无所获，意识到这份工作可能不适合她。第二位面试者找到了一个例子，虽然有趣，但不足以阐释我们讨论过的概念，她在邮件中没有提到这一点。第三位面试者也没有收获，但她对考虑过的各种资料来源做出了长达三页的细致分析，说明了寻找的范围，解释为什么她找到的例子都不太合适。

基于这些结果，你会雇用哪位？我选择了第三位面试者。她虽然没有找到例证，却思路敏捷，清晰地记下了方方面面，她的一些思考角度是我从未想到过的。而且，她明确地遵从了我给出的指示。可是，发人深省的是，如果我是在一小时的面谈后立即做出决定，我可能会将工作机会给第一位面试者，即那位退出的女性。基于我们共处的时间，我对她的感觉最好。当然，我可能会有意地为这个决定辩解，我也许会指出，她提出的问题最富有洞见。但这是我被她吸引的真正原因吗？我能想象到十几个可能会引起这种反应的事物。也许她让我想起了以前的一个优秀学生或者某个早已被遗忘的为我看过孩子的人；也许是她第一次就叫对了我的名字；也许是她那天的服饰打动了我。谁说得清楚呢？因为研究质量而被我录用的第三位面试者，在面试中表现得很和气，面带微笑，频频点头，不过她没有向我提出任何疑问，也几乎不说话。初次会面后，我对她的直觉反应是：**不错，但可能太害羞了**。我不太确定自己是因为什么而做此反应，但我不会单单因为这次谈话就决定录用她。可是，在模拟研究过程中，她的工作报告最出色，毕竟我是为了研究才雇她。

我雇的人能够胜任这份工作吗？我对这位名叫妮基的女孩非常满意。她不仅敏捷可靠，而且在帮我找素材时极富巧思。头两次会面时，她话不多，但渐渐地没有那么拘谨了，到第三个月，她差不多主导了我们的会面。面对她的机敏观察和深刻提问，我经常不知该作何解答。要不是她的工作报告，我很可能会忽略她的求职实力。

首位参加面试的人也能胜任吗？也许能，不过她觉得她不适合做这种研究，而这正是我需要她完成的任务。也许她在发现这项任务有多难，不断碰壁时，感到灰心丧气。她是尖子生，许多成绩优异的学生不习惯失败。提前认识到这份工作不适合她，对我们双方都好。

有时候，你也许没办法进行模拟测试。如果你受到限制，只能进行传统面试，那就问那种能得到客观信息的问题，比如，"在过去的五年里，你有几个行政助理（或老板）？""你去年做过几个项目？"不要问主观性、容易有偏差的问题，比如，"你最大的优势和最大的弱点分别是什么？"[52] 如果你了解到面前的潜在雇员在这几年内有五个老板，你要再问些问题，搞清楚这个人是碰巧在人员调动频繁的地方工作，还是她不善与权威人物打交道，或者是什么其他的各种各样的问题。如果你所雇之人要提交项目申请书，你需要知道他的专业技能是不是还停留在传真机时代，他是否有能力传授你一些知识。

要做出绝佳的决定，我们需要摒弃关于女性直觉的一种看法，去接受另一种。女性只要审视内心，就会知道该怎么做，正确决定已然形成，就在那里等着，这种看法没什么用处。女性也许以为自己抓住了最重要的东西，但可能仅仅是偏见在发挥作用。如若舍弃这种想法，最终她们所做的决定会符合自己的价值观。女性经常比她们愿意承认的还要倾向于分析，一旦真的承认这一点，就能让她们脱离限制，让自己的决策过程变得更加合理缜密。

那么，该如何看待女性通常更能体察周边人的心意呢？我们能够而且应该欣然接受这种关于女性直觉的观点。和情景喜剧中呈现的有所不同，女性并不会读心术。然而，女性确实更擅长捕捉周围人们的细小情绪，在她们发挥自己的社交敏锐度时，整个团队的智慧和判断力会随之提升。

小结：

1. 女性的直觉被视作女性强大而独特的决策方式。

2. 科学家发现，男性和女性的专业直觉都具有敏锐而全面的特点，且都源于无意识。若要使这种直觉有所用处，需要大量能产生清晰反馈的训练。
– 例子：医生在看患者的记录前，快速判断其病情是好转还是恶化。

3. 很多人认为自己的直觉很准，但事实是，他们的猜测经常无法得到迅速或清晰的反馈，因此他们的直觉也许并不像他们所相信的那样精准。

4. 如果女性不比男性更加依赖经过深思熟虑的、有意识的分析，那么，至少也和他们一样。

5. 相较于男性，女性通过后天努力，能够更加准确地通过别人的面部表情和肢体语言识别情感。
– 女性会更加关注团队成员反应的差别，所以增加一个团队中女性成员的人数并听取她们的意见，能够提升该团队的集体智慧。
– 这不能算是女性的直觉，应该称其为下属的直觉。

要去做

1. 在你决定要为某个东西花多少钱时，请留意锚定效应。
– 例子：艾瑞利的学生们对几瓶红酒的竞价。

2. 以你的直觉为起点，然后搜寻数据。

3. 当你面临艰难决策时，记住自己是在运用大脑思考，因为相较于告诉自己追随内心或跟着直觉走，这种想法能让你的思维更加清晰。

4. 当你不想受其他人影响，想厘清自己的情绪时，试一试回头看。

5. 招聘时，不要通过典型的随意性的工作面试来了解应聘者。
– 这会导致你听从自己潜意识中的好恶，因而并不可靠。
– 让应聘者做实际工作中会做的工作任务，根据他们的表现决定雇用哪一个。

第二章
决策力困境

我在戴安娜的办公室刚一坐下，她就拿起遥控器，将原本低声的电视调为静音。她解释道："我一整天都会看新闻，以防错过重大消息。"戴安娜不是报社记者，也不是 CNN 的新闻主播，而是一名警察局长。

我们中的大多数人无法做到在说了"我整天看新闻"后，还能维护自己在办公室的威信，但没人会说戴安娜是在偷懒。她指挥的警察队伍由 500 多名全职警员构成，在美国只有 89 个警察局能达到这样的规模。她需要了解地方和国家动态，只有这样，她做出的决策才能既精准合理，又与情境相符。[1]

《法律与秩序》(*Law and Order*) 和《犯罪现场调查》(*CSI*) 这类电视剧可能会让我们觉得，在执法界女性很常见。当然，这一领域的男性要比女性多，可是在这些电视节目中，每看到两三位男性，就至少会见到一位女性，甚至是在《雷诺 911》(*Reno 911!*) 这类伪纪录片喜剧中，你所见到的无厘头男性警察和女性警察几乎各占一半。然而，在现实生活中，女警员很稀少。在美国，15% 的警员是女性，也就是说，每有 1 位女性警员，就有差不多 8 位男性警员。[2]这意味着，如果你是个女警员，很可能在你大部分的职业生涯中，你的搭档都是男性。所以，忘掉《警花拍档》(*Cagney and Lacey*) 吧。一项 2013 年的研究调查了美国 1550 个警察局，发现在超过 150 个警局中，一位女性警员也没有。[3]

但我去那儿，不是为了询问戴安娜对警探电视剧或执法部门性别人数差距的看法，而是要去和她讨论男性警员和女性警员在执行任务时分别如何做决策。一开始，戴安娜坚称没有区别。她解释道："我们所有警员都接受同样的训练，这跟你是男是女没有关系，我们接受的训练要求我们做出相同的反应。"

所有警员都接受同样的精心策划的训练程序，对此我深信不疑，但我还是好奇，这些程序在现场是如何被运用的。在某些状况下，警员必定要发挥自己的判断力，做出决定。当面临一种以上处理某一情形的可行方案时，会出现男性倾向于其中一种，而女性倾向于另一种的情况吗？戴安娜仔细思考了这个问题，最终回答道："每个警员都不一样，就像每个人都不同。不过，如果你在这一行做得够久，就会发现一些规律。比如说，有两个人正在发生争执，互相叫嚷，威胁要动武，这时许多男性警员会选择直接介入，奋力控制局势。他们的决策倾向于行动，可能会说：'怎么了？'"她用这种极富权威的语气回答这个问题，把我吓了一跳。

　　戴安娜说，女性警员也会问同样的问题，不过她们通常以一种更富同情心的语气询问，这种方式会引发对话。"一位女警官进门后，可能会说：'你好。你知道发生了什么吗？怎么了？'"这时戴安娜像是在与一位旁观者或者某个被冤枉的人对话，"女警员会一直分析形势。她们会想：**在这个房间里谁的身体最强壮？如果形势需要，我能制伏他吗？还有最重要的是，我怎么才能化解这种局势。**"

　　她接着说："不过这个办法并非总行得通，这要看和她搭档的是哪位男警员。如果她的搭档不了解她，他可能会觉得她在拖延时间，不像是在解决问题，好像过于优柔寡断。"有人可能会误解这种慎重的方式，因为激烈的情境似乎需要以同样激烈的方式回应。她的搭档可能会想：**现在可不是该和蔼可亲的时候。**

　　我开始研究决策力，研究人们是否认为某种性别在做重要决策时会稍稍拖延，但每当我和女性谈起做出果敢坚定的决定时，另外一个话题就会浮出水面，那就是照顾其他人。我以为自己在问一个简单的问题："从你的经验来看，是不是一种性别的人比另一种更加果断？"但是没有一个人，包括戴安娜，能给我一个简单直接的回答。我一谈到决策力的话题，关于包容和同情的故事就随之而来。

本章依然会提出某种性别是否更具决策力这一问题。是不是像许多人所认为的那样，男性在做决定时更加果断，内心的挣扎会更少？但我们还会看一看女性在决断力和责任心之间所面临的复杂而激烈的挣扎。被视作两种素质兼具，实属不易，那么当女性选择包容而非坚决时，她们要付出怎样的代价？

我们还会探讨一个贯穿本书的重要问题：当周围的同事表示（也许是以一种极其委婉的方式），女性在决策方面不如男性时，她们会如何反应？在一种情境中，当女性收到强烈的信号，采取某一种决策过程，而卓越的领导人却采取了另一种时，又会如何？类似情境会改变女性的决策方式吗？女性怎样才能既保持机智，又破除成见？

你听到"特权"一词的唯一情况

你大概听说过，**改变心意是女性的特权**。这种说法看起来没什么坏处，就是有些过时，像是从我祖父口中说出的话，经常被当作玩笑话。我在一家杂货店的收银处听一位店员说过这句话，当时排在我前面的那个人决定不要第三瓶意大利面酱。我听过女性在开会时用开玩笑的语气说出这句话，那时她们想收回自己之前的糟糕提议。无论你相信与否，我曾听一位父亲边摇头边说出这句话，在他最多只有三岁的女儿丢下一个玩具娃娃，捡起另一个的时候。

"女性的特权"确实是个老说法，如果知道它的来源，多数女性在使用时可能会有所迟疑。它并非指女性享有的权力或特殊待遇，相反，它表明女性曾经在一个具体情境中的无力。在 19 世纪的英国，如果一位男性向一位女性求婚，然后改变了主意，女方可以控告他违背婚约，因为订婚被看作是有法律约束力的契约。[4] 他求婚了，她就是他的人。19 世纪的社会将婚前被抛弃的女性视作已损商品。（按照历史学家们的说法，如果在离婚期很近时毁约，那个时代的男性可能会想，女方已和她的未婚夫发生过关系，失去了处子之身。而且，她有什么问题吗？不然他怎么会这样离开她？）这些被悔婚的女性通常很难再找到对象。鉴于此，法律允许女性起诉男性破坏婚约，作为一种补偿女性名誉受损、婚途受阻的方式。在 19 世纪 50 年代，悔婚的男性要赔偿女方大约 390 英镑（这笔数额差不多相当于 2014 年的 53 万英镑或 83.9 万美元）。[5] 也就是说，如果男方改变了主意，他可能会被迫进行金钱赔偿。相较之下，女性可以改变主意，违背婚约，却不会被拉上法庭。"改变心意是女性的特权"正源于此，女性可以终止婚约，不用承担法律责任和经济损失，而男性却不可以。而且，在类似案件中，法院的判决一般会对女性有利。为什么会这样？男性掌握所有的权力，不会因为取消婚约而蒙受大的损失。如果是女方取消婚约，男方要找老婆并不难，而对于这位女性，就算她是主动取消婚约的一方，她也会遭到社会的唾弃（别忘了，她是否保有童贞已成问题）。这就是那时女性所谓的优待或特权：她能从糟糕的婚约中脱身，但这样做她会名誉扫地，婚途黯淡。如果取消婚约的是男方，他可以支付一大笔赔偿金，然后继续如意地生活。

如今，在碰到权势女性因为事情有了新的发展而转变自己的看法时，记者和专家们会继续捞出"女性的特权"这个词。在芭芭拉·布什（Babara Bush）说她会支持儿子杰布·布什（Jeb Bush）竞选美国总统时，相当于收回了两年前发表的言论，那时她表示不愿白宫再多一个姓布什的总统。[6]克里斯·马修斯（Chris Mathews）在微软全国广播公司（MSNBC）的节目上批评希拉里·克林顿（Hillary Clinton），因为她不肯承认自己因为在做参议员时投票支持伊拉克战争而感到后悔。[7]对于这两个事件的当事人，记者都摇动手指，不甚赞同，然后却评论说这是"女性的特权"，仿佛这些女性反映了天下所有女性的古怪天性。当巴拉克·奥巴马（Barack Obama）、戴维·卡梅伦（David Cameron）、方济各教皇（Pope Francis）这样位高权重的男性改变主意时，却不会殃及广大男性。记者们可能会指责这些女性虚伪善变，但这种批判很少会触及任何带有 Y 染色体的人。男性比女性更**果断**，这种看法可能已经过时了，但绝非过去式，它在当今社会依然有相当的影响力。2015年的一项调查给接受调查的美国人一个关于积极个性的列表，让他们逐一说明，每种个性在他们看来是更符合男性还是更符合女性。[8]受调查者认为，女性一般富有同情心，做事有条理，而男性被认为富有决断力。另一项调查发现，"果断"被人们认为是典型的美国男性一般具备的 10 种特征之一，但这些人并不认为典型的美国女性具备这个的特征。他们觉得，**热情、善良、友好、耐心**用来描述女性都很合适，而**果断**是 43 种个性特征中几乎最不符合女性的形容词。[9]这是不是意味着所有人都认为男性比女性更有决断力？并非如此。但这也确实说明，大多数人在思考男性的积极特质时，头一个想到的词就是**果断**，而在描述女性的积极特质时，他们要拿着纸和笔，坐上半晌，才会想起**果断**这个词。

让我们弄清楚多数人在说某人果断时，想表达什么意思。几乎每一位研究这种个性特征的科学工作者都有自己不同的看法，符合大众通常用法的简单定义是，果断的人"偏好行动"。这是汤姆·彼得斯（Tom Peters）和罗伯特·沃特曼（Robert Waterman）在他们十分畅销的经济读物《追求卓越》（*In Search of Excellence*）[10]中首次使用的表达。彼得斯和沃特曼研究了美国 43 家成功企业，发现决断力或者偏好行动是效益高、管理好的公司共同的信条。以一个任务小组为例。一个任务小组在提出举措前对一个问题应该研究多久？彼得斯和沃特曼发现，经营良好的企业一般是"多个工作小组，花 5 天时间来研究一个问题"，而行业惯例可能是"组成单个的委员会，花 18 个月来研究"。[11]

如果决断力是一种对行动的偏好，那么决断力的反面是什么？偏好思考吗？对，但也不完全对。研究者对犹豫不决（indecision）和缺乏决断力（indecisiveness）进行了区分，认为前者正常而且有益，后者却是一种毛病。犹豫不决被看作是成年人通常会经历的短暂性阶段，这时他们面临也许会改变命运的重要抉择。[12] 如果你在考虑要不要回去读书，或者应不应该裁掉一整个部门的员工，你可能犹豫不决，因为这样的决定面临着较高的风险。

然而，缺乏决断力却是一种性格特征，并非你在处理一个问题时所经历的一个阶段。缺乏决断力是"在不同情境中决断能力的长期丧失"。[13] 如果你缺乏决断力，你连做无关紧要的决定都有困难。在餐馆里点什么菜，参加会议时坐在哪里，旅行时带哪本书，这些选择总是让你犯难。（如果你读到最后一句时想，**这些都不是容易的**

选择，你很可能也缺乏决断力。）因而，富有决断力是偏好行动，而缺乏决断力是不愿选择。这可能是对女性的一种看法——她们总是不愿选择、不愿行动。

我们需要的是一旦决定就绝不回头的领导人

被认为果断很重要吗？政治家认为至关重要。2001 年 9 月 11 日的恐怖袭击发生后多年，共和党人一直将小布什总统（George W. Bush）描绘成很果断的人，他决策迅速且发自内心，不因批评反对而偏移。小布什的支持者认为，这是美国在他的领导下更安全的原因之一，他所说的"我是决策者"能让许多人和他的总统任期联系起来。[14] 这与美国在近几十年内对缺乏决断力的鄙夷形成了对比。在 2004 年的总统选举中，共和党人羞辱民主党候选人约翰·克里（John Kerry），说他是"墙头草"。他们试图以不擅长领导来抹黑克里，让选民讨厌他，从而倒向小布什。这个办法奏效了。在那场选举中，果断这一印象至关重要。[15] 一项研究发现，认为小布什更有决断力的选民将手中的票投给了小布什，认为约翰·克里更有决断力的选民将手中的票投给了克里。

直至今天，美国人仍很看重决断力，2015 年一项针对"好的领导人应具备什么素质"的调查研究反映了这一点。皮尤基金会的研究团队向不同角色和职业的 2800 位成年美国人发起提问：领导人身上必不可少的素质是什么？结果显示，诚实居于首位，84% 的受调查者表示，诚信最为关键；决断力紧随其后，80% 的人认为好的领导人还必须果断。

那么，大家觉得男性和女性在这个关键的领导素质上有区别吗？根据这项研究，62%的人认为男女的决策力不相上下，27%的人认为男性决断力更强，因此更适合做领导。这项数据带来的好消息是，多数人认为男女决断力相当，这是一种进步。然而，对于听从一种流行商业书籍的建议，树立更高志向的女性来说，有一方面值得关注：根据受调查者的回答，在该团队研究的所有领导人素质中，女性远远落后于男性的一点是决断力，而不是抱负。20%的人认为男性比女性更有抱负，而25%的人认为男性更有决断力。差别很细微，但这意味着女性不能只专注于表现出她们**想**去领导，她们还必须展示出具备足够的决断力。

　　看重领导人的决断力，并且厌恶观点突然转变的，不是只有美国人。在英国，政府官员因为决策"180度大转弯"（U-turn）而受到谴责；在澳大利亚和新西兰，民众讨厌"立场发生巨大转变"（backflip）的政客。在针对欧洲22个国家的一项大规模研究中，除了法国人能够接受领导人决策缓慢外，其他所有国家都将决断力列入杰出领导人最重要的五个素质之一。[16]

不要再开会了

　　所有人都认为女性更优柔寡断吗？幸好不是。我和一些在企业担任最高职位的女性交谈过，她们说自己经常比一同参与的男性更急于做出决定。凯特曾是一家科技公司的CEO，她说："通常在下令执行前，我想对一个决定达到95%的确信。而和我一起工作的有些男性呢？他们想达到4个9。"（即99.99%的确信，她体贴地解释道。）警察局长戴安娜告诉我，一旦要做影响整个警察队伍的重大政策性决定时，"男同事们的计划是开会，在会上策划另一个会，然后再在第二个会上，策划第三个会。这个时候，我就会想，不要再开这些恼人的会议了，现在就下个决定吧。现在想想，我昨天开会时就说过这样的话"。

这可能和那种在男性主导的环境中跻身管理层的女性情景相符。戴安娜是她所在城市十几年来的第一位女性警察局长，而且她的警局比多数警局进步得多。截至 2013 年，在美国只有不到 1% 的警察局长和城镇治安官是女性，这就意味着，如果 500 名警察局长聚在一间屋子里，你可以预料到其中只有四位是女性。[17] 戴安娜所走之路，没有几个女性走过。如果你是一位女性，做的是一般男性做的工作，如果你清清楚楚地展现出自己促成决定的能力和意愿，那么要晋升为领导可能会更容易。

我们非常看重领导的决断力，所以当人们认为女性在做干脆清晰的决定这一方面落后于男性时，这种看法衍生了一系列问题。有时，女性的决策由于无法预测而被置之不理。《哈佛商业评论》（*Harvard Business Review*）近期发表的一篇文章探讨了男女抉择过程的不同，其中一位未提及姓名的男性高管坦言："我觉得，在商业交易中，女性有时难缠得多，甚至可以说是反复无常。"[18] 或者，女性在人们眼中既重视协调关系，又容易改变想法，因而受到大量游说；男性却可以不受干扰，权衡各种选择。软件工程师兼产品经理妮娜观察到，她的部门存在这样一种看法：女性的决策基于"最后对决定产生影响的人"。我从未听过这个表达，问她是什么意思。她解释说，当团队里的一位女主管要做出一个重要的项目决定时，在必须做出决定的那天，她的办公室会访客不断。妮娜说，大家觉得女性一般会听从她听到的最后一条建议。那男主管呢？"他们的门口不会有排队的访客，大家想'有什么用呢？他还是会按自己的想法行事。等他下了决定，我们自然会知道'。"

我发现妮娜的观点十分有趣。我并不是说"最后对决定产生影响的人"的原则在职场中很常见，它可能是这家公司，甚至是这个部门的独特现象，但这说明了一个更重大的问题。这与我们到目前为止收到的消息吻合，男性在大众眼中行动果断，而对女性的看法在最好的情况下，也是五花八门。这个团队是觉得女性反复无常到如此可笑的地步，还是觉得她们对新的不同观点来者不拒？这是不是一种潜在的赞扬，说女性更关心团队成员的想法？或者，这是不是在暗示，要想牵着女性的鼻子走并不难，女性毫无自己的主张？要理解这个故事以及棘手的决断力问题，我找到的最佳办法之一是想一想特工和鸭妈妈。

特工和鸭妈妈

一般来说，我们对男性和女性的期待大不相同。假设你在朋友的后院烧烤派对上遇到一位小伙子，就算他身着泳裤，牵着一个刚学会走路的孩子，当听他说起自己的雄心壮志时，你也不会觉得惊奇。虽然眼前的线索告诉你，他是一位居家型的男人，性格随和，甚至也许很有趣，但根深蒂固的社会观念告诉你，他还是会拥有一份事业，而且志存高远。研究者发现，我们期待男性事业成功，具备独立的见解。如果他在一家公司工作，当他告诉你自己很快会成为公司合伙人，你会点点头。如果他为自己工作，你可能会问他，打算将来继续单枪匹马地干，还是要招兵买马。甚至当你看他弯下腰为女儿系鞋带时，也会不自觉地想，他很有事业心。名为《向前一步》（*Lean In*）的职业指导书对他们不会有什么吸引力，因为这正是我们对他们的期待。

科学家称，我们希望男性具备**能动倾向**（agentic），推动自己计划的实施，设定自己的目标，最终实现这些目标。[19] 能动倾向是一个专业术语，但我喜欢将它重新想象成描述特工的词。你已经在十几部电影中见到过这种角色。我们的主人公在房顶等待指示，总部终于发号施令："詹姆斯，我需要你按顺序做 X、Y、Z。詹姆斯？"镜头切回房顶，观众看到了一副耳机，推测是他的耳机，被扔在了地上。他已离开，去做他觉得最正确的事情，这时观众既焦虑又激动，看他全然不顾计划，有些担心，但却相信他抓住了真正需要做的事情。

我们期待男性在判断和决策方面能像特工一样干练、独立、强硬，最重要的是要果断，要快速决定、快速行动。如果他们完全按照自己的计划行动，我们也不会感到惊讶。这并不是说我们喜欢男性具备这些素质，或者说我们希望身边的男性决策者如此行事，但我们看到这样的做法时，不会觉得惊奇。

在决策方面，我们期待男性表现得像特工，那我们对女性的表现作何期待呢？虽然我讨厌这样说，但这个时候，我确实想到的是母鸭。科学家称，我们期待女性具备**关系倾向**（communal），专注于她们的社群，构建并保持关系。我们期待女性在决策时要像鸭妈妈，首先关注别人的需求。想象一只母鸭和它的幼雏在过马路，你知道它会确保每只都到达马路对面。它走在最前面，仅仅是在开路，不过我们认为它总是将群体利益放在心中，在密切关注有没有掉队的。我们觉得它的"决策"是基于个体独立的目的吗？不，那样会是一个不称职的鸭妈妈。我们期待它所做的决定能够反映出它在那些依赖它的鸭宝宝面前扮演的角色——无微不至、体贴周全的好妈妈。

这对女性和做决策来说意味着什么呢？这意味着我们期待女性关注的范围超出自己，不论是在公司、团队，还是在家庭。试想，你在同一个烧烤派对上碰到一位女士，她穿着牛仔裤，正在教一个孩子如何吹泡泡。她说自己刚升任总裁，你便问她（而不是他）是如何兼顾事业和家庭的，还问她（而不是他）是如何成就这一切的。要将男性想象为特工对你来说并不难，可你怎么也摆脱不了女性是鸭妈妈的感觉。

这种特工和鸭妈妈的观念在企业管理人员中很普遍。2009年的一项研究调查了将近300名商业高管，这些处于CEO以下两级的高管的共同观点可以总结为"女性照料，男性负责"。[20]大部分高管，包括女性高管，都认为男性总是果断采取行动，掌控局面，而在他们眼中，女性总是在呵护和支持别人。

这些类比并不完美，并未揭示出我们对男女期待的每个复杂之处，特别是在接受赞许和认可的问题上，尤为不足。特工在幕后行动，做不可能办到的事情，在大家知晓是何人所做之前消失得无影无踪，然而，我们并不期待男性这样做。在社会上，我们并不要求男性对自己的成就避而不谈。同样，母鸭在小鸭群中十分醒目，很明显它是领导人，然而女性领导被误以为是端茶送水的人比比皆是。因此，如果我们问的是谁会被认出来是领导，这个类比就说不通。

不过，如果我们思考的是男性和女性的决策方式，是自主决策，还是努力和他人保持一致，这个类比就很恰当。我们觉得如果男性有更好的想法就应该付诸行动，却觉得女性应该与人协作，考虑到每个人的需求。我们可以从戴安娜所讲的故事中看到这一点，男警察倾向于负责，而女警察倾向于照顾。从妮娜讲述的故事中也能看到这一点，在女主管做重要决定那天去游说，在同样的情形下，却不去打扰男主管。从前言部分也能看到这一点，玛丽莎·梅耶取消了雅虎在家办公的政策，很多记者因此对她口诛笔伐（她没有为雅虎所有的在职妈妈想过吗？女 CEO 不是该对家庭更友好吗？她在这个行业开了什么先例，难道她没考虑过大局吗？）。一周后休伯特·乔利为百思买做出同样的决定，却只有很少的记者谴责他。他不用照顾每一只小鸭子，而她却理应这么做。

这是不是意味着男性不可能具备关系倾向，而女性不可能更具备能动倾向？当然不是，但正如在整本书中所看到的那样，当男性或者女性扮演了被视为异性才具备的性别特质时，他们往往要付出代价。如果女领导像特工一样决策，只要她们觉得是最好的决定，就不顾一切地往前冲，那么就会迅速引来专家和记者们的非议。

哪种性别更具决断优势？

男性是不是真的天生比女性更具决断力？科研人员还在争论这个问题，但目前的答案似乎是"很可能不是"。

多数研究决策力的科学工作者要靠成年人对自己不同倾向的评分来进行研究。假如你参加了这种调查，你要回答 20～25 个关于你如何做出重大决策的问题。比如，你在做决定之前，对事实再次核查到什么程度？在不咨询他人的情况下做出重要决定，在你身上多久出现一次？将决定拖延到最后一刻的频率如何？[21]

　　研究者计算出回答者的分数，男女得分基本相同。[22] 所得数据显示，每个人都有难以抉择的时候，但我们中的大多数，无论男女，人生都足够顺利，能轻而易举地做出决定。男女决断力均衡的现象并不局限于美国，在土耳其、中国、加拿大、澳大利亚、日本、新西兰等不同国家，男性和女性都拥有同等的决断力。[23] 不同的文化之间可能存在决断力的差别，但在同一种文化中，男女的决断力似乎是平衡的。例如，一项研究发现，日本成年人的决断力不如美国和中国的成年人，但日本男性和女性在决策的速度和难易程度上都没呈现出什么差异。[24]

　　一些研究报告确实显示男性的决断力更强，却有一点需要特别说明，这些研究多数针对两种特殊人群：一、年龄在 12～18 岁之间的青少年；二、表现出反复洗手、在邮寄信件前多次检查是否贴邮票等有强迫症行为迹象的成年人。[25] 这些人在决策方面异于常人。可以说，在不同年龄群体中青少年的决策方式尤为独特，如果你家里有青少年，你大概会赞成这一点。而有强迫症倾向的女性比这样的男性在做决定时更拖延，虽然这一点的确值得注意，但不能说明一般人的特征。

　　所以，女性决策力差的看法具有误导性。确实，有些女性比其他人更难拿定主意，但对于有些男性来说同样困难。事实表明，多数时候，健康的成年男性和健康的成年女性一样频繁地纠结于如何做出选择。

忍受着胫骨疼痛和胃不适，徒步阿巴拉契亚国家步道

如果女性的决断力和男性相当，那么为何如此多的人仍认为男性更果断？如果女性和男性一样频繁地倾向于去行动，我们为什么全然没有察觉？关于女性大多优柔寡断的看法持续至今，背后的原因可能有很多，但我即将着重介绍的是两个我们都应该认识到的原因。

詹妮弗·法尔·戴维斯（Jennifer Pharr Davis）想以快于之前任何人的速度，走完阿巴拉契亚国家步道。她已经两次徒步完成全程约 3500 千米，并且在第二次走完全程时，她创下了新的女子纪录，她连续走了 57.5 天，平均每天行进大约 61 千米。[26] 对于我们中的大多数人来说，这可能已经足够了。我们会处理好脚上的水泡，等心里痒痒，又想挑战自己时，选择一条新的路线。

可是，詹妮弗想再试一次，她这次的目标是要打破男子纪录。她在回忆录中写道，她打算从缅因州一直走到佐治亚州，每天步行 75.6 千米。她要步行走完全程，而不是跑步。她和丈夫布鲁（Brew）讨论过，作为支持者，他得在詹妮弗徒步时在路上待两个半月，和她做伴。每天晚上，他会预先开车到达下一个约定地点，准备好干净衣服、一顿热饭和充足的佳得乐运动饮料，搭好帐篷。布鲁是一名教师，虽然他正在休假，但还是支持了妻子去尝试打破世界纪录。他说，要是由他来决定，他不会做这件事，因为双方所承受的压力都太大了，但不论她做什么决定，他都会尽力支持。她决定了要奋力一试。

刚开始徒步的几天，一切顺利。她的行进速度很好，平均每天走的路程超过了 77 千米，和她之前希望的全然相同。但随后，她

每走一步，双腿就开始疼。才到第 3 天，她的胫骨也剧烈疼痛。走到华盛顿山时，她遇到一场恶劣的暴雨，到新罕布什尔州的弗兰克尼亚山脉时，气温降低，刮起了风，她因此发起了高烧。但是她坚持向前。到了第 7 天，她染上了某种肠胃感冒，每走不到一个小时，就得停下来上厕所。她尽量每晚睡 6 个小时，但这些时间无法让她的身体完全恢复。

到了第 9 天，她确定自己已经撑不下去了。那天早上出发时，她还体力十足，到了步道上却一直不舒服。她坐了下来，再也没有力气继续向前了。接连几天她行进的距离都在减少，照这种速度，她无法打破全程纪录。于是，她决定停止继续向前，这让她有一种解脱的感觉。虽然比计划多花了好几个小时，但她还是到达了约定地点，她的丈夫正在那里等她。她告诉布鲁："我的身体没办法继续坚持走下去了，我胫骨痛，肠胃也很难受。我觉得我们破不了纪录了，我只想停下来。"

她深信布鲁会告诉她没关系，会拥抱她一会儿，然后温柔地带她走向他们的车，载她去一家宾馆，在那里，她可以洗个热水澡。

然而，布鲁只是看着她，说："你不能放弃。我不会让你放弃的。"他还在接着说，而詹妮弗已经听不清他接下来说了什么。她感到非常震惊，没办法再听下去。等她的注意力终于又集中起来时，她听到布鲁说："你已经为这次徒步付出了太多，现在不能放弃。为了自己，你也该继续往前走。此外，我在和你一起进行挑战，这不仅仅只关系到你。如果你想停下来，**真的**想停下来，没关系，你可以明天再做这个决定，或者等两天，等你肠胃好了再决定。但是现在你要吃饭、喝药，你要继续往前走。"他强调说，如果做了错误的决定，她会悔恨一生的。

听到布鲁直白坚决的回答，詹妮弗很气愤，但她吃了晚饭，服了一些药，也睡了一觉。然后，她仔细思考了布鲁说的话，她觉得等等看药效如何也有道理。她意识到，她确实该为这个团队，为了她和她的搭档而更加努力，因此她调整了目标，决定就算不能打破世界纪录，也要尽全力，看看结果如何。第二天早上，她在日出前出发，行走了 19 千米后，药终于开始发挥作用了。两天之后，她很难相信自己曾想过要放弃。正如我们后来在她的回忆录中所看到的那样，她很高兴布鲁当时坚持让她继续行进。

在听詹妮弗的故事时，你脑中想到了什么？有些人会因为她的坚持不懈而感动；有人会想，她拥有极强的团队意识，深信并尊重她丈夫的判断力，所以才会在打算放弃后，还能回到步道，继续行进。詹妮弗和丈夫深爱着对方，这一点毫无疑问。事实上，她将回忆录命名为《再次出发：一个关于爱和胜利的故事》(Called Again: A Story of Love and Triumph)，因为对她来说，每天徒步 16 个小时，全程行走近 3500 千米，不仅证明了她的意志和耐力，也表明了她对丈夫的爱。

可是，并不是每个人都被詹妮弗的决定所打动。有人看到她的故事，会愤然发问："她的骨气去哪儿了？她当时正生着病，承受着巨大的疼痛，应该听从自己的身体。这是她的梦想，要不要停下来应该由她自己决定。"一个曾三次尝试走完阿巴拉契亚步道全程的人，意志绝不弱。可是，女性发现自己经常落入这样的评价陷阱。批评者们认为虚心接受建议是一种优柔寡断的表现，他们认为，如果一位女性没有独立做出决定，那是因为她不具备这样的能力。

如果她在协商，就说明她不够果断

在讲到詹妮弗的幸福结局之前，让我们来仔细考虑一下观察者在看到女性商议决定时所持有的两种截然相反的看法：赞美和批评。有些人赞扬这种做法，而另一些人认为这是软弱的体现。在职场中，人们的看法也不一致。我们在前面妮娜的故事中讲到过，她的部门谣传女主管根据最后一位说客的话来做决定。而在行业分析中也能见到这样的看法。在麦肯锡顾问公司（McKinsey & Company）的一份报告中，一位欧洲高管说："和男性相比，女性在决策过程中更愿意让别人参与，这有时被视作缺乏决断力。"[27]

我相信，女性被认为决断力更弱的主因之一就是，大家认为决断力和协同商量互不相容。以詹妮弗不得不停下来决定是否要继续向前为例。请注意，即使她在经历数天的苦难后决定需要停下来，她也没有决绝地宣布"取消原来的计划，这是新的计划"。她说："我觉得我们破不了记录了，我想停下来。"无论她是否打算这样做，她都为丈夫提出自己的想法留出了空间，然后，她像对待自己的想法那样认真考虑了对方的想法。

研究显示，留出空间让别人提出想法，在女性中更为常见，尤其是在将女领导和男领导进行对比时。无论是在工作场合，还是在受控制的实验环境中，女领导对待自己的决策一般都比男领导更民主，她们会在决策过程中咨询更多的人。想必女性的生活伴侣对其产生的影响要大于其他多数人。然而，亲密程度并非先决条件。女性被随机分派去领导一群陌生人，会比处于同样情况中的男性更多地去咨询这些陌生人。[28]女市长让市民参与预算决策的可能性更大，女性管理者在主持会议时，也会留出更多时间，让职员反馈意见。[29]

女性比男性更常协商，这是否意味着男性会掌控自己的决定，而女性会先调查民意？并非如此。主张人人平等、乐于听取团队意见的男性有很多，完全不问团队成员的意见就分派任务的女性也有很多。机构内部的文化或政策，可以确保领导人在听取多方意见后再做决定。但如果机构内不存在这种惯例，那就可以看到女性领导者在做决策时比男性更加看重人人平等。

你一点都不会觉得奇怪，因为我们大都期待女性比男性更重视协作。我们认为女性应该关心其他人的想法，更重视团队，为迎合他人而放弃自己的强硬立场。[30]当研究者问："你认为在政治领袖中，更擅长制订妥协方案的是男性还是女性？"觉得男女在这方面有差别的调查对象选女政客的次数比选男政客多出四倍。[31]这和鸭妈妈模式相符。她想走这边，而其余所有人想走那边，她没有孤身前行，而是做出了妥协。这就是许多女性发现自己所面临的困境：是主张民主，被视为意志薄弱、缺乏决断力，还是强调权威，被认为果断而自私？

职场中的女性也许更加民主，因为这是她们作为领导者唯一能走的路径。当女性让合作者或下属做任何他们不喜欢的事，他们也会因此不喜欢她。研究发现，人们会惩罚独断专行的女性，就算男性以同样的方式下达了同样的命令，在绩效考核时，女性也会得到比男性更低的分数。[32]不仅如此，当团队失败时，独断专行的女性会受到更强烈的指责。2014年的一项实验发现，当看到女性发号施令后，部门的工作效率下降，观察者会将原因归咎于那位女性。[33]他们指责这位女性"能力不够"或"工作不够卖力"。然而，当男性处于相同的情境中时，观察者认为这是他管理不善和一些无法掌控的因素共同作用的结果。男性并非完全没有责任，但批评者更愿意把原因归咎于境遇。他们会说"股市低迷"或"看看他团队的条件"。那些不自行制定策略，在决策过程中采取协商和民主的方法，让别人参与进来的女性又如何呢？即使团队业绩下降，这些女性也被认为足以胜任。因此，只有在女性重视协作时，批评者们才愿意将矛头指向别处。人们会说，"她听了别人的想法，问了团队的意见，所以一定是运气不佳或时机不对"。

相比于女性，为什么当男性下达指令时，我们更容易接受呢？美国西北大学的心理学家艾丽丝·伊葛利（Alice Eagly）和美国南伊利诺伊大学的管理学教授史蒂文·卡劳（Steven Karau）表示这与他们称作"角色一致性"（role congruity）的理论有关。[34] 该理论的大意是，如果人们的行事方式符合社会为他们设定的典型角色，我们就会更喜欢他们，反之，我们就不太喜欢他们。我们希望男性像管理者那样，做事时设定优先次序，决策时敢于说"不"，并且能做出会得罪一些（也许是多数）人的艰难决定。但我们对女性的一贯期待是乐于助人、细心呵护、体贴入微，而这些特征和管理者的角色不太相符。我们也可能会喜欢女性管理者，但前提是她要表现出倾听我们意见的意愿。

也就是说，男性领导者表现得专断果决，仍然能从失败中脱身，而女性领导者则不行。如果她想保护自己，就必须侧重协商，但是同时，如果她不够果断，我们会认为她不是一位合格的领导。

协作会促成更好的决定吗？

如果一位女性乐于听取别人的意见，接受别人的影响，她作为决策者的声望就可能会减弱。那么这样做会促成更好的决定吗？对詹妮弗来说是这样的。她觉得病好了，就立即加快步行的速度，在接下来的路程中，平均每天行进将近 88.5 千米。对我来说，在一天内步行 80 多千米，简直难以想象，更不用说连续 46 天每天都这么走。虽然她曾经病得很严重，但还是用破纪录的时间走完了全程，她比之前一位男性创造的纪录快了不是 5 分钟、5 小时，而是 26 个多小时。

在工作中，多人一同商议会促成更好的决定吗？这更难以评估。科学工作者发现在某些情况下，听取他人意见的领导者会做出更好的决定。例如混合团队，其成员拥有不同的背景，或来自不同的部门。如果你要去参加一个会议，一同参加的有来自不同专业领域的人，比如平面设计师、厨师和宣传人员，如果你给每个人提出自己想法的机会，那么等你走出会议室时，你得到的方案会比你按自己的想法独自决定的要更新颖。[35] 团队成员们觉得你会认真听时，更可能分享自己的专业知识。[36] 会议中的那位厨师也许能提醒你，五花肉早过时了，但如果你采取一种专断独裁的态度，那名厨师也许会缄口不言。

至少有一项研究表明，女性为协同决策过程带来一种独特之物：征求建议的意愿。随便问一个人是否认识不愿意问路的男性，你很可能会听到一个关于一位父亲、兄弟或配偶的故事。他开着车，找了半天路，与此同时，车内的女性不停地建议他停下来寻求帮助。[37] 莫里斯·利瓦伊（Maurice Levi）是不列颠哥伦比亚大学的一位管理学教授，他想知道职场中的男性和女性在寻求帮助方面是否有差别。利瓦伊教授带领团队研究了一家公司能做的一个最重要的决策，即是否接受另一家公司的收购。你可能会想性别在这类决策中应该没有什么影响。毕竟，寻求并购建议跟询问到最近的加油站的路线大不相同。利瓦伊团队调查了曾被锁定为收购目标的公司，询问他们是完全依赖公司管理人员和顾问团的内部判断，还是寻求了外部的帮助。[38] 调查显示，几乎每家公司在收到报价后，都聘请过金融顾问。鉴于风险之大，这些公司都很明智地寻求咨询，但是高层女性居多的公司咨询的是高级顾问。顾问团中有女性席位的公司，更可能花钱请国内前 20 名的并购顾问；公司决策层中女性的比例每高出 10%，该公司请顶级顾问的可能就增加 7.6%。

决策层中有女性的公司会选择顶级的顾问，这意味着什么？其中一种解释可能是，决策层中有女性的公司更看重外部意见。美国排名最靠前的金融咨询公司，比如高盛、摩根士丹利，比排名靠后的小公司收费更高，所以女性较多的公司可能会预留更多资金，聘请外部咨询。清一色男性的决策层聘请中级顾问的另一种合理解释是，这些决策者们对自己评测报价的能力信心满满。他们尽职尽责地聘请顾问，只不过是走走形式，花大价钱请高级顾问就显得很不值。如果你认为人们更可能听从花大价钱买来的建议，你是对的。[39]

尤金妮亚在一家数据可视化公司担任首席营销官，这个公司很多职员是 20 多岁，或者 30 岁出头的年轻人。她看到了领导者必须协同商量的其他理由。"对于现在的工作队伍，让职员参与决策，或者至少让他们知道他们的意见已经被听到，非常关键。特别是对于千禧一代，你需要让他们参与进来。"她还认为，协商不会延长决策的过程，反而会更快地促成决定。她说："女性在协商时，其实是在想决策之后的三步该怎么走。一个决定不单单是一个决定，它还必须被付诸实施。所以，如果我花一个星期的时间收集大家的想法，你猜会怎样？那个决定在下达时的反响会好很多，速度也会快很多。

这样，等到实施的时候，就不会出现类似'让我们重新考虑一下'的话或故意拖延。"

行动前询问别人的想法总是更好吗？当然不是。如果你是手术室的外科主任医师，你可不想在病人生命迹象开始减弱时，问你的团队该怎么做。这样做不仅会浪费宝贵的时间，而且如果你是在场最富知识和经验的专家，要通过集体投票选出最好的办法，意味着在这个过程中，病人要么忍受着痛苦，要么会死去。在手术室里，最好的决策是在负责医生专断独裁时做出的。[40] 对于其他有明确的最佳选择、刻不容缓的工作，也是如此。

女性为协作付出了怎样的代价？

所以，女性重视协作，能让我们的世界变得更美好，但故事就这样结束了吗？可以说是，但也不全是。如果我们关注的是想要利用不同专业人才的机构，那女性的协作性妙不可言。但是，如果我们关注的是女性自身的利益，那就可以看到重视协作有很严重的弊端。从社会观念来看，重视协作让女性缺乏决断力这一标签变得更牢固。人们本来就认为女性优柔寡断，所以就算她有恰当的理由去犹豫，就算她在寻求最好的建议，就算她在努力让职员接受，她作为决策者的声望都会受到损害。她个人要为更好的决策付出代价。

人们对女性协作的期待很高，这种期待让女性身上的包袱更加沉重。洛蕾塔·林奇（Loretta Lynch）是纽约市布鲁克林区的联邦检察官，在她被提名为美国司法部长时，著名的辩护律师杰拉尔德·沙格尔（Gerald L. Shargel）称赞林奇说："每当我的案子出了问题，我觉得可以敲她的门时，她都很热情地欢迎我。"[41] 我们中的大多数人可能会把这当成一种赞美。可是，这样的女性要做出怎样的牺牲？林奇为了能够保持协作，必须放下手头的事情，这种情况多久发生一次？我们从没想过有人会这样评论一位有权势的男性决策者，没人会说"奥巴马总统办公室的大门总是敞开着"，或者"无论什么时候我有关于 Facebook 的问题，扎克伯格都有时间"。人们不经常用这个标准来评价男性。如果我们听到有人说，某个男性领导总是很热心，愿意立即商谈，我们会觉得十分新鲜有趣，但我们也会质疑他有没有做成什么实事。

我在采访中也听女性描述过这种合作讨论的巨大压力。有一天，前 CEO 凯特正径直向卫生间走去，一位员工叫住了她，问了她一个问题，凯特给了一个简短直接的答案"对，就这样做"。后来她收到那位员工的邮件，她在信中问凯特是不是不高兴，是不是有什么地方不对，她为什么不愿意讨论。这种担忧的一种合理解释是，对于一名 CEO 来说，无论性别，其每个细微反应都会被注意到。但还有一种解释，无论一名女性在做什么，即便手头的事情很急，她也会停下来，跟别人好好谈谈。

对女性协作的期待既对很多女性领导人造成困扰，又为她们铺设了一个陷阱。我们都听说过那些没有满足这种期待、被认为不够包容的女性最终会怎么样。独自做出行政决策，告诉人们应该做什么（而不是问他们想做什么）的女性在决断力方面赢得了分数，但在亲和力方面丢的分数会多得多。媒体（还有许多其他人）说这些女性爱指挥人、执意强求、固执己见……之后，这类形容词很快会变得越来越难听。琼安·威廉姆斯（Joan C. Williams）和蕾切尔·邓普西（Rachel Dempsey）在《对于工作中的女性什么才有用》(*What Works for Women at Work*)一书中将这种现象称作"钢丝偏见"(Tightrope Bias),女性在男性特征和女性特征间小心地平衡着,就像走在一根绷紧的钢丝上。如果女性领导者像传统男性那样行事,社会就会批评她们专横跋扈;如果她们像传统女性那样行事,社会又会给她们贴上缺乏决断力和领导能力的标签。

将决断力和协作性相融合的办法

有什么办法能让一位女性表现得既擅长决断,又讲求协商,能让她不用为其中一个而牺牲另一个?对决策的制定方式进行设计会有所帮助。如果你是一名女性,正在负责一个项目,你一开始就告诉大家,你将如何开展工作,尽量做到积极而开明。也许你会说,你会认真考虑不同角度的意见,想让大家拿出数据来进行探讨,想听到那些别人具备而你却没有的专业知识,但最后,还是由你来决定什么对这个团队最有利。[42]说清楚你将会花多长时间来听取意见,这样大家虽然有影响决策的机会,但不会直到最后一刻还带着想法去找你。

软件工程师艾瑞卡用另一种方式取得了这种平衡,即拿出一种解决办法,然后询问大家的疑虑。她在近期的一次会议中说:"你们都看过我发给你们的报告,我们可以再来看看这个报告,但我需要按这个决定来做。管理层当然想尽快拿出解决办法。所以,在我们开始分析之前,有人反对这个做法吗?有人认为这个做法对我们来说不是很合适吗?"她说,通过这种形式的讨论,她让大家知道了,重点在于行动,在于往下一步走,但她也想听到有价值的疑虑。

重新设计你做重要决策的过程，也可能会有所助益。例如，试着这样想：**我是一位情境型决策者，我想获得更多关于情境的信息，因为它至关重要。**瑞秋·克罗松（Rachel Croson）和尤里·格尼茨（Uri Gneezy）分别是来自得克萨斯大学阿灵顿分校和加州大学圣迭哥分校的经济学专家，他们在区分男女在不同情境下的决策时，提出了这样的看法。[43] 他们发现，女性能更加敏锐地感知一项风险性决策会影响到多少人，是要匿名做这个决定，还是必须公布姓名，等等，这些对女性决策者都有影响。当我告诉女性"也许你是在根据情境做出决策"时，她们认为这句话能给她们带来力量。当女性听到有人说"你拿不定主意"时，可以用"其实，我是在考虑情境"来反驳，这句话会很有用。

另一个办法是，在征询意见时有所选择。如果你觉得自己被简单地划入了协商型的决策者，因此显得有点过于依赖团队，那就针对某些决策征询意见，而其他的则自己独立公开地制定。[44] 此外，注意挑选决策过程真正需要的人。妮娜说，在她的部门，大家都认为女经理受最后一位谈话对象的影响最大。照这种情形，也许经理们没有说清楚，自己还需要听取谁的想法，谁的意见已经被纳入考虑范畴。当然，这些经理可能已经直白地说过，"谢谢，但我已经得到了此项决策所需的所有信息"，然而职员们还是会陆续找到她。这就是女领导的鸭妈妈形象所带来的问题之一。如果你觉得自己像只离群的小鸭子，那你可能很难相信鸭妈妈没带上你就先走了，肯定有什么不对。

所以，女性被认为缺乏决断力的首要原因是，她们常常协作。一旦她们被贴上"协作""体贴"或"包容"的标签时，她们就会被认作缺乏决断力。但是，对缺乏决断力这一标签的恐惧真的会对女性的决策方式产生影响吗？女性在有这种标签时和没有这种标签时，决策有任何不同吗？这就让我找到了女性被认为更优柔寡断的第二个原因：刻板印象确实深深地影响了她们的决策。

如果职位描述完全关乎性别，会怎样？

现任美国凯斯西储大学管理学教授戴安·伯杰龙（Diane Bergeron）想知道，当女性得知人们如何看待男性和女性的决定后，做出的决定是否真的有所不同。也许男性果断、女性优柔寡断的观念在女性身上并没有留下任何印记；抑或是这种成见附着在女性身上，干扰了她们的判断；又或者这些标签让女性加倍努力，用惊人业绩证明人们错了。事实情况通常是哪种呢？[45]

伯杰龙找了一组有远大抱负的专业人士——正在接受人力资源经理训练的男性和女性研究生，给了他们 24 个在工作过程中一定会碰到的管理决策问题，比如，要不要批准一项可疑的报销申请，哪些职员应该晋升，如何处理性骚扰申诉等。然后，伯杰龙开始计时，每位学员努力在 45 分钟内做尽可能多的正确决策。

对男性和女性的标签与期待如何影响实验进程呢？这就是这项研究的巧妙之处。伯杰龙没有直截了当地说"女性不擅长决策"。事实上，很少有人会这样直白地说，21 世纪的美国职场不允许这样明目张胆地歧视女性。所以，她反过来使用了一种与这一社会现实相符的方式，提醒这些崭露头角的人事经理注意人们对男性和女性的刻板印象。伯杰龙在工作描述上做起了文章。她对一半男女学员说，这个职位的上一任人事经理是一位女性，然后她用描述女性的典型形容词来描述这份工作的理想人选：呵护他人、善解人意、直觉敏锐、会照顾别人的感受。而她对另外一半男女学员说，上一任经理是一位男性，暗示理想人选要具备典型的男性特征：有进取心、自信、注重成就，当然还要富有决断力。[46] 她没说男性和女性真的如此，只是普遍的看法。

想象你正在参与这项研究。你想证明自己，你有一大堆决定要做，被告知要在这份工作中展示良好的判断力，你就要像极具女性特征的女性那样（或者像极具男性特征的男性，要看你在哪一组）。这样的职位描述会产生影响吗？你脑中的理想形象会影响你的作为吗？我们很可能都认为不该如此，一位员工是否享有晋升资格，应该取决于这个人的工作表现，而不该由你认为你应该成为怎样的人来决定。

然而，理想职位候选人的描述确实产生了影响。先是好消息：那些被引导树立女性化行为榜样的女性展示出了高效而专注的决策能力，她们完成的决策比那些被引导树立男性化行为榜样的女性更多。那她们和男性相比怎么样呢？收到女性化职位描述的女性的决策数目和男性相等，不管这些男性向谁看齐。

现在公布坏消息：以为这个职位的理想人选应是一位具备强烈男性气质的男性的女学员，其决策速度低于其他所有小组。她们表现得犹豫不决，缺乏决断。平均来说，这些女性比那些树立女性化行为榜样的女性少做了 15% 的决策，她们做的决定比任意一组男性少 9.5%。

决策数量是一回事，毕竟数量并不等同于质量。那么她们做出的是优质决定吗？当女性因为接替男性职位而感到紧张时，她们尤其容易在复杂决策上有所失误。试想这种情况：一条信息明确指出性骚扰申诉中受到指控的人都要接受调查；相隔八九条后，又有一条信息说明，如果一名职员正在接受调查，他或她将会被取消当年晋升的资格。然后是她们要做的决策：艾萨克是一位职员，根据第三方记录，他被起诉过性骚扰，那他有晋升资格吗？没有，让艾萨克进入晋升候选人名单会是一个错误的决定。现在我把这些信息放到一块儿，结果似乎简单明了，但如果你在参加这项研究，计时器在不停地走，你不会看到这些信息以这样的方式呈现出来。你要把这条信息和其他20多条信息同时记在脑中。那么，哪些实验对象说艾萨克有升职的资格呢？最常犯这个错误的是受引导相信男性最能胜任这个职位的女性。这并不是所有女性都常犯的错误，只限于那些拿到男性化职位描述的女性。拿到女性化职位描述的女性在这些复杂情境中所做的正确决策和任意一组的男性一样多，甚至会稍稍多一些。

如果你是一位男性，想要接替一位成功女性的职位，会怎么样？这些男性也出现了犹豫不决和判断失误的问题吗？根本没有。事实上，无论男女，那些朝着女性化职位描述而努力的人比那些朝着男性化职位描述而努力的人表现得更好。女性化职位描述有什么特别之处吗？实验对象被告知理想人选应具备呵护他人、善解人意、富有同情心的特征。我们已经了解到，人们在努力想象别人的需求时，常常能做出更好的决定（我们能看得出来为什么对于人力资源岗位上的人来说更是如此）。

不过，让我们回头看看那些艰难的决定。在被告知她们做的是男性的工作后变得犹豫不决的女性，她们为什么会表现得那么差？当时，没人说过任何类似于"女性在这方面糟透了"之类贬低性的话。是因为人力资源员工很容易被职位描述威胁到吗？并非如此。

这个例子说明了一个更普遍的问题，一个冲破了职业限制的问题。这是刻板印象威胁理论（stereotype threat）的例证，如果你是一名女性，或者来自少数群体，那你很可能有过这方面的遭遇。

刻板印象威胁和证明他们错了的负担

在过去的 20 年间，刻板印象威胁已成为社会心理学界最重要、被研究得最多的概念之一，然而令人惊讶的是，还有很多人仍不了解它是什么，不知道它对自己有什么影响。[47] 他们没有意识到，刻板印象威胁能够解释为什么当有人在他们旁边时，自己会突然觉得很难做出决定，也能解释为什么他们在有些会议中变得很沉默。他们不知道，刻板印象威胁能将他们压得喘不过气来，能让他们暂时失去决策的能力。

刻板印象威胁是因为担心应验他人对你所属群体的负面预期而产生的焦虑。[48] 花上片刻，想想你所属的一个群体。你可能是年轻人或者老年人，可能身材矮胖或者瘦长，可能是异性恋者或者同性恋者，可能是公共交通工具的倡导者或三辆汽车的车主，等等。接下来，想想大家对你所属群体的一个负面成见，这个看法可能极其不准确，但你知道其他人认为事实如此。你大概能想出至少一种，甚至好几种负面的刻板印象，所有群体都背负着负面成见，有的多有的少而已。

不论强加在你所属群体身上的那个负面成见是什么，刻板印象威胁都指害怕自己要做的事证明了这些印象是真的。它是指担心自己的举动会使得别人轻率地将你分到某一类，让你真的像他人对你和你所属群体的刻板印象那样令人失望。所以，落入这种预期意味着你没能好好地代表自己，也意味着你辜负了你的群体。因为你分心去考虑这种可能，所以你没能发挥出自己的能力。

以我的经历为例，我很喜欢开车，但在我家中，有数位男性曾在多个场合评论说，女性开不好车。大部分时候，我在开车时不会想到这种成见，因为这种想法很荒谬。数据说明，与女性相比，男性违反交通法规的次数更多，造成的严重事故也更多。[49] 可是，如果我在开车，乘客碰巧是我那些可爱男亲戚中的一位，就算他对女性的驾驶能力只字不提，我也会做出和平常不同的驾驶决定。每次转弯我都格外谨慎，我会选最容易而不是最短的线路，会在进入高速公路时少冒风险，就算是喝光世界上的安神茉莉茶，我也不会尝试侧方停车。终于关掉发动机时，我感到如释重负，筋疲力尽，所以我通常在返程时把车钥匙递给其他人。虽然我爱开车，但我不愿意感到好像自己的每个决定都在接受评价和审视。力求完美所带来的压力太大了，我感觉自己一定不行，一定会实现他们的负面期待，这让我成为一个糟糕的驾驶员。这就是刻板印象威胁。

如果你听说过刻板印象威胁，你也许记得，它常用来描述非裔美国学生在能力测试中碰到的问题。刻板印象威胁这个概念始于 1995 年，来自斯坦福大学的两位心理学研究员克劳德·斯蒂尔（Claude Steele）和乔舒亚·阿伦森（Joshua Aronson），他们想弄明白美国的非裔学生和白人学生之间存在的能力差距。[50] 在美国的标准化测试中，非裔学生的表现一般不如白人学生，从小学到研究生，非裔学生的标准化测试平均成绩比同级白人学生的平均成绩低。[51]

斯蒂尔和阿伦森想知道，他们是不是能够通过对测试说明做出一个小的改动来缩小这种区别。他们邀请斯坦福大学的大二学生坐下来回答 30 个问题，这些题目选自美国研究生入学考试（GRE）试题的疑难部分，而参加研究生入学考试的通常是大四学生。因为挑选的题目是测试中最难的，他们知道，就算是能力超凡的学生也会犯难。事实确实如此，学生们被难住了，答对的题目平均下来不超过 1/3。

这项研究有创意的地方是，斯蒂尔和阿伦森在学生如何看待测试方面做起了文章。他们告诉半数学生，这项测试考查的是他们的智力能力，他们的分数会暴露出他们真正的优势和不足之处。试想自己处于这种情境中，你是一所著名私立学校的优秀大学生，发试卷的人解释说，这项测试能说明你有多聪明，你在哪些方面很有潜力，在哪些方面能力不够。那么你觉得这项测试对你重要吗？不管你承认与否，你多半会觉得重要。

同时，斯蒂尔和阿伦森告诉剩下的一半学生，他们的团队研究的是人们解决问题的方式，并明确地说："我们不会评测你的能力。"乍一看，这两个说明好像没有大的区别。你坐下来参加测试，你要么被告知"我们在测你有多聪明"，要么被告知"我们在研究人们解决问题的方式，不会测你的智力"。对于白人学生，这些解释没有产生影响，不论研究者说他们在测试什么，这些学生表现得都差不多。

但对于非裔学生，差异十分显著。听到"我们在测你有多聪明"的非裔学生比白人学生表现得更差，所得分数比白人学生低了 25%。有某种东西在妨碍他们。听到"我们在研究人们解决问题的方式，不会测你的智力"的非裔学生表现得怎么样呢？他们取得的分数和白人学生一样高，不同种族间的能力差距就这样消失了。

在其他大学进行的众多研究都得出了这样的结果。[52] 尽管在细小的差别上还存在争议，但研究者们已达成了共识：非裔学生在做智力测试时，对应验一种糟糕成见的担心阻碍了他们的表现。在美国流传着一种错误却又十分普遍的观念，那就是非裔美国人没有白人擅长读书，所以当非裔学生坐下来参加智力测试时，他们脑中思考的事情有很多。[53] 他们担心这种负面形象会用在他们身上，他们没有将注意力集中在测试上，却用部分脑力资源处理这种焦虑。当碰到挫折，碰到答不出的问题时，他们不会想这肯定是一道高难度的题，应该先放一边，继续往下做。他们会想"**该死，我不会**"，或者"**不行，要保持镇定，你这么聪明，能答出来的**"。他们焦虑的根源不光是测试，还有那个标签。就算参加测试的非裔美国人不为自己的智力忧心，他们仍然感到那种证明普通非裔美国人身上的标签是不正确的压力。

那些认为这个团队只是在研究人们如何解决问题的非裔学生怎么样呢？没有关于解决问题的成见，也没有阴森森地逼向他们的标签，那些学生与白人学生的经历和学分都一样，他们能完全专注于这场挑战系数极高的测试。

有关刻板印象威胁的另一个经典例子是让女性做数学或科学方面的测试。[54] 在西方国家，有一种荒诞说法由来已久、难以撼动，那就是男性天生比女性更擅长数学。美国和许多欧洲国家的孩子从10岁就已经"知道"男生理应数学更好。不幸的是，即使是数学成绩优异的小女孩，也常常认为事实如此。[55] 等这些女孩成人后，女性比较不擅长数学的看法已经根深蒂固，因此，她们很容易怯场。一项研究发现，仅仅在测试前问女性"基于你即将参加很难的数学测试，别人会怎么看待你"，就使她们的分数平均下降了59%。这也就是说，女性如果担心别人会怎么看待她，她的分数就会从10分下降到4分。

是不是每个人都会受这个恼人的问题影响？显然不是。让白人男性思考别人会怎样根据这场考试的成绩评价他们，对他们毫无影响。[56] 当你提醒这些男性，这个世界会根据他们的成绩来评价他们，就算是不太擅长数学的男性（大学时一般不选数学课），也还是会心态平和地完成测试。白人男性会在数学考试时，因为担心被贴上标签而影响发挥吗？会。当你明确告诉他们，亚洲学生一般有非凡的数学能力，他们在定量测试中的表现比白人学生要好。[57] 在测试前提及这个刻板印象，甚至那些数学能力很强的白人男学生也会犯错误。

这是一个简单的做法：找出表现比较出色的个体，提醒他们属于某一劣势群体，看他们变弱。这不公平。但这就是我们碰到刻板印象时会发生的真实情况。对于女性来说，这种对应验社会负面期待的忧虑必定会分散她们的注意力，而且要将其消除几乎不可能。

伯杰龙说，这种现象解释了在人力资源研究中的女性到底是怎么回事。我们能够想象她们当时在想什么。当听到"这份工作的理想人选应是一位权威的男性"，然后发现时间有限，决策却很艰难时，她们开始焦虑起来。**这真的很难，也许我终究不是这块料。** 当然，任何人都会因为这种令人烦恼的怀疑而难以集中注意力。但女性在听到理想人选是果断权威的男性时，她们更易受到影响，因为这则消息呼应了女性决策缓慢、选择困难的社会观念。受这种焦虑的干扰，她们的决策时间变得更长，她们很可能会回头反复阅读一些信息。最终，她们做的决定数量少，质量也更差，证实了女性缺乏决断力的刻板印象。

所以，这成为社会认为女性决断力更低的第二个缘由。如果这些人告诉一位女士，女性决策速度太慢，我们现在需要的是一位富有决断力和魄力的男性来掌握全局，那么很可能在面临真正困难的决策时，这些刻板印象会出现在她脑中，嘲笑着她。这些负面期待让她变得迟疑不决，并让怀疑深入她的心中。如果在鼓励性或客观中立的环境中，这种怀疑就不会产生。当人们希望女性质疑自己时，那么，她们就像被施了一种最糟糕的魔法那样照做。

刻板印象威胁正发生在你身上吗？

刻板印象威胁容易被误解。你可能想：**哦，这就是自我实现预言***。但刻板印象威胁的伤害性更大。如果你面对的是自我实现预言，你只是预测了自己将会表现不佳。如果你面对的是刻板印象威胁，你是在与其他人的观念抗争。

那你会想：如果我决心出色地完成工作，刻板印象威胁就不会发生在自己身上了吧？不幸的是，比起视工作为理所当然的人，刻板印象威胁其实对那些十分重视工作的人影响更大。[58] 如若女性没有全心投入她们所做的事情，没将成为优秀的经理或杰出的律师作为个人目标（比如我，想成为一个技术好的司机），她们一般不会想人们怎么看待她们的这些角色。可是，如果你作为一位女性，很想表现出色，将自己的事业当作定义自己的关键方面，那么当人们暗示熟练又专注的女性很少见时，你会受到更大的影响。

所以，破除刻板印象威胁的方法就是让女性不要在意自己的工作吗？绝不是。不过，在我们细究预防刻板印象威胁的策略前，先

---

* 译注：Self-fulfilling Prophecy，指直接或间接导致预言成真的预言，通常由于信念和行为之间的积极反馈而形成。

弄清楚它对你来说是不是一个问题。

如果你感到紧张，你会知道吗？如果你受到别人负面期待的影响，你会意识到吗？毕竟，如果你正在努力做决定，生活中有其他事情干扰到了你，比如手机、你5岁的孩子，或者你接下来3天的计划，这时候你会注意到问题所在，然后要么想办法驱除干扰，要么推迟到你可以不受干扰地思考后再决定。

然而，发自内心的焦虑远不同于那些来自外部的干扰。众所周知，作为人类，我们很难在自己正处于焦虑的情绪中，或在焦虑影响我们的决定时认识到这一点。我们错误地将焦虑当作自己感到气愤、不被重视、劳累过度的表现，或者奇怪地认为是自己被某人所吸引的体现，而研究者通过一项典型的研究说明，人们能将紧张误认为心动。在这项研究中，在几个男性走过位于加拿大温哥华的卡皮拉诺吊桥（Capilano Bridge）后，一位年轻貌美的女性叫住了他们。这座高空悬索桥既晃又窄，让行人极度紧张，同时从一端到另一端的距离比足球场还要长，从桥面到河面的高度超过了5.8米。毫无疑问，每一位男性在踏上坚实的地面时都心神未定，这时一位漂亮的女性递给他一支笔和一张调查问卷。在填好问卷后，这位漂亮的研究员将自己的电话号码给了他们，然后告诉他们如果有任何疑问，可以打电话给她。这位女性在附近的一座桥旁做了同样的事，这座桥要稳固得多，不会让人产生紧张情绪。结果如何？相较于通过那座稳固的桥的男性，通过卡皮拉诺吊桥的男性给那位漂亮研究员打电话的概率要大得多。他们在通过那座摇晃的桥时，十分紧张，但他们并没有这样看待自己的反应，而是将自己强烈的紧张情绪误读为值得展开追求的心动。[59]

据我所知，研究者并没有让漂亮的研究员走近并访问刚通过那座摇晃的桥的女性，但其他研究显示女性也会忽视或误读自己的紧张情绪。[60] 但是当女性刚坐下做数学测试，就听到有人说"男性在数学测试中的表现更好"时，大部分女性说她们并没有感到更加紧张。她们不止一次听别人说过男性的数学理应更好，但内心深处知道某件事和让某件事影响当下的判断完全是两回事。尽管这些女性声称她们心态平和，但她们的身体对感受到的压力做出了反应，她们心跳加速，血压也上去了。[61]

甚至当人们真的意识到自己很紧张时，也通常说不清楚是什么让自己有如此感受。在伯杰龙的研究中，未来的人事经理们被告知这个职位的最佳人选是一位极具男性特征的男性（或一位极具女性特征的女性），感到紧张的女性很可能将其归因于测试带来的压力，担心如果自己犯了错误，会被贴上工作能力达不到平均水平的标签。可能没有女性会清晰地想到，自己觉得紧张是因为被告知这份工作的最佳人选是一位富有决断力的男性。然而，我们知道在决策时受到负面影响的正是这些努力填补一位果断男性的位置的女性，在测试结束后说对人事工作再也提不起兴趣的女性。

如果不能完全信任身体对于焦虑的反应，那么我们怎样才能知道自己正处于焦虑状态？寻找你周围的线索。刻板印象威胁通常由环境中的某些暗示引发，一旦知道自己要找的是什么，这些暗示就变得显而易见。引发女性刻板印象威胁的第一个线索是在场女性的人数，如果只有一位女性，而男性的人数却远不止一位，这位女性更可能因为是"唯一的女性"而心事重重。[62] 这种心态会削弱她解决问题的能力。一项研究关注了如果三个人坐在同一个房间里做富有挑战性的数学题会发生什么。和另外两位女性在同一个房间参加测试的女性平均得分率为 70%，而和两位男性在同一个房间做同样的测试题的女性平均得分率只有58%。[63] 在大多数美国学校，这两个数字分别意味着及格和不及格。

那么对于一位女性来说，小组内的最佳女性人数是多少呢？令人遗憾的是，没有这样的数字。在人数较少的小组内，可能再有一位女性就足以减轻焦虑和压力了。当法官鲁斯·巴德·金斯伯格（Ruth Bader Ginsburg）刚到联邦最高法院时，法官桑德拉·戴·奥康纳（Sandra Day O'Connor）发现她工作的世界发生了改变。[64] 奥康纳在一次美国国家公共电台（NPR）访谈中告诉记者，当她是联邦最高法院中唯一的女性法官时，媒体对她的报道让她感到"窒息"。"桑德拉无论去哪儿，"奥康纳这样讲述自己，"媒体肯定也会去。"报纸上每篇关于最高法院决策的评论文章都会这样结尾："可以再简单问一句：奥康纳法官在本案中有何作为呢？"因为总是被单独挑出来，所以奥康纳无论做任何决定都小心翼翼，这种情况持续了12年。然而，当金斯伯格法官在1993年加入最高法院时，这种常规审查结束了。奥康纳不再是个异类。"天啊，这真的是黑夜和白天的差别。"奥康纳解释道，"就在金斯伯格法官到来的那一刻，来自媒体的压力终止了……我们就变成了9位法官中的2位。"

当然，当一个房间里有100位女性，再有一位女性是不够的，所需的人数可以被称作"临界质量"（critical mass），然而并没有对这个数值的明确规定。[65]

男女比例并非唯一的诱发因素（事实上，有些女性并没有受男女比例的影响，至少并不总是如此）。那还有什么因素会引起刻板印象威胁呢？为了帮助女性评估自己所处的环境以及自己的应对方式，我准备了几个问题。（我设计这些问题是为了女性以及关于女性的刻板印象。如果你是一位男性阅读者，即使你有极强的同理心，你还是最好把它交给一位女性朋友来回答，如果你想知道她是如何应对自己的工作环境的话。)[66] 请用 T（True）或 F（False）来回答每个问题，挑选出与多数时候相符的答案。*

1. 我的有些男性同事认为，女性对自己的事业没有男性投入。

2. 当想到自己的职业发展时，我常常和男性同事相比较。

3. 有时，我担心自己的行为会让我的男同事认为女性的刻板印象适用于我。

4. 我觉得自己在女性化自我和工作自我间不停切换。

5. 如果我在工作中犯了错，我有时会担心，我的男同事会认为我是一位女性，不适合这份工作。

6. 我的有些同事觉得女性的工作能力不如男性。

7. 我的工作环境高度重视典型的男性化特征，比如有决断力、有进取心、独立、自信和以业绩为导向。

现在数一数答案是 T 的有几个，你就得几分。分数越高，你就越可能在工作中承受刻板印象威胁。

多少分能说明一位女性受到刻板印象威胁的影响？我希望我能给出一个答案，但这要看个人，以及这些暗示有多明显。一项研究发现，对于处于大学年龄的女性，只需要两种暗示，就会引发刻板印象威胁：一、作为四人小组中唯一的女性；二、有人公然声称女性没有男性表现好。[67] 如果只有一种暗示会怎样？根据这项研究，只有一种不会成为问题。只要没有人说女性表现不好，仅仅是唯一

---

* 请注意，以上所列出的不是正式问题，对刻板印象威胁的测试并未经过科学证实。我根据研究者们所认定的引起刻板印象威胁的环境暗示，设计出了这些问题。

的女性就不会有问题；同理，只要女性占团队人数的一半或一半以上，听到某人斩钉截铁地说女性做不好也不会影响到女性。但是，两种暗示放在一起，女性就会开始焦虑，她们的表现就会减弱。当然，这些是20多岁的学生的反应，老练的职业女性可能不会那么容易受到影响。然而，这些研究确实表明，当这些暗示累积起来时，刻板印象威胁产生的影响也会随之加剧。

如果你是一位女性，也许你会想，你日常所做的大多数决定都不会遇到这种问题。确实，刻板印象威胁并不是在做简单决定时会面临的问题。在考虑何时去吃午餐，或者是联系朋友时要发邮件还是发短信这类问题上，你不大可能会因为担心别人会以一种特别的方式来看待你而感到焦虑。

刻板印象威胁在你挣扎于艰难抉择时出现，在你需要投入全部注意力进行选择时出现。如果一位女性试图决定如何削减40%的预算，或者如何处理一个快要让公司陷入窘境的重要项目，她很可能会觉得受挫。任何人都会这样，但当你属于负面刻板印象群体时，你更有可能认为，这种挫败感说明也许别人是对的，也许你真的不是这块料。高风险的决定才会引发排山倒海的怀疑。

为什么忽视焦虑不会减轻痛苦？

"男性的决断力更强""亚裔美国人更擅长数学"或"白种美国人考试得分更高"是如何扰乱了一个人的思维？难道有本领的人就不能将这些想法搁置一边，重新投入到工作中吗？[68] 能，但也不能。

试想一下，你来自被歧视的群体，你刚被提醒你的群体所具有的一种负面刻板印象。首先，坏消息是：当你在做决定时，你不能像忽略你的手机一样忽略这些干扰性的想法。这与干扰的性质有关，这种印象威胁到的是你的身份和自我认知，它会让你因为担心可能会受到不公正评估而备感紧张和忧虑。甚至你可能当时还没有清醒地意识到，人们在褒扬一个群体或贬低另一个群体，但你周围的种种线索让你警惕了起来。那么，你会比听到那个评论前更加关注自己的处境。

此外，这与复杂决定对决策者的要求有关。领导者面临的许多问题，比如"怎样才能减少咖啡的花销"，不需要大动脑筋就能解决。但像"我们该怎样适应最低工资上涨"或"该如何减少医院中的感染病例"之类的难题，却需要这位领导同时衡量多条信息。这些信息大部分可能呈现在纸上或电脑上，但在某个时刻，他或她需要在大脑中仔细衡量所有相互冲突的因素。

像这样的复杂决定需要大量的工作记忆（working memory）。工作记忆指用来储存及处理你在某一刻正在考虑的所有事实、见解和反应的大脑空间。[69]试着倒着拼写单词 Berlin（柏林），或者花点儿时间算一算 132 除以 67 等于多少。做这两件事时，你都在使用工作记忆。它之所以被称作工作记忆，是因为它是你个人的便携式工作场所，你在这里处理各种事务，包括无聊的算术和精彩的决策。它集计算器、白板和私人录音机于一身。虽然它如此灵活，但能处理的事情也是有限的。我们中的大多数人一次只能在工作记忆中装大约七种东西，当你试图超过个人极限继续往里塞时，很快就会有东西掉出来。

复杂决策会占用你所有的工作记忆。事实上，对于许多复杂决策，你最多只能装进三四种，因为每种事实或感悟所占的空间都很大，要比倒着拼写 Berlin 复杂得多。比如，你是一家医院的女性基层行政人员，你们医院因感染率全国最高刚刚上了头条，你所在的特别工作小组需要找出减少感染的办法。你会考虑哪种感染最常见，哪种感染造成的伤害最大，哪种感染最容易控制。你会思考，如何将安抚公众的快速而简单的办法，与慢一些但会有更好的长期效果的结构整改平衡起来。如果你有一定的政治意识，在这种情况下，会思考哪些权力人士会抵制这种改变，谁会带头反对。你的工作记忆会全力运行，每思考一个新的问题，前面考虑的问题就会有一个被抛在一边，所以你没办法同时思考六种最普遍的传播感染病、四位拒绝改变的医生，以及报纸上关于电梯按钮和手扶栏杆没有被清理干净的两篇报道。

你感到应接不暇了吗？好，现在再加上两条信息：这个特别小组的男女比是 7∶1；刚一开会，一位年长的男性就立即说，"我们不能让任何一位护士来做决定，她们中的大多数连停车位都选不好"。虽然他没说女性这个词，但意思很明显。你可能会生气，你可能会转动眼珠表示不满，但你已经收到了战书。

此刻，当控制感染的讨论已经开始，而你却想不出一个可行的办法，就那么一会儿，你就会想，是不是你之所以想不出来并不是因为问题很复杂，而是因为你是女性。讨厌的想法跳入你的脑中，占据了你宝贵的工作记忆。你想出了一个方案，但会想他们会不会觉得这个方案很愚蠢。突然之间，你连这个方案的开头都想不起来了。[70] 当你不能提出任何尚未被否决的方案时，你会想我什么时候还能再有这样证明自己的机会。这种毫无帮助的内心对话继续下去，占用了你解决那个复杂问题所需的大脑空间。你在那次会议中很少发言，不是因为你没有想法，而是因为你脑中的想法很复杂。

让我们回到最初的问题：难道你不能在这些干扰性想法出现时，将其从脑中驱逐出去吗？你可以这样做，但压抑一种想法也会占用工作记忆。事实上，每次你对自己说**"别想那个人说的话，他是个白痴"**时，你为数不多的工作记忆区域就被用掉了一个。你的大脑确确实实被占领了，你发现更难关注到方方面面了。[71]与此同时，你身边没有那些想法的人有整个工作记忆可以使用，这就意味着，作为决策者和问题解决者，他们既有先发优势，也有持续优势。而对于女性，这可能意味着，身边的男性好像思考起来比她们容易得多，这恰恰让她们更加焦虑。

刻板印象威胁在男女之间创造出了原本不会存在的差异，让女性觉得她们有要担心、要证明的事情，那种脑力投入会让她们的注意力偏离所要做的决定。如果摆脱那种威胁，女性的决策速度和效果会和男性不相上下。

减轻刻板印象威胁的办法

现在公布好消息：你可以保护自己，不让自己受到刻板印象威胁的影响。杰弗里·科恩（Geoffrey Cohen）是斯坦福大学商学院的一位心理学教授，他说，减轻刻板印象威胁的策略就像消炎药：预防那些妨碍良好问题解决能力的一系列纠结、焦虑、想法和情感。[72]困难的决定依然困难，但你能防止它变得更难。

让我们从一个你可能会想到的问题开始：就刻板印象威胁来说，不知情是有益的吗？知道关于这些威胁的暗示会让事情变得更好还是更糟？毕竟，女性对刻板印象威胁的了解会让问题加重，因为这时她们看待自己工作环境的方式不同了。一位女性可能在开会时想：**他们是不是认为我优柔寡断？如果我告诉老板一周后再给他一个决定，他会不会认为我就像典型女性那样，必须在下决定前四处询问？**或者，她可能不想听人讲刻板印象威胁，担心它会成为另一件让她操心的事情和无法控制的障碍。

但我保证，如果了解刻板印象威胁会成为一种障碍，我不会讲得如此详细。研究显示，知道是成功的一半（knowing is half the battle），一旦人们了解了刻板印象威胁，他们所在环境的负面暗示对他们的影响就会更小。[73]在很多研究中，女性在了解刻板印象威胁后，会像周围的负面暗示不存在了一样表现，这是为什么呢？认清自己的焦虑会让你承认焦虑的存在，同时将其保持在最小并且可处理的范围内。这会促使女性生成这种想法：**如果我在处理复杂任务时感到焦虑，是因为某种可笑而又与我的能力毫不相关的刻板印象。**通过指出一个外部的原因，女性保护了她们的身份认同以及工作记忆空间。因为她们没有将精力浪费在质疑自己的能力上，所以能集中注意力去处理手头的任务。[74]如果你有艰难的决策要做，你需要投入每一丝可以使用的精力。

所以，你拥有了第一项保护性措施：了解刻板印象威胁在什么时候以什么方式出现。如果你是一位女性，上面的多个问题你都回答了 T，下次当你发现自己因为一个决定变得焦虑，而且比预期花的时间更多时，告诉自己：**这项任务可能对任何人都难。我觉得紧张是因为某种愚蠢而且和我完全无关的社会观念。**

我要提出的第二个策略看起来与这里的情形不相符，也不太适合美国企业、大多数医院，或者任何一个法庭。一开始，它可能会让你感到迟疑，但这个减轻刻板印象威胁的有效方式被写入了数百篇科学论文中。大部分学者在对这个方法进行严格检验后，发现它确实有效。

这个策略就是自我肯定（self-affirmation）。大部分人在听到"自我肯定"这个词时，会想到母亲放在孩子午餐盒里鼓励的小纸条，或者某个人一遍又一遍地说："**我很可爱，我能做到。**"研究表明，此类积极的自我宣言能帮到那些自我感觉良好的人，但对于那些自尊心不强的人，这些话可能会起反作用。一项研究发现，如果你已经感觉很糟糕，重复这些话会让你感觉更差劲，而不是更好。[75]你可以想象到那种糟糕的内心对话："**我应该觉得我很可爱，但我总在想我不可爱，所以我连这都做不好。**"

这个策略并不是你母亲所使用的帮助你实现自我肯定的策略，而是一个以多位科学家的研究为基础的策略。这些科学家包括斯坦福大学的心理学家斯蒂尔、科恩和格雷戈里·沃尔顿（Gregory Walton），以及不列颠哥伦比亚大学的托尼·施玛德（Toni Schmader）。[76]这个方法的步骤很简单。当你知道自己要做一个重大的决定时，首先，找到一个能够专心思考的时间，也许是人们还没起床的清晨，或者是在你安静地吃午餐时。第二步，拿出一张白纸，如果你有空的话，用 15 至 20 分钟在纸的最上方写下你的一个核心价值观。如果把你可能会在乎的东西都列出来，那就会和你的想象力一样浩瀚。但是为了进入状态，你可以将最优先的东西放在支持家人和朋友、拥有健康的生活方式、获得经济保障、过一种宗教或心灵上的生活、为了知识而学习，或者让世界变得更好上。[77]你看重的可能是类似守时那样具体的事情，也可能是像心境平和那样抽象的事情。不要勉强自己找出一样你最为看重的事情，那和这项练习带来的益处毫无关系。只要能找出一种东西让你觉得"**是的，这对我很重要**"就行了。

当你写下自己看重的一样东西后，用剩余的时间和纸回答一个简单的问题：为什么它对你重要？写出为什么它很重要，谁告诉你它很重要，并描述这种核心价值观对你生活的改变。也许你的核心价值观之一是支持家人和朋友，那么什么时候帮助一位兄弟姐妹让你觉得自己真的活着？你有过取消一件事情只为了陪伴一位需要你的朋友，后来很欣慰自己那样做了的时候吗？你可能描述的是单独的一个重大事件，或者一系列细小的事情。在计时器让你停下来之前，写出所有你能想到的与你的核心价值观相关的事情就行了。

这个办法很简单，却有奇效。它产生了什么效果？写下你在意的事物会帮助你应对关于身份认同的威胁。例如，如果你是一位女性，前面的多个问题都回答了 T，那么很可能你在工作中感觉受到了威胁，你觉得别人可能会认为你是那种不够投入、没什么能力的女性。自我肯定能促使你思考"自己丰富而积极的方面"。科学人员认为，这种提醒会让你觉得生活中的其他事情和暗示没那么让人倍感压力。[78] 你还会想到除了被歧视群体之外自己所属的其他群体和你正积极加入的群体。如果你很重视经济保障，那么也许你会认为自己属于房产拥有者；如果你认为让世界变得更好很重要，那么也许你会将自己视作献血者或施食处的义工。[79]

一定要写出来吗？只在上班或下班的路上想一想不行吗？你可能会觉得这样想一想就够了，但是研究者发现，在你写的 15 分钟内，你主动产生了对自己的认识，这种认识能让你更加自信。就像一组研究者所说的，"说出即相信"，写出来能帮助你说给自己听，然后将那个信息内化。[80] 此外，如果你和我相似，在努力只想自己的一个价值观时，大脑会开小差，那你要么在回味昨天的一段对话，要么在计划今天晚上做什么。

我觉得自我肯定研究最令人惊奇的地方是：在你挖掘自己身份认同的不同方面时，你写的价值观并不一定要和你面临的选择相关才有帮助。[81] 如果是工作决定，你没必要写与你的职业相关的价值观或者你当初为什么选这个职业，你可以写为什么你看重健康的生活方式。这并不是帮你认清最佳选择的神奇决策方法，甚至也不是你试图说服自己选择某一条行动路线的自我激励。这是自我肯定，它的目的是减少压力和焦虑，提醒自己和那种扬言要打败你的讨厌的刻板印象相比，你要复杂得多。

1988 年，当这个策略首次被描述出来时，研究者们持怀疑的态度，但此后的数百项研究均显示，这个简单的写作练习减轻了因为担心自己会符合一种标签而产生的恐惧。[82] 通过免除焦虑的侵扰，你能更清晰地思考，做出更好的选择，解决更复杂的问题。[83] 一项研究甚至表明，人们在完成一次自我肯定写作练习后，愿意重新评估自己过去做过的错误决定，让这些决定变得更好。[84] 我们总是坚持自己的立场，维护自己的错误决定，但这个简单的写作练习能够扭转那种倾向。在你走进一场试图找出项目所出问题的会议之前，试一试这个方法，这样做不会把你变成替罪羊，反而能帮助你认识到那个决定远不能定义你自己。

那么，我们应该同意不再使用**女性的特权**这个说法吗？这种表达一开始看起来可能有趣，但其实既过时又不准确。当人们暗示男性直接做决定，而女性总是在决定周围绕圈圈时，对女性没有什么好处。女性一旦想起这些刻板印象，就会更难做出正确选择。

这个被用烂了的表达不是社会认为女性优柔寡断的唯一原因。从本章的研究中可以清晰地看出，如果我们想要理解女性如何决策，我们需要明白女性通常是情境型决策者，容易对周边的人和线索做出反应，这是件好事。我们尊重行动力强的男性，但我们也应该尊重洞察力敏锐的女性。

这说明女性总是在取悦别人，而男性不会受同辈压力的影响吗？警察局长戴安娜认为，这是错误的结论。当然，她见过女性在刚开始工作时努力取悦别人，不管是因为她们想讨别人喜欢，还是她们想展示自己足够聪明，能够胜任这份工作。她承认自己25岁时也是这样的，但是她发现当男性和女性逐渐成熟后，女性在做不受欢迎的选择时没男性那么心慌。根据她的经历，女性变得更擅长决断是因为"我们不怕让哪个人不开心，总会有一个人生气，不是每个人都能得到奖杯。我觉得男性在做艰难决定时更紧张，因为他们还想被看作男性群体中的一员"。

男性会担心别的男性怎么看待他们吗？这是我们接下来要探讨的方面。我们将会审视男性特征所带来的压力，并且观察这个通常被忽视的话题对于男性的选择意味着什么。如果这种紧张感仅仅造成了职场男性的选择困境的话，这是一回事，但我们将会看到，这种让一位男性成为男性群体中的一员的压力，会让办公室中女性的决策也变得更难。

小结:

要记住 ─────────────────────────────

1. 有种基本观念认为，女性善于照顾他人，而男性善于掌控全局。
 - 戴安娜讲述的关于男女警察如何处理一个紧张状况的故事。
 - 我们期待男性像特工一样决策，女性像鸭妈妈一样决策。

2. 选民和员工都看重领导者的决策能力。

3. 尽管许多人认为男性比女性更有决断力，但是科学家发现，男性难以做决定的频率和女性相当。

4. 女性像走钢丝一样，在协作和决断力之间奋力平衡。社会期待女性征求意见，分享成果，但同时批评她们对别人太过依赖。

5. 顾问团里有更多女性的公司会寻求更高质量的外部意见。

6. 刻板印象威胁会让你觉得焦虑，你担心自己即将应验别人对你所在群体的负面期待。

7. 即使你不相信这种刻板印象，但还是会心事重重地想，别人正根据你的表现评判你所属的群体。
 - 例子：参加能力测试的非裔美国学生，做数学题的女性，开车时车内坐着认为女性驾驶水平很低的男性。

8. 刻板印象威胁是女性被认为决断力更低的原因之一。当女性因为别人对她们的负面期待而感到焦虑时，做出的复杂决定不理想。

9. 工作记忆的减小限制了一个人在某一刻能够考虑的事情的数量。

10. 我们看重行动力强的男性，但我们也应该尊重洞察力敏锐的女性。

要去做 ─────────────────────────────

1. 我们很难将焦虑与其他强烈情感区分开来。寻找你所处环境中的暗示，判定刻板印象威胁是否对你造成了困扰。

2. 记得告诉自己：这个决定对任何人来说都很难。如果我感到紧张，原因在于某种愚蠢而且与我无关的刻板印象。

3. 在你面临一项具有挑战性的决策时，使用自我肯定练习，防止这些焦虑感真的将你打败。
– 花 15～20 分钟写出你的一个核心价值观。
– 提醒自己你是谁，不要让刻板印象所造成的压力干扰你的决策过程。

第三章
你好，冒险家

Chapter Three

薇薇安在 20 岁出头时，想制作一部电影。于是，她和一位朋友一起开了一家制片公司，挑选了一个精巧但不太出名的小故事作为他们第一个剧本的蓝本。然后他们面临的是资金问题，她的商业伙伴和她都没钱，所以薇薇安得找有钱的人去面谈。回过头来看，她将这些面谈称为"出售热情"。在和潜在投资人共进午餐时，她会倾身向前，说："如果制作这部电影，我们会将你的名字列在鸣谢人中。"这个承诺虽小，但据她所说，通常很管用。

她是在请求这些人冒一次大险。他们没听过这个故事或其作者，薇薇安也从未拍过电影，她不清楚电影产业的运作方式，甚至没有读完大学。她进了一所州立大学，但没有认真上课。当时，她简历上最闪亮的一笔是：在医生的办公室做暑期工。

可是，她缺乏经验、专注力不足似乎不是什么大问题。人们出乎意料地愿意掏出自己的支票簿，支持这项事业。几个月后，她得到了制作电影所需的所有资金。

20 年后，薇薇安开始为其他项目筹集资金，这次是创新性教育科技，但她这时已经很清楚自己在做什么。她已经成为一位专家，不过不是电影领域的专家（那个电影计划失败了）。她开始非常严肃地对待学业，取得了认知心理学和理论神经科学的博士学位。凭借计算机天赋，她受聘任教于斯坦福和伯克利两所大学。盖茨基金会和白宫科技办公室都曾联系到她，就科技和教育问题向她寻求过意见。截至 2015 年，她开办了五家不同的公司，一家比一家强，她跻身《公司》(Inc. Magazine) 杂志选出的"科技领域最受瞩目的十位女性"名单。

然而近来，薇薇安在商务午餐上遇到了一个陌生事物——抗拒。投资者要花更长时间，才肯掏出他们的支票簿。薇薇安能演示自己的产品，能通过量化自己其他科技项目的盈利来证明她以往的胜绩，她在为那部电影筹集资金时可做不到这些。风险投资者认真听她讲，询问每个项目的潜在市场以及风险，而且在快要拒绝时，通常会让她感到放心地说："你们真的做出了很了不起的东西。"薇薇安说："他们'用长辈风范来对待'（avuncular-ize）我。这是我刚造出来的词，这不是一个词，但它应该成为一个词。他们像叔叔对待正炫耀自己邮票收藏的 7 岁侄女那样对待我。"虽然薇薇安还是能找到投资者，但是她不得不做更多的证明和说服工作，尽管你可能会觉得投资者们会争先恐后地支持她的远大志向。她曾经对这么多人放心地把钱交给她而感到意外，但现在她对这么多人会犹豫不决而感到意外。

是什么发生了改变？

有可能是经济的原因。2008 年经济崩溃后，投资者可能会比他们在 1993 年更细致地审查投资中涉及的数字。也可能是投资的规模不同。薇薇安 20 年前为拍那部小的独立电影只需要筹集 10 万美元，而今天要资助一个软件项目，需要筹集比这个数目大得多的资金。还可能是，如果她还是 22 岁，投资者也许会更感兴趣，因为他们喜欢寻找年轻的创业者。硅谷杰出的风险投资家约翰·杜尔（John Doerr）曾经说过，"我还在寻找一群吃着玉米煎饼，在走进会议室时，对商业计划书毫无概念的斯坦福大学的孩子"。不过，即使是这番话，也承认了证书的必要性，他想要的是已经在斯坦福大学证明过自己奋斗精神的团队成员。[1]

但我要给出另一种解释。我认为薇薇安如今遇到更多阻力，是因为现在她是一位女性。多年前为了电影找投资者时，薇薇安是以埃文的身份来介绍自己的，事实上，薇薇安是变性人。[2]作为家里的长子，薇薇安早年一直作为一名男性生活，这个角色也造成她严重抑郁。她早已认同自己是一位女性，而且也一直希望自己能够作为一位女性生活，因此 30 多岁时她做了这个艰难的转变。所以，今天她和投资者见面时，他们看到桌子对面坐着的是一位金发及肩、散发着女性气质的杰出女性。

投资者们犹豫不决是因为她是变性人吗？"我没有将那段历史当成重大消息特地告诉他们，"她解释道，"网上有这个消息，他们能找到，这是肯定的。你能从《纽约时报》(*The New York Times*)、《赫芬顿邮报》，甚至我的网站上找到我的故事。但这不是大部分投资者在为一个有潜力的项目坐下来和你谈之前会去调查的方面。"风险投资者们是不是在想，**她什么地方有点不对**，所以迟疑？有可能，没人能知道潜在投资者在一推椅子说"谢谢，但这不是我要找的项目"时，脑中闪过的所有想法。[3]

然而，我们将会看到，这不是变性女子才会碰到的问题，这是所有女性的问题。性别和这有什么关系？无论是谁提出的，好项目就是好项目，这无可否认，不是吗？可是，人们不愿将赌注押在女性身上。社会认为冒险是男人做的事情，这种观念给女性造成了各种问题。身处承担风险的领导职位的女同胞通常寥寥无几，因此正在冒险的女性十分引人注目。这让冒险对于女性总体而言更具风险，也使得许多人事后批评她们，特别是当她们担任的是通常由男性把持的职位时，比如科技公司的创始人和管理人员。

本章探究性别和风险的关系，为何人们在看待他人时，有时候看到的是一盏闪烁的警示灯，而有时候看到的是一盏可行的绿灯。我们在想到男性和风险的关系时，脑海中浮现的是什么？在想到女性和风险时，反应有什么不同？我们将探究，男性比女性冒更多风险这种想法是否正确，同时将会发现一些不可思议的情境，比如：男性在没必要冒险时，感到有去冒险的迫切要求；有些时候，男性确实不惜损失更多去冒险，女性则有所保留。男女之间为什么有如此不同的举动？

跟着钱走

许多受挫的女性创业者会告诉你，她们在和风险投资者洽谈时有相似的经历。有数据证实，投资者不太情愿投资女性领导的项目。也许最有说服力的发现来自哈佛商学院的一位教授艾莉森·伍德·布鲁克斯（Alison Wood Brooks），她研究人们在听到为新公司筹集资金所做陈述时的反应。对于需要资金投入的创业家来说，陈述是关键的一步。创业者满怀希望地与一位风险投资者洽谈，就像薇薇安所做的那样，有时是在工作午宴上，但多数时候是通过 Skype 网络电话。创业者提出自己最完善的想法，设法说服投资者自己拥有解决某一常见或新生问题的独创方法。[4] 布鲁克斯和她的同事发现，即使在男性和女性陈述同一想法时，投资者将钱投在男性的项目上的可能性比投在女性的项目上多出了 60%。[5]

男性创业者在陈述自己的想法时比女性表现得更自信吗？我们在下一章会探讨与自信相关的性别问题。不过，当然如此，如果男性表现得更自信，可能会影响到投资者们的决定。因此，布鲁克斯进行了另一项实验，她让专业演员做完全相同的陈述，这样两种性别的创业者呈现出了同等的自信心。这一次，投资者们选择投资男性与投资女性的比例超过 2∶1。[6]

在现实世界中，这意味着男性在冒风险时能比女性获得多得多的资金支持。在 2011 到 2013 年间，风险投资者在新创商业项目上投入 508 亿美元，其中 493 亿美元投给了男性 CEO 领导的公司。[7] 当然，多数 CEO 是男性，所以男性吸引了绝大部分投资金额，这也不足为奇。可是这意味着，比起同等资历的薇薇安，投资者更可能支持埃文提出的风险项目吗？遗憾的是，数据是这样显示的。布鲁克斯的研究表明，人们更常给男性更多钱去冒险。

有绝对把握的事情和极其渺茫的机会

在继续往下谈之前，我们应该先界定**冒险**的意义。冒险是指放弃有十成把握的事，而去争取一个可能要付出代价但也可能最终比你放弃的确定之事更有价值的机会。在冒风险时，你下定决心放弃手中的那只鸟，而去追求林子中的另外两只。*

冒险是指，你想在网上买一辆车，虽然看不见实物，但价格极其优惠。你可以在附近经销商那里试驾一辆类似的车，但为了安心，你要多付 25% 的价钱。又或者说，你去餐厅吃午餐，你是走向几个已经就座的朋友，选择确定的事情，还是坐到正独自一人用餐的那位富有魅力的新人身边，抓住冒风险的机会？

我们通常会觉得有些人就是喜欢冒险，但和大众的观念相反，冒险并不是一种性格特征。[8] 它和内向或外向不同，不是在任何时候都能显示出来的性格特征。如果你非常外向，你会感到在多数情况下与人互动都会带给你活力，不管是参加全是陌生面孔的晚宴，还是和你最有好感的客户会面。但冒险并非如此。研究显示，喜欢悬挂滑翔运动和蹦极的人在空余时间的休闲方式方面是十足的冒险者，可是，当问及他们想怎样为退休后的生活存钱时，他们的选择看起来很正常，并不具有风险性。[9] 一个人在一种情境中肆无忌惮，但换一

---

* 译注：此处是对英文谚语 "A bird in hand is worth two in the bush"（一鸟在手胜过双鸟在林）的改写。

种情境可能会迟疑不决。有可能你在申请某些税收减免时，明知道如果被审计查到很难自圆其说，还是会眼睛都不眨一下，但当你的侄女问你愿不愿意拿会儿她的宠物蛇时，你可能就没那么敢冒险了。

面对消防滑杆

不管美国人喜欢与否，他们有着丰富多彩的习语（有些比较粗鲁）来强调男性在美国文化中需要成为冒险者。"要够男人""要做男人应该做的事情""你要更像个男人""你是个男人还是只老鼠""有点男人样子吧"，这样的言语只是我们使男性承担所有冒险责任的部分方式。仔细品味一下这些表达，会发现别有一番趣味。这些话并不意味着，男人为了家庭或出于对国家的热爱，应该去冒险，而是男性的男子汉气概取决于他所冒的风险。

女性的女人味取决于和男性同等的勇气吗？不尽然。"萎缩的紫罗兰""紧张的内莉"*这样的描述说明，社会不期待女性抬头挺胸地走向风险，而是期待她们尽量远离危险。事实上，将一位男性比作女人，一下子就能说明他胆小怕事、不敢冒该冒的风险。试想一个 13 岁的男孩对他的朋友说："等等，哥们儿，我还不确定这样是否安全。"他正在重新考虑一个决定，需要再花时间来好好想想，这时我们仿佛能听到别人称他为妈妈的宝贝、娘娘腔、胆小鬼（wuss）[10]，以及许多其他表示他缺乏男子气概的贬低表达。我们的语言说明，拥抱

---

* 译注：shrinking violet 形容羞怯的人，nervous Nellie 形容无端惊慌的人。两种表达都使用了常用来指代女性的词。

风险几乎成了男性气质的定义，而害怕冒险则是女性气质的定义。

最能说明美国人是如何看待性别和冒险的地点之一就是游乐场。心理学家芭芭拉·毛伦吉耶罗（Barbara Morrongiello）想减少儿童的意外伤害，她去游乐场观察父母在孩子爬到滑梯高处或上攀爬架时所做的反应。如果女性更害怕危险，那我们可能会期待母亲们比父亲们更严密地保护她们的孩子。但是，她们并没有这样做。通过多项研究，毛伦吉耶罗发现，父母对正在冒着一定风险玩耍的孩子的保护程度与他们的性别无关。[11] 那么，影响父母对孩子的保护程度的唯一因素是什么？答案是孩子的性别。父母们对女儿比对儿子的保护更多。

在她的一项研究中，毛伦吉耶罗观察父母在孩子首次接近消防滑杆，学习怎么滑下去时所做的反应。消防滑杆的危险系数并不高，但也没有沙坑一类的东西那么安全。消防滑杆很高，在你要抓紧时，会有脱手的危险。父母逼着他们的儿子不断尝试向下滑，即使这些男孩说他们害怕，可是如果女孩们说不想玩儿这个滑杆，父母们通常会说没关系。但是，父母站在一边教儿子，说类似于"手伸过来，抓住杆子"或"手松一点"的话的可能性要大得多。如果第一次做得不好，比起小女孩，父母更常鼓励小男孩继续尝试。

这种区别不易察觉。这些父母没有用刻薄的称呼来说这些害怕的小男孩，当小女孩爬到最上面时，父母也没有责骂她们。但却发出了清晰的性别信息：小男孩是可以冒险的，甚至可以鼓励他们这样做，只要稍加指导，下次就不会这么危险了。然而，要让女孩子做任何有风险的事情就很难。

万幸的是，我们不需要在上班的地方或家中滑消防滑杆，但是我们确实不得不冒其他风险，我们必须被给予冒这些风险的机会。同事们会快速且不假思索地判断是否能信任你进行有计划的冒险，这些判断常常源于无意识，并会对你的职业机会造成影响。想象你在应聘一份工作，这份工作需要别人将你视作一位卓有成效的冒险者。这份工作的内容可能包括创建一条新的产品线，拯救一个管理不善的项目，或者协商新合同。如果你在行政机关工作，这份工作可能包括制定能够挽救生命或者收押不法分子的决策。

你接到了面试的通知，所以你认真做功课。你研究了这个单位，分辨出了它的优势和不足。如果你是一位女性，在和男性一起竞争这份工作，你一进门就会遇到体型大小的问题。人们如果按要求去判断站在面前的陌生人是不是一位勇敢的冒险者，他们会看那个人的体型大小。长得高壮的人被公认为比身材矮小瘦弱的人更敢于冒险。[12] 产生这种联系的原因尚不明晰，也许身材健壮的人看起来具备冒险的体质条件，但在身高和力量方面，大多数女性相较于男性明显处于劣势地位。据研究者说，当别人在估量你的冒险欲时，如果你看起来能仰卧推举 45 公斤，会大有帮助。

接下来是视角问题，那个衡量你将来是否敢于冒险的人的视角。如果这个人是一位男性管理者，而你是一位女性，那么你很有可能要比在一位女性管理者面前更卖力地证明自己。研究显示，在特定的一次赌博中，男性对女性去冒险的可能性的估计，比实际情况低两成。[13]"但是，你有我的简历，"你可能会抗议，"你能看到，我没有选择更好走的路，我一直在为一些风险项目承担巨大的风险。"可惜的是，这些事实可能并不够。至少一项研究说明，男性的偏见不会有所改变，即使看到能够证明她实际冒险经历的材料，男性依然认为这个女性谨小慎微。[14]

美国人不仅**期待**男性勇于冒险，女性保守谨慎，而且认为理想的男性和女性也**应该**如此。黛博拉·普伦蒂斯（Deborah Prentice）和艾瑞卡·卡兰萨（Erica Carranza）是来自普林斯顿大学的研究者，她们让学生指出美国社会的男性和女性具备哪种特征会显得很有魅力。普伦蒂斯和卡兰萨考察了各类特征，包括值得信赖、愤世嫉俗、热爱运动、腼腆。如我们所料，参与者认为照顾周围人的女性很有魅力。对女性来说，热心、善良、喜欢孩子都是关键特征，但是在美国社会中，一位男性即使在这些方面不够出色，也依旧可以成为杰出人士。人们对男性和女性冒险特征的看法差异之大，可能会让你觉得吃惊。在43种理想特征中，被调查者将愿意冒险排在男性魅力特征中的第14位（仅次于求胜心），但对于女性来说，就排到了第37位。将其与强势这个特征比较一下，我们就能理解冒险对于女性来说排名有多靠后了。多数人都知道，女人强势通常被看作很不好的特征，应该加以控制，也许他们是从善意的家人那里听到，或者从文章中读到这一点的，也可能是从业绩评估中猜出来的。那么在普伦蒂斯和卡兰萨的研究中，女性的强势排在第几位呢? 答案是第39位，稍次于冒险。[15]

　　现在我们开始明白为什么投资者不肯支持薇薇安，而如果她是埃文，就会热心地支持她。他们更容易对埃文的冒险感兴趣，因为这符合人们对年富力强的男性的期待，这种感觉是对的。但一位女性要冒重大风险，而且让别人和她一起冒那个险，就很难被接受。投资者可能会发现自己对承担重大风险的女性百般挑剔，但他们没有意识到这种不自在源于他们不喜欢冒险的女性，却以为问题出在她的提案上。**这有点儿不对劲**，一位风险投资者这样想，并且直觉告诉他，应该另寻投资项目。

　　当然，薇薇安创业的领域也对吸引投资毫无帮助，因为科技是杰出男性主宰的领域。记者在细数改变科技面貌的冒险者时，提到的几乎总是男性：亚马逊的杰夫·贝佐斯（Jeff Bezos），苹果的史蒂夫·乔布斯（Steve Jobs），谷歌的拉里·佩奇（Larry Page）和谢尔盖·布林（Sergey Brin），脸书的马克·扎克伯格（Mark Zuckerberg），贝宝（PayPal）、美国太空探索技术公司（Space X）和特斯拉（Tesla）的埃隆·马斯克（Elon Musk）。[16]值得庆幸的是，科技领域也有女性因为她们所冒的风险和所做的重大突破而登上头版头条，但是她们的名字不像刚提到的那些男性的名字那样家喻户晓。以伊丽莎白·霍姆斯（Elizabeth Holmes）为例，她是美国最年轻的白手起家的女性亿万富翁，而且跻身《福布斯》杂志选出的40岁以下富豪排行榜的前40名。她大二时从斯坦福大学退学，创办了Theranos——一家高科技血液检测公司。该公司研发了一种用一滴血液就能进行70项检测的方法。下次你走进一家沃尔格林药店（Walgreens）进行胆固醇检测，发现血检既简单又毫无痛感时，你要感谢伊丽莎白·霍姆斯。[17]可是，如果投资者不愿冒险投钱给女性，霍姆斯创办公司的资金是从哪里得来的？很明显，创办血液检测实验室需要资金。她一开始必须在午宴上陈述自己的想法吗？其实不然。她的父母把为她存的大学学费给了她。[18]

风险领导职位上的男性和女性

霍姆斯的成功让人心潮澎湃，但如果她用光所有学费，公司还是失败了，我们会有什么样的反应呢？比起一位从斯坦福退学创办一家最终失败的科技公司的男性，我们会不会更不赞同伊丽莎白·霍姆斯的行为？

为了回答这个问题，我们要回到维多利亚·布里斯科在耶鲁大学的实验室。布里斯科和同事想了解人们对失败的高风险决定做出的反应。她让成年人阅读一则简短的虚构新闻报道，内容是关于一位做出风险决策的领导者。所有参与者都阅读了一位大都市重要区域警察局长的故事，该局长几周前了解到市中心即将发生大型抗议活动。事件发生后几个小时，抗议活动开始失控，警察局长向警员下达行动命令。故事的一个版本是，警察局长派遣到现场的警员人数不够，25 人受了重伤。另一部分参与者读到的故事有好的结局，局长派遣了大量警员，抗议活动得以顺利进行，事态没有恶化，也没人因此受重伤。[19]

在两种状况下，警察局长都冒了风险，都是在抗议出现了问题后才派遣警员的。一个版本是，局长随后做出了正确决策，一切转危为安；另一个版本是，局长决策失误，付出了沉重代价。布里斯科的团队想知道，警察局长的性别对参与者对其决策的看法有何影响。对于做出这样错误决策的男性和女性，人们的反应会有什么区别吗？有。当女警察局长的决策导致 25 人受伤时，参与者认为她能力不足。他们并不想拿走她的警徽，但认为她应该被降职，她不具备作为领导者所需的那种良好判断力。当一位男警察局长出现同样的失误时，多数人没有那么苛责。看完这个新闻报道后，参与者回答了一系列问题，这些问题与这位领导者应该得到多少权力、尊重和独立性有关，这些评分会被汇总为那位领导者的一个状态指数。当那位男警察局长误判形势，派遣的警员太少时，在公众眼中，他的状态指数下降了约 10%。然而，当那位女警察局长犯了同样的错误，她的评分跌了将近 30%。她为一个判断失误付出的代价是男局长的 3 倍。当风险决策发挥了效果，充足的警力到达现场，现场恢复了平静，两位领导者受到了同等的高度评价。这说明人们并非不假思索地认为女性不适合做警察局长，只是在她所冒的风险失败后才这样认为。

布里斯科与其团队考察了不同领导职位上的情境，比如，一家工程公司的 CEO 面临一项风险决策，一位州最高法院的首席法官陷入险境。但结果是一样的：处于这些职位的女性要为失败的风险决策付出很高的代价，要比职位相当的男性更高。这三种情境有一些共同之处：这些女性决策者担任的是传统意义上的男性职位。大城市的警察局长、工程公司的 CEO 和州最高法院的首席法官，通常由男性担任领导职位。[20]

是否存在这样的情况，男性领导者因为决策失误受到的批判比女领导更严厉？是有这样的情况，比如女子学校的男校长。当男性处于这种多数人期待由女性担当的领导角色，在表现出判断失误时，会付出代价。还有其他人们认为应该由女性担当的深受尊重的领导职位吗？我问了布里斯科这个问题，他们找过其他由女性主导而且地位很高的领导职位，但是除了女子学校的校长以外，也就没有了。她说："说实话，这个结果有点令人沮丧。"[21]

布里斯科和她的同事得出结论，人们更容易接受性别合适的领导者所做的失败风险决策。男性的专业领域和女性的专业领域无法互换，性别与所处领域不符的领导者，在产生失误时会遭到更严厉的评判。那么，我们会更可能谴责把钱全部投入一家失败的科技公司的女性吗？很可能会如此。

这就提出了两个严肃的问题：第一，多数领导角色和男性相关。比如，总裁和副总裁、政治家、电影导演、军队干部、飞行员、外科医生、总工程师、律师事务所合伙人，等等。所以，如果男性通常和这些角色联系起来，那么担任这些职位的一些女性将会面临不公平竞争。第二，领导职位的根本属性包括要做高风险的决策。有些人会说，这就是领导者的工作。将这两点放在一起，我们就会看到，冒险对于女性领导者来说更具风险。我们已经有许多理由相信玻璃天花板*仍然存在，比如：老男孩网络，男性还是会选男性作为继任者；性别歧视，女性高管受到削弱、不被重视；职业隔离，女性所具有的领导角色通常不能一路升到最高职位（比如在人力资源或公关领域）。[22] 然而，现在我们知道了玻璃天花板之所以存在的另一个原因，这个原因很多人并不知晓，或者至少缄口不言，即在男性主导的领域中，努力向最高职位攀爬的女性在所冒风险失败后，比男性跌得更重。

我们从这类研究中可以得到什么教训？如果做决策的你是一位女性，担任的职位在同事眼中是男性职位，或者你是一位男性，担任的是别人认为适合女性的职位，那么在执行重大风险决策前，你最好与别人结成联盟，找一两个支持你的权势盟友。虽然你的职位越高，就越难办到这一点，因为你的密友圈子可能会越来越小，但是投入大量时间来寻找支持者还是值得的。

练习 60/40 法则

那么，我们从上文得到的教训难道是大家都应该停止冒险吗？不是。冒险是让人生充实、无悔的重要组成部分。研究显示，人们经常因为没有尝试的事、想过但没有选择的路而陷入深深的遗憾难以自拔。[23] 康奈尔大学的一个研究队伍问 70 多岁的男性和女性，"如果你能重新生活，你会改变哪些方面？"[24] 一些回答者后悔自己做

---

* 译注：glass ceiling，指虽无明文规定却实际存在的对特定人群，比如女性，在职务升迁上的无形限制。

过的行动，比如，"我不该那么早结婚"。但多达四倍的回答者后悔自己没有做出行动，自己想冒的险从来没有尝试过，比如，"我应该把职业目标定得再高一些"或者"我太懦弱了，我应该再强势些"。

此前我们了解到，冒险不是一种性格特征，而是一种技能，一种可以培养并可以用训练来提升的技能。如果冒险是一种技能，你该如何训练？该训练什么？一家数据可视化公司的首席营销官尤金妮亚，提出了两条建议。第一，她主动指导自己的领导团队练习辨别哪里可以冒险，哪里不可以。她告诉他们："我们发展得很迅速，所以你要同时兼顾多个方面。不仅如此，你还要决定暂时放下哪些事情，让它发展到什么程度再去处理。你要在兼顾各个方面的同时做这一切。"

"你今天不能回那通电话？这件事你能放两天再处理，还是明天一早就得处理？没有照顾到某些方面是在所难免的，"尤金妮亚说，"一位受欢迎的成功领导者必须接受这种风险。然而，如果你能积极地训练自己，提升对忽略某些方面所造成影响的预期能力以及相应的反应能力，那么对于你的团队，你会成为一个更好的决策者和一大笔财富。"

尤金妮亚向她团队的所有成员分享了这条建议，但下一条建议她专门留给了女性。她将其看作她的"80/20 法则"。女性在就工作中的一个项目发言或发表演说时，她观察到"这些女性认为，她们必须准备到 80%，只有 20% 可以靠临场发挥。我这里用临场发挥，是指相信自己在那一刻的判断，听从自己的经验。我曾经调查过从事市场营销的一些朋友，你知道这些男性说了什么吗？男性临场发挥的比例要高很多。大体而言，男性觉得 65% ～ 70% 可以靠临场发挥，只需要准备 30% ～ 35% 的信息就行"。因此，男性对自己即将发表的言论只准备大约 1/3，而女性却觉得有必要准备 4/5。男性在上台演讲时冒的风险要大得多，但如果他们愿意发表尚未经过充分研究或事先没想好的想法，他们的发言也会多得多，而且他们会召开更多的临时会议。

所以，尤金妮亚建议女性怎么做呢？"我建议女性必须停止80/20 法则，开始20/80 法则。她们被我的话吓得够呛，然后我说，'我在开玩笑，不过尽量做到60/40，而不是80/20'。"这条建议激励她指导的女性冒更多风险，并且给了她们一些相对具体的方法进行训练。"如果你学会60/40 法则，学会临场发挥，你会做成更多事，而且赢得更多尊重。"对于那些无法想象自己开会时能遵守60/40 法则的女性，她有什么建议呢？"我让她们问自己两个问题。第一个问题：你比在场的其他所有人知道得更多吗？是的。第二个问题：你是否知道所有需要被知道的事情？不是。让我们回到第一个问题。"

不要让你的老板觉得你不会去冒险

这本书中反复出现的一个主题就是，人们对女性作为决策者的看法与女性的实际决策能力并非完全相符。冒险也是一样。冒险常常是区分管理者和领导者的关键技能。为《哈佛商业评论》撰稿的两位研究者荷米妮亚·艾巴拉（Herminia Ibarra）和奥蒂利娅·奥博达鲁（Otilia Obodaru）这样解释到，你可以为维持现状而努力，你也可以偏离常规，成为"迫使一个团队创新的一股改变性力量"。[25] 男性高管常常认为，偏离常规是女性高管的欠缺之处。在她们所著的题为《女性和远见》（Women and the Vision thing）一文中，艾巴拉和奥博达鲁报告了她们根据来自149 个国家的将近3000 位高管的业绩评估所做的研究。她们发现，女性领导者几乎在所有领导方面比男性领导者得到更高的评分。女性得分更高的方面有：给出反馈、表现出坚韧性、调整优先事项，等等。然而，女性唯一不足的方面却被认为是领导者最关键的方面——远见。在这一方面，男性给女性的分数尤其低。"要被视作远见者，"艾巴拉和奥博达鲁这样写道，"你需要挑战现状，制定新的策略，偏离法则和常规。也就是说，你需要去冒险。"

到目前为止，结论看起来似乎很简单，女性领导者需要停止她们以往的行事方式。但是，如果你问多数女性高管，她们在哪些方面做得好，她们首先会提及打破常规。美国 Caliper 公司所做的一项研究考察了副总裁及以上职位的女性高管的性格特征。在 Caliper 调查的不同性格特征中，这些女性领导者得分特别高的正是敢于冒险的。她们得分最低的是"遵循现行规则"和"小心谨慎"。[26]

所以，如果你问的是男性高管，他们会说女性循规蹈矩、满足于现状；如果你问的是女性高管，她们会说自己敢于冒险、勇于打破常规。谁是正确的？答案可能在于人们对冒险的不同定义。也许女性领导者在打破若干规则时，为自己的远见卓识而感到骄傲；而男性认为，领导者需要彻底改变一个产业才能被称作具备远见卓识之人。也可能是像科技公司的前 CEO 凯特前面所说的那样，她的经历告诉她，女性在提出一个想法时，倾向于援引市场调查，而男性通常称其源于自己的开创性见解。

但我认为，还有一个关键因素植根于我们所注意到和所记住的事物中。女性在做风险决策时，男性同事和上司可能没有留意到，因为他们深信男性才会冒险，女性不会。我们倾向于注意到并且记住能证明我们世界观的事例，对于不能证明的事例，我们通常视而不见。如果你很讨厌小狗，觉得它们总会叫个不停，你很可能会记下每只对你叫的吉娃娃，讲述你在小餐馆外看到的那只不安分的迷你杜宾；但当一只德国牧羊犬、比格犬或者一只寻血猎犬到处乱跑时，你很可能记不住它们，而一只博美只不过在你经过时对你眨了眨眼，你却印象深刻。我们会搜集证实性的事例，而不经意间忽略其他例子。科学家将其称作"证实偏见"（confirmation bias），这是一种发生在无意识层面的、"片面地积攒事例的过程"。[27]

　　当然，证实偏见远不止对于不同品种狗的刻板印象。因为符合我们的模式化观念的人会吸引我们的注意力，所以如果我们觉得男性敢于冒险，我们就会很快想起主动要求承担风险任务的男同事，而对于那些说"别看我"的男性，我们却想不起来。朱莉·尼尔森（Julie Nelson）是麻省大学波士顿分校的一位经济学教授，也是一名风险和性别方面的专家。她称，将男性视作冒险者的观念在美国社会非常强，乃至危及到了经济学家看待数据的方式。她指出，虽然许多证明两性在冒险方面存在差异的数据并不完美，但从事这些研究的科学家们还是从中大胆得出结论，男性比女性冒的险更多。[28]

　　所以，如果你是一位女性，从事着以男性为主的工作，你想要晋升，是应该确保自己敢于冒险，还是应该保持沉默，以防你所冒的风险会产生负面后果，使自己遭到决策失误和占据男性职位的双重审判？朱莉·尼尔森说，她忠告职业女性"不要让你的老板认为你不敢冒险"。[29]如果你所冒的风险最终成功了，功劳就会属于自己。Catalyst 的研究者发现，对于女性，最有效的职业发展策略，即唯一会让女性获得更多提拔、更高工资、更高职业满足感的做法是，让别人注意到自己的成就。[30] Catalyst 考察了多种成就，不只是冒险，但成功的冒险肯定包含在内。

尤为重要的是，要让别人注意到你愿意在今后冒险。琼安·威廉姆斯和蕾切尔·邓普斯在她们的《对于工作中的女性什么才有用》一书中指出，男性和女性在工作中受到不同的评估：对男性的评价基于他们将来的潜力，而对女性的评价基于她们过去的成就。这是那种"再证明一次"的模式，归根结底是女性被告知"你很有才干，但你需要更充足的经验"，而男性被告知"你很有才干，我们真的认为你前途无量"。[31] 威廉姆斯和邓普斯采访了127名成功的职业女性，她们发现，其中68%的女性在职业生涯中至少经历过一次这种"再证明一次"的偏见。她们没有采访男性，所以不清楚男性听过几次这样的信息。但另有证据证明，相较于男性，女性要做更多的证明。根据2015年的一项研究，大体而言，女性CEO比男性CEO受教育程度更高，工作经验也更丰富，更有可能从内部得到提拔，但这就意味着，女性为了爬到最高职位，不得不花费更多时间证明自己，不仅是普遍意义上的证明，而且是向同一位雇主的证明。[32]

　　女性常常以为，如果她们夸耀自己的成就，人们对他们的好感就会减少，特别是当对方的成就不如她们时。[33] 这种观念部分源于女性特有的社会化认知，她们被告知不要自夸。然而，部分原因也可能是冷酷的现实。夸耀个人成就的女性没有谦虚的女性那么讨男性或其他女性喜欢。[34] 但是，如果是和上司一对一的会面，就应该让他或她知晓你的成就。我们在第四章会看到，虽然自我抬高对于女性会有点第二十二条军规*的意味，但是女性还是要学会说："我过去做过聪明的冒险，这是我学会的一项技能，今后我会继续这样做。"

---

* 译注：Catch-22源自美国作家约瑟夫·海勒（Joseph Heller）创作的同名黑色幽默小说《第二十二条军规》，用来形容任何自相矛盾、不合逻辑的规定或条件所造成的无法摆脱的困境和难以逾越的障碍。

如果你是一位女性，之前从未谈论过自己所做的成功冒险，那么你可以先找出较为显著的冒险经历，那种具有量化结果的风险。如果你曾指出一个提案存在的关键漏洞，因而为团队节约了很多时间和金钱，可以谈谈这个经历。也许你曾奋力争取一项别人最初不予考虑的活动，而这项活动却成为年度出场率最高的活动。

　　许多女性冒过风险，但她们的上司并不知道，或者可能忘记了，她们不该对指出这些经历而感到不好意思。我刚做咨询的时候，发现我的一个新客户在我们前两次会面时都迟到了。在第二次见面聊到差不多一半时，我冒险用一种私人但直接的方式问她，她在其他场合是不是也有迟到的问题。她停止说话。我有些铤而走险，我不认识她，也不知道她的工作习惯，她可能会生气。因为她是他们公司第一个找我们咨询的人，所以我所冒的风险，不仅包括失去她这单生意，也包括失去她的同事找我们咨询的希望。出乎我的意料，她没有生气。相反，她垂下头说，迟到这个问题经常发生在她身上，而且经常让她很难堪。我们谈论了迟到对她在别人眼中的可信度会产生什么样的影响。接下来几次会面（每次她都很准时），我们找出了她可以努力做的具体改变。5个月后，她发了封电子邮件给我，告诉我多亏我们的共同努力，她已经解决了迟到问题，她在会议中的表现更加出色。她高度赞扬了我们的咨询团队，并介绍了几位新客户给我们公司。因为我那时没有想到该向老板指出我冒的这个风险，所以我的客户和团队获得的益处无人知晓。

　　我承认，这不是典型的职业忠告。没人在业绩考核或工作面试时让我描述过我所冒的风险，以及这些风险结果如何。男性不需要证明自己是冒险家，因为只要是男性，人们就会想当然地这样认为。然而，女性在描述自己的众多成就时，却需要指出自己冒险的能力。

股票投资、健康实践和极限运动的相似之处

我们已经看到，人们更放心让男性来冒险。但男性冒的险真的更多吗？雇主常常寻找敢于冒险的人，试图扩张（或仅仅想在多变的市场环境中存活）的企业想要这样的管理人员："在高风险挑战中茁壮成长""热衷于以新的方式运用自己的技能""敢于做出影响多位持股人的决策"，这是我从网上招聘启事中摘取的几个例子，都是"我们需要敢于冒险的人"的不同说法。

那么，男性真的会比女性冒更多的风险吗？我们来看看算得上英语世界中有关性别和冒险方面被引用最多的一项调查。1999年，来自美国马里兰大学的发展心理学家詹姆斯·伯恩斯（James Byrnes）所率领的团队仔细翻阅了150项性别和冒险方面的调查研究。根据伯恩斯搜集的数据，60%的研究显示，男性比女性冒的风险更多。[35] 剩下40%的研究要么显示女性比男性冒更多的风险，要么显示两性所冒风险的数量相等。[36] 所以，有60%的研究表明男性确实冒更多的风险，但有40%的研究却挑战了这种说法。

不过，我们必须问是不是存在某种规律，还是这都是随机的。我们是不是有时也会期待女性更英勇无畏？很多研究者认为是的，在风险面前，性别是可以预期的，这完全取决于要承担什么风险。

如果我们关注的是社会风险，女性会处于显著位置。[37] 社会风险就是在一个群体中冒险。例如，说出你对一个不受欢迎的问题的看法，公开与你的老板起争执，或者承认你的品位和周围的人不同。[38] 女性还更可能做出重大的职业改变，这之所以被认为是一种社会风险，是因为改变职业意味着离开自己在组织结构中的位置，重新开始。[39] 女性还比男性更可能暴露自己的信息，比如，告诉某个人你犯了一个

错误，也许这个错误看起来没有从飞机上跳下去危险，但这样做会让你遭到评判和抨击。我们每个人在实际生活中都面临着这种风险。

此外，处于男性主导职业的女性还要面对她们的男性同事不会面对的社会风险。当我向之前提到的那位警察局长戴安娜询问她工作中所冒的风险时，我以为她会描述一些与警察工作相关的风险，比如，在逮捕时受到攻击，或在毒品搜查期间遭到枪击。但戴安娜说，她每天遇到的大部分风险和枪支无关，而是和大胆表达观点有关。她工作的机构最上面有专员，还有几位分管不同警局的局长，但在她那个级别她是唯一的女性。高层聚集起来开例会时，专员（男性）、戴安娜和其他5位警察局长（都是男性）一同参加。虽然在场的可能还有一位女性法律顾问，但她的角色和戴安娜大不相同。"作为唯一的女长官，我在开会时会面临很多风险。每当发表自己的想法或意见时，我都面临着一种风险：在场的男性会像外星人一样看着自己，并且心想'你为什么要开口呢'。"戴安娜经常会得到这样的反应吗？"请注意，并非如此，但在全是男性的环境中，女性还是会感到那种压力与风险的可能性。"美国首位女性国务卿马德琳·奥尔布赖特（Madeleine Albright）说过类似的话。"在我职业生涯的早期，我所参加的无数会议都只有我一位女性在场。我想参与讨论，但会想：如果我那样说，大家会觉得真傻。"[40]男性要在这样的会议中冒险，必须说些有风险的话；而女性要在发言时冒险，只需要开口。

当然，对于女性，还有成为单亲妈妈的社会风险。在美国，77%的单亲家长是女性，只身抚养孩子意味着要应对贫困的风险。[41]在许多国家，不管是瑞典、土耳其、日本，还是墨西哥，单亲家庭应该被称作"单亲妈妈家庭"。[42]我采访的一位女性说："人们认为女性承担的风险比男性少，真的吗？这些人肯定认识的单亲职业母亲不多。"

男性在哪些方面会承担更多风险呢？如果我们关注的是休闲风险（或者官方所说的"健康风险"），比如过度饮酒、无保护性行为、超速驾驶、在危险区域游泳、参与类似空中跳伞的极限运动等，我们会发现男性会冒更多的风险。[43] 许多人在讨论冒险时，脑中浮现的就是这种身体上的瞬间强烈快感，人们在冲动和追求新的感官刺激与体验时所获得的刺激感。[44]

接下来的一个问题与钱有关。是不是一种性别更愿意做风险投资，将钱投在有风险的地方？来自加利福尼亚大学的两位经济学家盖里·查尼斯（Gary Charness）和尤里·格尼茨考察了包括德国、美国和中国在内遍布全球的强大经济体中存在的规律。通过回顾14项研究，他们发现，一般来说男性在赌博或做风险投资时会比女性投入更多的钱。[45] 通过考察不同文化，查尼斯、格尼茨和众多研究者一致认为，男性和女性天生在冒险方面存在本质差异。

那么，根据这种观点，女性唯一比男性勇敢的方面是在社会情境中，正如我们所见，有时是迫不得已。对许多科学工作者来说，这就是数据中的规律，故事结束。

但是，故事并未真正结束。或者，如果这就是结局，也是一个无法令人满意的结局。我和几位似乎也对这个结局不太满意的研究者取得了联系。

我从男女冒险特征的差别究竟有多大这个问题开始，由此回到了本章前面提到的那位经济学家朱莉·尼尔森。为了得到男性和女性冒险频率的具体认识，尼尔森重新分析了这些从几十项杰出调查研究中获取的原始数据。[46] 她运用不同方法，计算出"效应值"（effect size），它是统计学中的一个通用工具，这些冒险研究多数没有使用这个工具。为了更好地理解尼尔森的发现，想象一个由女性组成的队列。队列的一端是冒险次数较多的女性，比如警察和国际航班的飞行员，以及所冒风险很大但频率较低的女性，比如一位在拉斯维加斯将 2/3 的筹码压在一次赌注上的女性。另一端是很少冒险的女性，包括冒险次数非常少的女性，比如你的阿姨因为害怕选错颜色，所以从来不粉刷房子，以及所冒风险很小的女性，比如你的朋友想买股票，但不想花超过 25 美元。队列中部是一位普通女性，她处于正中间的位置，一半的女性比她冒的风险多，另一半比她少。

现在想象有一个类似的队列，由男性构成。这个队列中有几成男性会比那位普通女性冒的风险多？如果男性本质上是英勇无畏的冒险者，我们会觉得这个比例应该很高，也许会有 80% 或 90%。

事实远非如此。尼尔森发现，只有 54% 的男性冒的风险比那位普通女性多。这就意味着，46% 的男性所冒风险比那位普通女性少。[47]

有些人可能会看着这些数字说："好吧，即使差异很微小，但还是有差异。"单纯地从技术和数据方面说，确实如此。但是实际而言，这不算是差别。如果你正在考虑哪位应聘者更适合一份需要冒险的工作，你有两个具备资格的应聘者，一位是男性，另一位是女性，那么关于哪个人会大胆冒险，而哪一个会选择稳妥路径，性别能告诉你什么？它告诉你的很有限。

想象将胳膊伸进一个罐子里

如果多数男性并非总是比多数女性冒更多的风险，那么男性和女性在决策方面从什么时候开始背道而驰呢？是什么促使男性选择赌一把，而女性选择有把握之事？

在任何一项活动中，当男性和女性是新手时，男性很可能会做出更多风险决策。很多风险决策的结论由实验室通过实验得出，在这些实验中，受试者假想一种前所未见的场景，然后当场决定他们会怎么做。许多研究者在实验室使用的一个场景是让受试者想象在一只罐子中放入一些球。是的，一只罐子。如果你正在参与这种实验，研究人员要求你想象一个装着 30 只球的罐子，里面有 10 只红球和 20 只黄球。你只有一次机会，从中掏出一只球，只能掏一只，掏的时候不能看（在你想象这只罐子的同时，也想象自己的眼睛被蒙上了）。如果掏出的是白球，你会立即赢得 100 美元，但是如果掏出的是黄球，你会一无所获。现在你知道了游戏规则，也知道自己能赢多少钱，那么问题来了：你最多愿意付多少钱来玩儿这个游戏？

　　在这个假设性决策中，男性愿意付的钱远高于女性。近期一项由 160 人参加的研究发现，男性平均愿意多付约 16.43 美元。所以，如果女性愿意付 5 美元来玩儿这个游戏，男性就会愿意付 21.43 美元。[48] 在一个新的、陌生的情境中，男性愿意冒的险比女性大得多。

　　当研究者询问专业人士熟知的话题而非黄球和想象中的罐子时，男女在冒险上的差异经常消失不见。例如，研究者让英国的财务经理评估一份合同，想知道这些经理会不会将一个客户推荐给高级管理层。[49] 经理们愿意为合同所冒的职业风险没有任何性别差异，但男经理确实在兴趣爱好以及休闲娱乐方式方面冒更多风险。另外一个研究团队考察了美国 2000 位共同基金投资者所做的选择。他们发现，在新手中，男性会比女性冒更多的风险。但是，在资深人士中，这种性别差异就消失不见了。[50]

　　在阅读过的所有研究中，我最喜欢的是由一个雄心勃勃的研究团队进行的一项研究，这个团队去了在波士顿举办的北美桥牌锦标赛，观察男选手和女选手打桥牌的方式。桥牌，有时被称作定约桥牌，这种纸牌游戏的目标听起来很简单，就是尽可能地赢张或赢墩。但是要赢得比赛，需要使用大量策略，叫牌要很精明。这次锦标赛中的男牌手在每次叫牌时更大胆吗？女性为了继续比赛会使用更安全的策略吗？并非如此。男女选手在比赛过程中冒险下注的次数相等。在这个他们都是专家的领域，他们所冒的风险没有差别。然而，在选手休息时，研究者将他们拉到一边坐下，教他们玩一种新的游戏。在游戏中，每个玩家最多可以下 250 美元的赌注，这时候男牌手用来冒险的钱比女牌手多了 70%。[51]

现实情境的调查研究远没有控制实验常见。随机问一个人想象中的罐子，要比到某人的工作场所让专家评估一份合同容易得多。而且，在实验室环境下，你可以控制变量，这是你在股票交易所无法办到的。但在现实研究中，一种规律逐渐凸显：在被问到一种爱好或者一种初次见到的事物时，男性做的选择可能更具风险。但如果你找到的是经验丰富的专业人士，询问他们工作上的事情，这种男女差异就不见了。这和我们想的一样吗？如果你是一位专业人士，你必须能够区分值得冒的风险和刺激但可能鲁莽的风险。在这方面，男女都一样。

然而，即使作为专业人士，女性领导者如果在做出风险决策后失败了，仍要付出代价。我们已经注意到，当一位女性处于被社会认为是男性工作的领导职位，她更可能因为所冒风险而受到惩罚。如果她从事的是男性主导的职业，她很可能会发现人们会抓住她所做的失败风险决策不放。于是，无论她有没有意识到，下一次她可能就不会那么快就掷骰子了。她在训练自己的冒险技能时，将会面对比同等角色的男性更多的困难。

乒乓球桌和粉红色乳液

男性和女性在所处职业环境中所冒的风险数量相等，这个说法并不是所有人都会接受。我采访的在男性主导领域（比如科技和法律）工作的多数女性说，她们看到自己的男同事比女同事冒更多的风险。其中一些人说，为一项不合常规的新产品设计而奋力争取的是男性，而团队中的女性在决定前常常需要更多数据。一些人说，男性更可能在谈判中提出大胆的条件而且毫不畏缩。因为这些女性描述的都是该领域的能手，所以我们不能将这种冒险的差异归因于缺乏经验。

也可能是，人们之所以对天才男性拒绝风险性想法没什么印象，因为这种记忆与他们对男性勇于冒险的期待相违背，而我们都倾向于遗忘与自己的期待不符的见闻。[52] 但如果你看到男性冒的险更多，还有一种解释：也许你所处的工作环境发出信号，倡导男性英勇无畏，却不鼓励女性如此。我并不是说，你的办公室四处张贴着一句标语——"男性，向前冲！女性，坐下来"，不是这种明显的信号。研究者发现，男性和女性会对细微信号做出反应，鼓励男性向前的信号可能会让女性再三犹豫。[53]

斯坦福大学社会心理学家普丽扬卡·卡尔（Priyanka Carr）和克劳德·斯蒂尔考察了两个此类影响冒险行为的信号，他们让男性和女性玩金额极小的彩票。[54] 玩家在赢得很小头奖的大概率事件（比如，有80%的可能赢得1美元）和赢得4倍或5倍大小的头奖的小概率事件（比如，有20%的可能赢得4美元）之间做出选择。这类似于人们在小超市买彩票时所做的决定。他们可以买刮刮彩，这样赢的概率很大，但奖金很少；他们也可以花一样的钱买国家彩票，这样赢的概率极其低，但如果真的赢了，会赢得一大笔钱。每一轮要用 4 美元，无论以什么标准，这都算不上大数目，但参与者还是要决定，是选择手中的一只鸟，还是选择林子里的两只鸟（或者三四只）。

与想象罐子的实验十分相似，卡尔和斯蒂尔使用的彩票是在研究冒险时惯常使用的场景，但这些科学家们做了一件其他人从未尝试过的聪明之举。他们让半数参与者在框内勾选自己的性别，然后告诉他们，他们即将做的决定会衡量出他们的"数学、逻辑和推理能力"。我们把这部分人称作数学组，他们收到的指令是：填好表格，然后写出你的性别和年龄，这是一项对你的推理能力的测试。[55]这是许多决策实验的标准开场方式。

另一半参与者开始实验的方式略微有所不同。卡尔和斯蒂尔改变了指令中一句关键性质的话，告诉参与者，他们将要完成的任务是"解谜练习"。而且在实验结束后，才问了他们的性别。你可能还记得第一章中，当女性在解数学题时，如果没被提醒自己的性别，那么必须证明自己的数学能力的想法就不太会干扰她们的表现。

这些对于性别和风险的细微暗示会改变人们冒风险的意愿吗？这些暗示确实产生了影响。我们从数学组的表现中可以看出，男性用实验开始时发的钱做高风险的决定比女性多，这与经济学家的许多研究结论一致。在数学组中，男性选择获奖概率更小的大赌注的次数是女性的两倍。男性并非每次都选择大的赌注，但他们确实在多数时候这样选择。为了让你更好地理解这一点，试想你让办公室的一组人评估 10 份高风险提案。如果该组成员是男性，他们会批准 8 份提案；如果成员是女性，她们只会批准 4 份。所以，一位受到暗示的男性会想：**我是一位正在参加数学测试的男性**。一位受到暗示的女性会想：**我是一位正在努力证明自己数学能力的女性**。这正好契合了男性英勇无畏、女性谨小慎微的思维模式。这就仿佛是当被告知测试的是数学能力时，男性会挺起自己的胸脯，女性则不停地咬铅笔头。

然而，当分派给参与者的角色是解谜时，他们就摆脱了这些模式。专注于解谜、未被提醒女性身份的参与者选择风险更高的大赌注的次数和男性相同。这些女性在思维未受负面刻板印象威胁的情况下，做出了更多的大胆决定。也许具有同等说服力的是：男性参与者的冒险次数也因为他们对自己的看法不同而有所增减。将自己看作"做数学题的男性"比将自己看作"解谜的男性"冒的风险多出了 25%。如果你给解谜组 10 份高风险提案，你会发现男性批准了 6 份，女性也批准了 6 份。拿走性别框架，男女冒险的差异也会被抹平。

现实世界更像数学组，还是解谜组？每天一上班就说"各位男同事，可以举起你们的手吗？很好。现在各位女同事举一下手。大家一定要记住，来这里是要做数学题的"，这样的专业人士就算有，也寥寥无几。但是，在我们因卡尔和斯蒂尔的研究与现实世界不符而对其忽略不计之前，让我们来看看有关暗示如何影响冒险的第二项研究。进行这项研究的是现任美国密歇根州立大学的心理学教授的乔纳森·韦弗（Jonathan Weaver），以及他在南佛罗里达大学的同事约瑟夫·旺德洛（Joseph Vandello）和珍妮弗·博森（Jennifer Bosson）。每位前去韦弗办公室的年轻男性都会在装着随机物件的托盘前坐下，托盘上可能是一个电钻、一支牙膏，或者一把手电筒，然后按照要求评测其中一件物品的可用性。[56] 实验员将沉甸甸的电钻递给半数男性参与者，让他们闭上眼睛 10 秒钟，去感受手中的电钻，然后描述这个工具的好用或不好用之处。接着，实验员将电钻放到一边，告诉参与者现在可以在掷骰子游戏中赢到钱。那位实验员给每位男性 5 美元赌资，然后告诉他们在每次掷骰子时，可以赌的点数是奇数还是偶数。赌 1 美元意味着他要么赢 1 美元，要么输 1 美元。最后手中的钱归自己所有。实验员还告诉这些男性，为了有公开投注的感觉，他们已经被录像。

实验员给另一半男性的掷骰子游戏指令完全一样，但让他们测评的却不是电钻，而是一瓶包装颜色是粉色和淡紫色的果香润手乳液。这些男性要挤一些乳液在手上，闭上眼睛，花 10 秒钟想这瓶乳液的好用或不好用之处。实验者为什么要选乳液？以往的研究显示，涂这种带有浓烈果香的乳液通常会对多数异性恋男性的阳刚之感造成威胁。近半数男性说，这样做让他们感到不够男人。韦弗说，男性很少会承认感觉自己不够男人，这说明那瓶乳液产生了效果。[57]（你可能在想男同性恋者会怎么样，但在这个特定研究中，他们没有被包括在内。）

所以，一半男性手持沉甸甸的电钻，另一半涂抹果香润手乳液，然后他们都要玩一个赌博游戏。特别值得注意的是，当男性觉得自己的阳刚之气受到威胁时，他们的冒险行为产生了重大变化。试用过果香乳液的多数男性，在前两次掷骰子时下的赌注比试用电钻的男性多出 30%。不仅如此，试用乳液的男性下最大赌注的次数也更多。基本来说，阳刚之气受到威胁的男性会寻求他们能立即冒的最大的风险，而且他们多次这样做。

有些女性读到这里会说："可是我知道我丈夫对使用这种乳液丝毫不介意，这不会对他产生任何影响。"所有男性都会有如此反应吗？当然不是。一组人的平均表现并不能说明每个个体都会有这样的表现。对于有些男性来说，这种效果更明显，另一些则不是那么明显，但就整体而言，这说明了一种重要的性别差异。[58] 韦弗研究男子气概将近十年，他得出的结论是："男子气概很不稳定，它难以确立，总是若即若离。"[59] 男性不是一次就能确立自己的男子气概，他们觉得有必要反复确立自己作为男人的身份。摄影机正在工作，韦弗解释道："这些男性正在涂抹乳液，他们担心别人不把他们当作真男人看待。"韦弗与同事提出一种假设，异性恋男性在感到他们的男子气概模棱两可时，很可能会寻求证明自己的途径，以确保自己的男子气概毋庸置疑。他们的行为似乎呼应了"男人点儿""别像个女人"这类奚落人的话所传达的信息。如果你的男子气概受到怀疑，冒个险便会万事大吉。

女人味也如此不稳定吗？不。多数人认为女人味是一个生理的里程碑，女孩逐渐成熟便会进入这种状态。事实上，对于一位女性，如果说她不再是个女人，会是什么意思呢？韦弗以及他的同事旺德洛和博森发现，多数人认为"她不再是个女人"这句话意味着，一位女性已经做了变性手术，而"他不再是个男人"这句话却并不一定意味着生理上的改变。[60] 这句话可能指手术，但包括男女在内的大多数人认为，这句话指的是这个男人不符合社会对男人言行的定义。因而，男性有冒险的强烈动因，而女性没有。

我们大多数人，无论男女，不用担心有人会在我们走进会议室前逼着我们用果香润手乳液。然而，将乳液研究和数学研究放在一起，研究其含义，却十分有趣。这两种研究表明，男性觉得有必要在各种情境中证明自己的男子气概。当男性在应付一个他们理应出色完成的挑战（比如数学）时，他们会冒更多的风险。当他们的男子气概受到威胁，而他们需要将其重新赢回时，冒险就是解决的办法。对于男性，冒险是证明他们男人身份的一种途径。他们所冒的风险更大、更多，但不一定表示冒这些风险更明智。

　　环境促使男人虚张声势，冒险是证明自己是真男人的惯用方法，打算在初创公司就职的女性尤其有必要关注这一点。正如在前言部分杰西卡所说的那样，初创公司的文化可能会让人觉得像是每天去兄弟会上班。乔艾尔·艾默森（Joelle Emerson）是性别歧视方面的辩护律师以及帕拉代姆公司（Paradigm）的CEO，我找她谈了谈关于物理空间的事情。帕拉代姆是一家战略公司，为包括科技创业公司在内的企业提供多样且更包容的建议。作为性别歧视方面的辩护律师，艾默森曾经一对一地帮助女性，现在她努力帮助企业时时善待每位女性。公司高管们经常请她到办公室，讨论他们为何无法吸引更多女性为他们工作的原因。艾默森从公司一路走过，留意到桌上足球台、乒乓球台和装啤酒的小木桶。"人们在安排物理空间时，没有想到空间内所发出的信息。"她说。[61] Textio公司的CEO基兰·斯奈德在谈及离开科技产业的女性时听过类似的话。有位软件工程师没有抱怨男性化的物理空间，但抱怨了男性化的话语空间："我们办公室里的一切都与电子游戏和啤酒相关。我们是家会计软件公司，所以你可能会想我们的大部分谈话和会计或软件相关。但并非如此，大部分谈话与电子游戏和啤酒有关。"[62]

　　你能想象，这些工作环境为何会使一些女性感到不受欢迎。但现在，我们说到了这些空间内存在的一个新的问题：刺激男性去冒更多风险。初创公司很看重冒险，大部分创业公司试图做别的企业从未做过的事情，比如革新一种服务或者产品，希望能赚取大笔利润。敢于冒险的人被颂扬、被提拔，获得丰厚的奖金。[63]如果用电子游戏、桌上足球台和装啤酒的小木桶来提醒他们男性的特质，我们能够预料到，这些男性在冒险方面会更突出。这会形成一种相互作用力，许多女性整天被提醒自己是女人，这就意味着她们会不愿意表现自己或进行冒险，而且为了必须要冒的风险，她们不得不加倍努力。

一个更安全的世界和一款更安全的交友软件

还有一种询问风险的方式：谁感到安全，谁感到焦虑不安？如果一个人有安全感，并且受到了保护，不会被伤害，那么我们可以认为那个人更愿意冒险，因为损失的可能性对他而言并不真实。同样，我们可以认为那些感到焦虑不安的人会更少冒险。如果你和两个亲密伙伴在外面喝酒，你给他们讲了个你觉得很好笑的故事，但是他们不这样认为。这没什么大不了的，就算其中一位受到了冒犯，你们的友谊也不会就此终结，你们会重归于好。但如果你是见未来的公婆或岳父母，或者是在老板家的餐桌上，你就会只讲之前讲过的故事，那些你知道不会让在场的人沉默不语的故事。

我们先想一下哪些人一般会觉得安全无忧。研究者发现，具体而言，白人男性觉得这个世界很安全，因此他们的风险感知力最低。经济学家甚至为此想出了一个名称："白人男性效应"（the white-male effect）。和其他人群相比，白人男性觉得很多事情的风险都更小。他们觉得气候变化、拥有枪支、有毒废物场、自然灾害、机动车事故，甚至日光浴所造成的风险更小。[64] 一项由 1489 人参与的全国性调查发现，至少在美国，近三成的白人男性认为这个世界相对而言没有风险，他们的极端看法拉低了全部白人男性的平均值。[65]

遗憾的是，多数研究风险决策的科学家没有专门关注种族。但那些在分析时考虑了种族因素的科学家发现，一位男性是不是白种人对他们觉得这个世界是否安全有重大影响。一般而言，非裔、拉丁裔和亚裔美国男性对这个世界的危险程度的看法和白人女性以及其他种族女性一致。[66] 这些研究者得出的结论是，人们在将男性的风险决定和女性的相比时，没有抓住要点。他们其实应该将白人男性的风险决定和其他所有人相比。[67] 就像一个研究团队所说的，"也许白人男性在这个世界上看到的风险更少，因为这个世界的很大部分是由他们创造、管理、控制的，并使他们从中受益"。[68]

除了紧张的会议室和有毒废物场之外，苏西·李（Susie J. Lee）还看到另一个男性比女性觉得更安全的地方：交友网站。苏西是一位数字艺术家和 Siren 的 CEO，Siren 是一款由女性设计并心系女性的交友应用软件。我和苏西约在她最喜欢的咖啡馆会面，这个咖啡馆位于西雅图的一个时髦区域。我们找的一张桌子上有一块厚玻璃，上面嵌着几百个小型玩具罗盘。当我们坐下时，这些罗盘微微晃动。我不禁察觉出了其中的象征意义，我们准备谈论男女互相找寻的问题，而这里所有的小指针略微偏向了不同的方向。有些罗盘很明显坏掉了，但这给了我们一种感觉，即使我们说要前往同样的目的地，但还是会选择不同的路径。

我问苏西，一款"心系女性"的交友软件是什么意思。苏西把她的苹果手机递给了我，建议我试一试。Siren 的界面看起来像艺术展，全是黑白两色，字体简单而美观。用户如果要申请账户，需要输入自己的姓名、年龄，并上传一张照片用作头像。然后要回答 Siren 的"今日问题"（Question of the Day），比如，"你最喜欢的三明治是什么？"或"你儿时想让别人叫你什么绰号？"苏西解释，设置这些问题是为了给用户制造打趣的机会。（我使用这款软件时是 2014 年 9 月，那时所有的打趣都发生在男女之间，但在 2015 年末它向性少数群体开放了。）我在浏览男性对三明治问题给出的答案时，对这些答案暴露出的信息之多感到十分惊讶。有些女性可能会对一位热衷原始人饮食法（paleo）的家伙感兴趣，他说：**"我已经不吃面包了，但我深爱生菜包裹的熏肉火鸡汉堡。"**还有些女性可能会对哲思型的人感兴趣，他说，**约束、玩耍、约束**。对这两种回答都没兴趣的女性可能会被另一个家伙吸引，他写的答案是：**给我一个花生酱果酱三明治，我会十分开心。**

到目前为止，Siren 给出的问题比我在任何其他网站上看到的问题（"你的收入是多少？""你在处理事情的方面很无力吗？""让孩子挨饿和让动物挨饿，哪种情况更糟？"）要亲切温馨得多。[69] 但是还没有什么地方很明显地说明，**这款软件的设计心系女性**。女性可能会被三明治问题逗乐，但多数男性也会这样。（说到这里，我得去问问我丈夫，他儿时想被称作什么，我敢肯定是"超人"。）

我在浏览苏西手机上的个人信息时，发现许多男性名字旁有个明显的蓝色 V 字。"那说明我对他们设置了可见，"苏西倾身向前说，"每个我用蓝 V 标志过的男性都能看到我的头像。"这就是这款软件精心为女性设计的地方：由女性来走第一步。女性点击一位男性用户名字旁的 V，她的头像就会出现在他手机中的软件上。Siren 的女性用户能看到每一位男性用户的照片和他对"今日问题"的答案。但男性用户的体验大不相同，他们只能在女性用户情愿的状况下看到她的照片。一开始，男性用户只能看到女性用户对这些问题所给出的答案。男性用户还是可以决定自己是否有兴趣关注她，但是由她来决定是否有这种可能。

"尽管越来越多的人喜欢使用交友软件，但是他们却不喜欢真实的体验。"苏西解释道，"女性用户的体验最糟。你设置了自己的交友信息，花了大量时间描述自己的兴趣、喜欢做的事情、此刻想找什么样的人。你发了一张照片，如果照片中的你看起来很性感，就会有30个男性立即表达他们对你感兴趣。一开始你还挺开心的，但随后，你认真看了看留言，你不确定他们中的多数人是不是只注意到了那张照片。然后，你收到了一条很可怕的留言，那个男人总是缠着你，可能这样的男人只有一个，但你再也不想打开这个应用了。"

全国性的数据支持了苏西的分析。至少在美国，42% 尝试使用交友软件或网站的女性被某个人"以一种她们觉得受到了骚扰或不舒服的方式"联系过。[70] 这种情况也发生在男用户身上，但没这么频繁，只有17% 使用交友软件的美国男性遭遇过这种不受欢迎的追求（因为这些研究者没有询问性取向，所以很难知道对于同性恋和异性恋男性，这种骚扰率是不是有所不同）。所以女性在使用交友软件时比男性遇到骚扰的可能性更高，但正如苏西指出的，如果你是工作繁忙的职业人士，想认识办公室以外的人，你能有什么选择呢？

苏西的想法是，通过让女性来筛选男性，减少她们受到骚扰的可能性。如果一个男人真的让一位女性感到不舒服，她只需点击一个按钮，让他再也看不见自己的照片。到目前为止，这个模式的效果很好，Siren 拥有超过 5000 名用户，没有一例骚扰举报，许多用户评论说，他们在其他软件上遇到的可怕言行在 Siren 上没有遇到过。[71] 对于女性来说，当她们为了遇见某个人而注册成为用户时，要面对的风险就少了一项。

真正的考验是：是不是这 5000 名用户中的 4990 名都是女性？我不禁会想，男性会使用一个看不到女性照片的交友软件吗？苏西也曾想过这种情况，但 Siren 发布一年后，45% 的用户是男性。女用户还是比男用户多，但这种差异没有我想象的那么大，而且比一些全国性约会网站更小，这些网站上 68% ～ 72% 的约会资料是女性的。[72] "有不少男性对常规约会网站感到厌倦，"苏西解释说，"我今天早上刚读了一封电子邮件，一位男性说他以前用过 CkCupid（在线约会、社交网络平台），虽然他对十几位女性表示过好感，但他还是连一位女性的回复都没收到，一个都没有，手机安静得能听到周围蟋蟀的叫声。但他在使用 Siren 后才两周，就有两位女性表达过想和他见一面的想法。"男性可能也觉得自己以一种很有吸引力的方式被选中了。

　　我们从白人男性效应和像 Siren 这样的交友软件的吸引力中可以学到什么？首先，我们学到，并不是所有人感受到的安全程度都相同。女性比男性更有理由对交友网站心存疑虑，非裔美国男性比白人美国男性更有理由对枪支暴力感到忧心忡忡。安全感会不会让我们不敢冒险？肯定会。在你感到身下有张安全网时，冒险变得容易得多。其次，我们从 Siren 做所的实验中学到，如果在通常对女性来说有风险的地方，给她们更多的控制权，如果我们真正降低女性遇到风险的水平，她们就会更喜欢这种体验。然而，Siren 降低风险的方法不是让男性和女性在各个方面都等同。他们使用的方法是让男性和女性遵从不同的规则，给女性更多的控制权。对于任意一家正绞尽脑汁试图聘用并留住更多女性的公司，这会是生动而有益的一课。

可是，开口发言会让我付出多少代价？

　　哪些人会感到焦虑？苏珊·菲斯克（Susan Fisk）是美国肯特州立大学的一名社会学教授，她一直以来都在研究男性和女性在面对工作中的风险情境时的焦虑程度。[73] 何为风险情境？风险情境是一种工作中的社会情境。在这种情境中，你身边至少还有一个人，而你正面对着一个安全路径和一个风险路径，你无法预先判断这个风险路径会让你损失还是受益。如果你正在和苛刻的同事们一起开会，而你脑中有一个新想法，你可以选择安全路径，丝毫不提及风险路径。这样不会有收获，但也不会招致刻薄的评判。另一个方法是，在午餐时将你的风险想法告诉团队中支持你的一位成员。虽然用这种方法试水很安全，但如果这个点子得到团队的注意，大家可能不会认为是你想出来的。或者，你可以选择风险路径，在会议中提出这个想法，也许你会受到奚落（或者遭受你所在团队对提出坏点子的人的惩罚），但你也有可能会因为好点子而被人记住，提高你在团队中的地位，并且能因此推进一些创新。当你的老板把你叫到他的办公室，让你对他刚刚的报告进行反馈。你可以选择安全路径，只指出优点，或者你可以选择风险路径，指出其中的问题。如果你选择了风险路径，他可能会对你的坦言相告感激不尽，这样他就有机会在下次发表之前改善这个报告，或者他可能会对你的诚实怀有戒心、感到恼怒，觉得你不懂得团队合作。

　　菲斯克让参与实验的成年人想象自己正处于几个类似的场景中，让他们评价这些情境的风险系数如何，写下他们的选择以及自己会出现的感受。当处于低风险场景时，比如向乐于支持的同事表达看法，男性和女性的焦虑情绪都比较低。但在高风险场景中，比如，会议室中有一个人会毙掉每一个想法，而且会说"谁真的有好的建议"这样的话，女性的焦虑情绪和负面情感陡升。虽然男性完全赞同在后一种场景中发言会有风险，但他们不像女性那样受到这么大的影响。尽管有少数几位男性会感到焦虑感陡升，但多数男性感受到的焦虑情绪都保持在中等水平，不论工作环境是否有风险。菲斯科发现，正是这种不同程度的焦虑感改变了一切。对所处情境焦虑较重的女性和男性更不愿意冒险。然而，焦虑感容易加重的大多是女性，这就意味着，女性冒的风险更少。

这些女性为何如此焦虑？她们的焦虑感是源于对可能产生的最坏后果（被降职或解雇）的恐惧吗？她们觉得自己更有可能说出很蠢的话吗？

菲斯克在仔细审视这些数据时，发现其实这些女性并不是害怕失败，她们的焦虑感源于担心自己可能不会取得令人瞩目的成功。只要达不到百分之百的成功，就不值得去冒风险。为什么会这样？菲斯科认为，因为人们对女性的标准要比对同职位的男性更高，所以她们要取得同样的认可，必须在工作中表现优异，事实上要比男性更好。为了让冒险"有所值"，女性必须感觉她们有极大的可能会得到最佳结果。[74]

我对这些发现有什么看法？研究者已经知道，女性在会议中更不愿发言，更不愿意应聘具有挑战性的新岗位。但他们不知道或至少尚未充分认识到，女性通常会觉得她们必须取得最佳成果，这样这些风险才值得冒。为一个小成功而将自己置于危险情境？对于那些认为这个世界很安全的白人男性来说，这是可以的。但对于很多女性，并非如此。

衡量风险决策的两个方法

有没有什么方法能够帮助人们知道什么时候应该冒险？对于是否要将这则建议包括在内，我个人十分纠结，因为我不想发出类似于女性在骨子里就害怕冒险的信息，而且数据也不支持这一点。但是，不论你是男是女，冒的风险多还是少，你都需要评估新机遇的办法。你可能在考虑各种类型的风险决策：也许你在考虑，接受一份新的工作或者辞掉目前这份；也许你在考虑，要不要将时间花在一个你的朋友认为是条死胡同，而你却相信只是开始时很困难的项目上。我会提供两个可以用来衡量风险决策以及它是否朝着正确方向发展的方法。

第一个方法是记者兼作家苏西·威尔许（Suzy Welch）开创的10-10-10 法则。这个策略的目的在于帮助你从三个角度看待一个决定，以期其中一个角度会让你恍然大悟。威尔许在她的《10-10-10》一书中提出了三个很好记的问题："10分钟后这个决定会产生什么后果？10个月之后呢？10年之后呢？"[75]是的，这看上去很简单，但可能产生相当强的效果。这么做的目的不是限制你必须使用这些数字，而是让你想一想直接后果，你的决定在可预见的未来以及人生中遥远的时刻会产生的影响，你可以想2天以后、6个月以后和7年以后。这个时间可能远到你无法预测具体的细节或时间，但你对自己却有清晰的期望。然而想象40年后，也许太遥远了。这个想法的大意是，我们在做决定时，总是专注这些时间框架中的一个或两个，但也许把三个都考虑进去，我们才会做出英明的决定。

衡量风险的第二个办法是"事前预测法"（premortem）。这是丹尼尔·卡尼曼（Daniel Kahneman）在他的畅销书《思考，快与慢》（*Thinking, Fast and Slow*）中讨论的策略。卡尼曼是普林斯顿大学的一位教授，而且是一位获得诺贝尔奖的经济学家，他研究推理和决策超过 45 年。你也许熟悉"事后分析法"（postmortem），它是在项目或事件结束后所做的事情，而事前预测法，顾名思义，是指你在项目启动**前**采取的措施，在你投入一套行动计划并承担随之而来的风险之前。这个概念很简单。一旦具体计划被正式提出，你可以立即召集了解这个决定的关键人士，对他们说："想象现在是一年后，我们已经执行了目前的计划，结果是场灾难。那么花 5～10 分钟，写下对那场灾难的简短报道。"[76]

你当时可能会认为这个策略并不怎么样。你在想：**可是我已经问了十多遍"什么会出错"**。但这个问题是向前看，看到未来可能会发生的事情，而事前分析法是想象事情发生后回头看。（事前分析法和我们第一章讨论过的回头看相似。）尽管回头看似乎没有大的变化，这都是我们的想象，但实际上这个视角的小变动可能会产生深远的影响。

想想这两个问题："亚裔美国人在 2024 年被选为美国总统的概率有多大？为什么这会发生？列出你所能想到的一切原因。"在继续往下读之前，花点时间想想这种未来的可能性，形成一些想法。

然后再想想这两个问题："现在已经是 2024 年，一位亚裔美国人刚刚当选美国总统。这件事为什么会在这个时间发生？在此之前可能发生了什么？列出你所能想到的所有方面。"

如果你像被问及这些问题的大多数人一样，就会对第二种想象的后见之明的场景想出更丰富的清晰细节。不仅是因为这是你第二次思考这件事，就算人们从未听过前面的问题，也会对后面的问题想出更好的答案。宾夕法尼亚大学的黛博拉·米切尔（Deborah

Mitchell）、康奈尔大学的 J. 爱德华·拉索（J. Edward Russo）和科罗拉多大学的南希·彭宁顿（Nancy Pennington）合作完成了一个项目，他们发现拿到第二种后见之明场景的人写下的原因比拿到第一种先见之明场景的人多出了 25%。[77] 也许更为重要的是，拿到后见之明场景的人想出的原因更加细致具体。我们在思考发生在未来的事件时满足于宽泛的概括，但当我们思考的是已经发生过的事件时，我们感到有必要提供更有说服力的解释。这就是事前预测法如此有效的原因，事前预测法是回头看一个虚构事件，就像它已经发生过。人们大多听说过，后见之明比先见之明更有效，出人意料的是，这也包括想象中的后见之明。

了解你的焦虑

有时我们不愿冒险，是因为我们感到焦虑不安。试想一下，你正坐在那里开早会，大家正在讨论购买一些极其昂贵的软件，多数人跟着点头。你在想：**以今年的预算，我们还会考虑这个问题，真是难以置信。难道就没人打算指出其中的不可行之处吗？我该说点什么吗？** 你在权衡要不要开口发言时，注意到自己心中七上八下，你的手心都出汗了。正如我们在苏珊·菲斯克的研究中所见，女性在工作中的风险情境下会常常比男性更加感到焦虑。这种忐忑不安似乎在发出强烈的暗示：现在开口发言风险太大，你不该冒这个险。一旦你发觉自己很紧张，你的脑海中会浮现许许多多原因，告诉你为什么应该保持沉默——**"我资历太浅了，这样做是会让自己难堪的。"** 或者，**"我太老了，根本不懂这些技术"**。又或者，**"如果在场**

的其他人都觉得可行，我肯定忽略了什么"。

下次遇到类似情况，你可以试试这个办法：问问自己，是不是有其他与此刻无关的事情让你感到紧张。今天或本周是不是有什么事，甚至是毫不相关的事，让你现在心里七上八下？你感到焦虑，可能是因为那天晚上你要和前男友共进晚餐，或者因为你当天晚上要在会议上发言。当你坐下开会时，你旁边的那个人可能凑过来对你小声说："你收到办公室搬迁的邮件了吗？"焦虑情绪一旦引发，就会渗入心底，难以排解，而且焦虑本身不会告诉你：**顺便说一下，我是因为你要和前男友见面而出现的**。不论起因是什么，你心底那种糟糕的感觉是相同的。

研究者已发现，人们在对即将到来的事情感到焦虑时，会变得极其谨慎。在一项实验中，受试者在对即将要做的演讲感到焦虑时，冒险的概率下降了85%。即便是毫不相关的风险，比如打流感疫苗这种人们平常满不在乎的风险，也会显得危险重重。然而，研究者发现，只要对受试者说，"你可能会紧张，因为人们在准备发表演讲时经常会感到紧张"，就能纠正这种心态。那样的一句话让受试者注意到了非常重要的方面，一旦被提醒焦虑的真正原因，他们对风险的认知就又回到了正常水平。[78]

感到焦虑时，你容易认为，这种不舒服的情绪一定是由那一刻正在发生的事情引起的，自己感觉到了危险，已经蹚入了危险的水域。尽管这种焦虑情绪真的可能和你当下面对的风险有关，但在你做此假设之前，试着提醒自己，可能是生活中的其他压力或未知力量引发了你的焦虑。虽然你可能还是会选择不去冒险，但是你会看得更清楚。

设置绊线

出色的决策者和拙劣的决策者的一个区别是，出色的决策者会重新考虑。不管你做的选择是偏向冒险还是偏向稳妥，明智的做法是在后来重新考虑，坦诚审视自己过去所做的选择，用你现在的知识判断你是否还会做这样的选择。

设置绊线（tripwire）能够确保在必要时刻你会重新考虑自己做过的选择。绊线是一个军事术语，可以追溯到 20 世纪初。在战争中，绊线是装在地面上方的绳索，当侵入者被它绊倒时，会有警报发出，提醒其他人有敌人或入侵者进入了某一区域。但是，在决策过程中，绊线可以防止你沿着某一愈加明显的错误路线走得太远。[79] 股票投资者普遍会使用数字绊线。假设你是股票投资的新手，你想买美国西南航空公司的股票。你注意到股票价格在每股 33～34 美元间浮动，于是决定投资 5000 美元购入，这是有风险的，但你想着股票价格会上升。为了以防亏损，你告诉自己，如果股票价格跌到 30 美元以下，你就开始抛售。事实上，你可以设置一个类似绊线的机制，如果跌到那个价格之下，自动抛售你所持的股票。虽然你有可能会赔一些钱，但通过确保自己能在赔太多前及时调整，你会更勇于冒险。

绊线不仅可以用在投资中，在其他风险中也能得到很好的运用。我和丈夫最初从匹兹堡搬到西雅图时，设置了一个绊线。我在前言部分描述过，他收到自己一直向往的工作的录用函，我们必须决定，是否要在我还没有参加一场面试的情况下，搬到 4828 千米外的地方。我们之所以会去冒这个重大风险，是因为我们同意设置一个为期一年的绊线。我们会搬到西雅图，但如果我在一年内没找到满意的工作，我们就一起寻找新的雇主，再次搬家。知道有那个绊线，不会永远让我处于没工作的状态，我们才可能会去冒那个风险。然而，幸运的是，在他工作三个月后，我找到了一份工作，那时距离我们设定绊线不到一年。

绊线的妙处是，如果你预先设置了绊线，坚持一个日益明显的错误决定的压力会相对更小。正如卡罗尔·塔维斯（Carol Tavris）和艾略特·阿伦森（Elliot Aronson）在他们极具启发性的《错不在我》[*Mistakes Were Made (but Not by Me)*]一书中所说，人们时常对自己做过的一个决定苦苦坚持，仅仅因为他们已经做过这个决定。因为承认自己选错了会很痛苦，所以我们不肯承认错误，反而寻找理由证明自己的选择是对的。我们感受到证明自己正朝着正确方向行进的压力，就算只对自己证明。没人愿意走回头路，让自己显得很愚蠢。所以，我们试图坚持那个决定，直到情况发生变化，直到股市反弹，直到老板再次招人，直到我们找到那些大规模杀伤性武器。总的来说，直到我们重新显得聪明。但如果你设置了绊线，你已经为这种意外状况做出了计划。你很聪明，知道有失败的可能，所以在事态恶化之前，就已经开始重新考虑。

回想本章开篇提出的问题，我们在想到男性、女性和风险时，脑海中浮现的是什么？一位男性在冒险失败后，社会会再给他一次机会。人们鼓励冒着风险玩耍的小男孩重新爬回消防滑杆的顶端，再试一次，甚至会指导他，这样他就不会再犯同样的错误。

但如果一位女性冒险失败了，特别是当她从事传统的男性职业时，人们会怀疑她是不是真的适合这个职业。所以，冒着风险玩耍的小女孩收到的信息是，她真的应该换个地方玩耍。

我们必须想一想，这种潜意识中有关风险的偏见对我们选择和拥护的领导者意味着什么。当一位所处职位似乎更适合异性的领导人犯错时，我们急于评判和审视。还记得那个女警察局长和那个女子学校的男校长吗？这些领导人畏缩了一次，人们很快就会认为他们缺乏能力，并且将那些重要决策交给其他人。如果美国半数有权势的职位都能和女性联系起来，那么居于领导职位的男性会面临巨大的挑战。但在现实中，很少有男性知道女性所面临的这种挑战。在美国，几乎每个有权势的职位都会让人联想到男性的形象。对于男性的糟糕判断，我们满不在乎。但是女性呢？我们会给她减去双倍的分数。

如果我们停留在这个看法上，不免会感到沮丧。所以，让我们再往前想一点。社会将男性看作真正的冒险家，看作愿意尝试新角色的大胆演员，并且强调冒险是男性理应做的事情。然而直到现在，男性一直不愿聘用女性为领导者，或者提拔女性。让人感到讽刺的是，许多男性宁愿选择安全路径，提拔一位男性。

如果我们停留在这个讽刺的地方，不免会感到受挫。不过，我们可以利用这种男性惯于冒险的信念，如果我们借助这种冒险精神，让男性在提拔女性上冒险，我们可能会看到更多女性当权。我并不是说这很简单，要摒弃我们每个人儿时在游乐场上学到的东西很难。我也不是在说，我们应该继续将男性看作有远见的人，而将女性看作胆小谨慎的人。如果想一想我们所处环境的现实、社会发出的信号，以及世界上的女性实际上在做什么，我们也许能够改变我们对女性作为冒险者的看法，也许会有更多人能够意识到并尊重女性所冒的风险。与此同时，如果利用男性对冒险的信念，鼓励他们寻求机会承认、提拔和支持更多的女性领导者，那么将会带来一些进步。对此，我会欣然接受。

小结：

要记住 ───────────────────────────────────

1. 比起女性，人们更放心在男性身上冒险。
– 当一份提案由一位男性陈述时，得到风险投资的可能性比由女性来陈述时更大。

2. 冒险不是一个性格特征，而是一种技能。

3. 别忘了我们从消防滑杆中学到的道理。在游乐场，父母鼓励他们的儿子练习冒险，但觉得很难让自己的女儿做任何不安全的事情。

4. 当一个风险决策失败时，如果决策者的性别符合人们对这个职位的预期，人们更容易接受此次失败。冒险后失败的女性，如果担当的是传统上的男性职位，就会比担当同样职位、做出相同糟糕判断的男性遭受更严重的惩罚。

5. 女性比男性冒更多的社会风险，有时是不得不这样。
– 例子：在全是男性的会议上开口发言；单亲妈妈。

6. 当人们在学习一种技能时，男性会比女性冒更多风险，但一旦他们成为专业人士，两种性别在风险方面的差异一般会消失不见。

7. 男子汉气概不稳定是影响男性冒险的因素之一，所处环境中对阳刚之气产生威胁的暗示会让男性比平常冒更多的风险。

8. 小心白人男性效应。比起其他人，白人男性觉得这个世界更安全。这意味着，在女性（或非裔男性、西班牙裔男性）眼中有风险的行为，在白人男性看来会更安全。

要去做 ───────────────────────────────────

1. 当谈及自己的成功经历时，也要让别人关注你所冒过并且成功的风险。

2. 借用 10-10-10 策略和事前预测法，帮助衡量你正在考虑的风险是否值得去冒。

3. 如果你对目前正在考虑的一个风险决策感到焦虑不安，问问自己，会不会是其他事情让你感到如此焦虑。虽然事情之间毫无关联，但是情绪可以传染。

4. 设置一个绊线。拥有可以重新考虑的具体计划会让冒险变得更容易。

第四章
女性的信心优势

Chapter Four

在哈佛商学院上课的第一天，坐在不同座位的学生具备同等的入学资格。不管是男是女，他们都是优等生，有着几近完美的考试成绩，简历内容多样、让人佩服。然而，随着课程开始，这种平等地位渐渐瓦解。男学生取得了更高的分数，主导课堂讨论。朱迪·坎特（Jodi Kantor）在《纽约时报》的一篇头版文章中特别指出，"呆坐在那里或者发言毫无底气"的女性人数非常多。[1] 每当临近毕业典礼和宣布贝克学者奖（Baker Scholar）得主时，哈佛大学的这种性别差异变得更为显著。如果你在哈佛商学院读书，你就会想成为一名贝克学者，能获得这一荣誉说明你属于毕业班中最优秀的 5%。就像被提名奥斯卡奖一样，它会为你的职业和个人发展带来机会，但是贝克学者奖一直更青睐男性。甚至是在 2010 年，虽然女性人数几乎占毕业班总人数的一半，却只有 1/5 的贝克学者是女性。[2] 如果这种不平衡只是偶然现象，哈佛或许能对之不屑一顾，也许会将其归咎于某一届学生存在性别歧视或者新的课程设置，但这种不平等已经持续了十多年。

哈佛认识到他们的体制出了问题，这个问题要么出在偏袒男性上，要么出在限制女性上。2010 年，哈佛聘任了该校的首位女校长德鲁·吉尔平·福斯特（Drew Gilpin Faust），她一上任立即开始做全面的调整。她任命了新的行政人员，在商学院聘用了更多女教师，让教授们重写经典案例研究，使更多女性成为案例的主人公。正如在哈佛商学院任职多年的副院长罗宾·伊莱（Robin Ely）所说："我们将性别差距看作'煤矿里的那只金丝雀'*，它警示我们，这个

---

* 译注：canary in a coal mine，指发出警示的东西。这个词源于旷工带金丝雀下井的习惯，因为金丝雀对瓦斯十分敏感，只要矿坑内稍有一丁点儿瓦斯，它便会焦躁不安，甚至啼叫，使得矿工们能及早撤出矿坑以保全性命。因此，以前的矿工们都会在矿坑里放金丝雀，当作早期示警的工具。

学校的文化也许一直都更支持一部分学生。"[3] 2014 年，哈佛商学院院长尼廷·诺利亚（Nitin Nohria）甚至公开代表哈佛对女性遭受的不公平待遇而向她们道歉。他在旧金山对哈佛的女性校友说："学院应该给你们一个更好的环境，我保证学院会改善这种情况。"[4] 女权主义者盛赞哈佛为构建对女性更有利的环境所做的努力。

可是，哈佛商学院还做了一件会让一些人感觉受到了侮辱的事情：开了举手课。

"坚定地举起手来！"实验班的指导员边说边将自己的手臂笔直地伸向头顶，比画着。[5] 她是一名二年级学生，正在辅导新入学的学生，这是他们参与的实验班的课程之一。"不要扭扭捏捏，像不好意思似的！"她提醒道。

这种辅导课只让女性来上吗？我采访了三位不同年份从哈佛商学院毕业的女性。"在我读书时，男女生都必须参加这种实验班"，米娅回忆道。她参与实验班的时间是 2011 年，但到了 2013 年，这些实验班变成选修性质的了，一旦可以不选，来的男生就很少。一位叫艾丽丝的学生回忆到，她在 2013 年秋天参加这种实验班时，看见班上只有女生。她说："男性肯定也被邀请了。2013 年初是女性协会在管理那个实验班，她们给每位学生都发了邀请函，任何人都能参加。但你得理解，可以选的活动太多了。"她这番话的意思是，女性自己选择了去上课，而男性没做这样的选择。一方面，由女性学生协会来办这件事，可以确保实验班的课程是根据女性 MBA 学员的需求而设定的。另一方面，如果是一个女性团体在负责这件事并且发出了邀请函，多数男性会觉得实验班不是面向他们的需求而开办的。

这些实验班的主题之一是展现自信心。当一位学生有某种看法或想要回答某个问题时，她应该摒除各种疑虑，大胆去做。当然，她们不是羞怯的 18 岁孩子，第一次在家庭餐桌以外的地方提出自己的意见。这些女性中有很多是顶尖院校的优秀毕业生，已经是成功的投资银行家、总裁顾问以及国际顾问。这些在董事会会议中毫不示弱的女性被要求在听到提示后举起手。

这些实验班有效吗？哈佛商学院在同一时间做了多项改变，所以没办法清楚了解这些举手课所产生的效果，但女性的课堂参与确实增加了。课堂参与在哈佛商学院的许多课程中所占的比例高达 50%，一旦男性和女性更加平等地参与课堂活动，他们在成绩上的差异就消失不见了。女性不仅在中等群体中表现出色，而且在尖子生中也十分突出。2013 年，尽管女性人数只占毕业班总人数的 35%，获得贝克学者奖的人数却占总人数的 38%，这是哈佛有史以来最高的比例。[6]

我们应从中学到什么？哈佛商学院的例子是在告诉我们，女性应该**始终**像男性一样自信吗？女性要想成功，应该建立并展现自信，在必要时还要假装自信吗？有些人听到哈佛的举手课程卓有成效后，可能会得出这样的结论。有几本畅销书和几篇杂志文章强化了这个信息，它们告诉女性，如果想取得和男性同等的成就，他们要提高自信，并将自信心保持在较高的水平。

我认为这个事例向我们传达了不同的信息。当然，在某些情况下，信心确实是关键因素。如果你想在 90 名学生的课堂上脱颖而出，那么高度自信会让老师和同学们注意到你。但是，如果女性想对所在机构产生有意义且长远的影响，她们还应该认识到，自信心何时能带来好处，何时会带来坏处。我们在本章将会看到，过度自信会造成决策缺乏远见。如果你想成为一名富有洞察力的决策者，你需要知道何时要提高自信，何时该放低自信。女性的自信水平低于男性吗？在某些情况中，确实如此。但我将会揭示，如果你是那种具有适度自信的女性，那你很可能在做重要决定时已经掌握了关键因素。

自我概念？恰当地评估自己的能力

　　心理学家经常讨论过度自信和自信的区别，如果你足够自信，那么你的真实技能和你对这些技能的感知应该是一致的。简单来说，自信是对自己的知识和能力的精确判断。[7]让我们举一个具体的例子。你已经决定和一位朋友一起报名参加5000米长跑，你的朋友经验丰富，而你是第一次跑。也许你认为自己10分钟能跑大约1600米，你希望能用半小时多一点跑完5000米。你和计划用半个多小时跑完的其他人站在一起，并向你的朋友招了招手，她正和跑得更快的人站在一起。果然你在第31分钟的时候开心地跨过了终点线。这就是适度的自信，一些科学家将其称作"校准的自信"（well-calibrated confidence），意思就是你的能力和你对自身能力的看法处于同一水平线上。

　　相较之下，过度自信是一种人性的特征，表现为过高估计自身的技能、素质以及知识。[8]如果你过度自信，对自身能力的看法就会超过你的真实能力。就算你大学毕业后没跑过步，你依然认为自己能在七八分钟内跑完1600多米。你为什么会认为自己能跑那么快呢？也许是因为你的朋友能，或者可能是因为你看到比你年纪更大或没你健壮的人站在了那个速度的队列，也可能只是因为你觉得8分钟挺长的。你加入了你的朋友和打算用不到半个小时跑完5000米的其他人所站的队列。当比赛开始时，你拼尽全力。但只跑了几分钟，你就必须停下来，因为你喘不上气。你岔气了，腹部疼得厉害，你的膝盖开始疼痛，你不得不停下来走3分钟，直到疼痛消失。

我不确定其他人在这方面有多强，但我不相信许多人都比我强，这就是过度自信。过度自信经常发生。

人们也可能信心不足，低估自己的真实能力。乍一听，自信不足的意思好像是，当你表现得比预期更好时，你又惊又喜。有时是这样的，人们会超出自己的能力。可是自信心不足往往会降低表现。当人们低估自己的能力，在遇到一个问题或挑战时，他们更容易放弃。他们像是在对自己说："**既然我办不到，那为什么还要苦苦挣扎呢？还是去做我能办到的事情吧**。"对于那些跑 5000 米的人会怎样呢？信心不足的人会和速度很慢的行走者一起落在队伍的后面，或者很多时候他们根本不来参加比赛。

如果你是在猜测，而且你知道这一点，请举手

我们大多数人在评价自己的能力时都极其精确吗？并非如此。男性和女性在两个方面倾向于过度自信。第一，大多数人都相信，相对而言我们善于做听起来简单、熟悉或无须动脑筋的事情。问某个人他系鞋带要花多长时间，他猜的时间很短，毕竟这是连小孩子都会做的事情。[9] 人们认为，画一辆自行车很简单（其实比想象的要难得多），或者在 1 分钟内吃 5 袋苏打饼干轻而易举（在不喝水的情况下，普通人很难做到）。[10]

第二，男性和女性都倾向于高估自己在社会所看重的品质上的天赋。研究者将这个模式称作"高于普通人效应"，更亲切的称法是"乌比冈湖效应"（Lake Wobegon effect），源于加里森·凯勒（Garrison Keillor）虚构的城镇。在该城镇中，"所有的女性都身强

力壮，所有的男性都仪表堂堂，所有的孩子都天赋异禀"[11]。我们大多数人会高估自己有多善于倾听，有多聪明，对陌生人有多友好。

所以，我们大多数人倾向于认为自己比我们的真实情况更好一点，更快一点，更引人注目一点。那么，一种性别对自我的认知会比另一种更准确吗？男性或女性在评估自己的能力时会比异性更准确吗？玛丽·伦德伯格（Mary Lundeberg）现在是密歇根州立大学的教育心理学家，她是提出该疑问的研究者之一。[12] 20 世纪 90 年代初，她和同事分析了本科生和研究生在几门心理学课程期末考试中的表现。这些考试中的每道题都包括两个部分：一部分是有关课程内容的常规问题，会计入学生的成绩；另一部分是让学生评价自己对所给出答案的自信程度。学生们可以对每一个答案给出从**十分确信**到**完全猜测**的评价。教师向学生们解释，这种信心评级对他们的成绩不会有任何影响，不论这些学生是确定还是不确定，都不会改变他们这次考试或这门课的成绩。

他们的发现发人深省。男生和女生在选择出准确答案时，表现出同样的适度自信。也就是说，当人们是正确的时候，他们是知道的，也会这样指出来。但当学生们犯错时，情况完全不同。女性倾向于在做错的题目上犹豫，她们知道自己是在猜这些题目的答案，而且愿意承认这一点。然而，男性在给出错误答案时，仍展现出高度的自信，他们在做错时比女性更常标注**十分确信**或**确信**。

为什么会这样？可能是男性无法区分他们什么时候在猜，也可能他们知道自己在猜，但还是很相信自己的猜测是准确的。这种差别也许只揭示出两种性别愿意承认的内容。女性更可能愿意承认自己的不确定，而男性可能担心不确信会对他们有所伤害，会影响他们的分数、他们在老师心目中的良好地位，或者他们的自我形象。

不论隐藏的动机是什么，女性表现出的自信有所起伏，并且和她们的真实知识密切相关。男性表现出的自信起伏不大，这说明他们对自己表现的评估没有反映出自己知识的局限。

自从伦德伯格和她的团队将他们的研究成果发表后，许多研究者也发现，男性在过度自信方面表现得比女性更突出。男性和女性都倾向于认为自己优于常人，但是认为自己比常人好出许多的却通常是男性。[13] 以智商为例。如果你在大街上随便找一群人，你预计这群人中大约有50%会是中等智商，大约25%的人智商会高于平均水平，大约25%的人会低于平均水平。[14] 但如果你做一个民意调查，很少人会环顾四周后，认为自己智力平庸。如果你在美国做这项调查，约71%的男性会说他们的智商高于平均水平，而57%的女性会做出同样的论断。[15] 这种智力方面的男性自大而女性谦卑的基本模式，在非洲、欧洲、中东地区以及东亚也是如此，所以这种情况并非局限于一种特定的语言、教育系统或者文化。[16]

我们能够预测出男性和女性在哪些方面的自信程度有所不同吗？几位研究者做出推断，女性倾向于在被认为"女性化"的活动上感到适度自信。例如，女性一般能准确预测她们的情商相对较高还是较低。按照惯例，情商被认为是女性的优势方面，女性善于预测自己的情商表现。高情商的女性知道自己情商高，低情商的女性意识到自己很难判断出别人的情感。[17] 同样，女性一般擅长猜测自己对女性电影和电视剧的了解程度。想一想《欲望都市》(Sex and the City) 或《唐顿庄园》(Downton Abbey) 这类电视剧，或者《相助》(The Help) 或《涉足荒野》(Wild) 这类电影。一位女性可能会耸耸肩，说她对这些东西不太了解，但这才是重点。这项研究预测，如果你是一位女性，你更善于估计自己对这部剧的了解程度，你对自己知识的看法和你的真实知识一致。

女性在被认为"男性化"的领域倾向于对自己的知识能力信心不足。多数女性预测自己的体育知识比她们实际知道的更少，而且认为要弄懂一台新电脑，她们要花比实际更多的时间，这两个都是社会告诉我们男性更擅长的方面。[18]甚至，在男性主导领域工作的女性专业人士也倾向于低估她们的知识。一项研究发现，金融领域（又一个传统的男性领域）那些知识极其丰富的女性对她们的能力信心不足，她们对金融了解程度的评估低于她们的实际水平。然而，知识极其丰富的男性知道这一点，并会这样指出。[19]

一个很有意思的矛盾之处是，男性在那些被认为很女性化的领域内并没有表现出同样的信心不足。如果说研究表明了什么的话，那就是男性的过度自信不会受女性化的知识或技能的妨碍。在一项研究中，男性预测他们在一项有关女性的电视剧和电影的测试中会得到的分数，结果显示他们认为自己知道的比他们真正知道的多得多。在另一项研究中，男性对自己的情商过于自信。在这项有趣的调查研究中，男性和女性先估计自己的情商，然后参加测试，以衡量他们在识别、理解和管理情绪方面的真实能力。虽然男性对自己情商值的估计要高于女性对自己的估计，但事实正好相反。[20]女性在解决情感问题方面要比男性擅长得多，比如理解一种情感如何逐渐变成另一种。这些男性在参加测试后会感到更加谦卑吗？他们会重新评估自己的能力，然后调低自己的自信吗？不会，他们给自己的分数依然比女性的自我评价高。

男性在传统的男性化的兴趣爱好方面评估更加准确吗？答案依然是否定的。研究显示，男性在这些领域要么表现出适度自信，要么表现出过度自信。虽然男性对自己知道多少体育知识的判断精确，但是对自己交易股票的能力和晚上安全驾驶的能力过度自信，而且尽管轮盘赌博是他们无法控制结果的概率性游戏，他们还是对自己能赢的局数过于自信。[21]

难道所有的研究都发现，男性比女性更易于过度自信吗？不是。当研究者运用了一种既不男性化又不女性化的任务进行研究时，他们发现男性和女性都过于自信。一个由心理学家组成的团队让匹兹堡市的居民估计，在随机挑选的几天里匹兹堡的最高气温会是多少。[22] 如前文所述，熟悉感会给我们带来一种虚假的专业感，匹兹堡市的男性和女性居民都认为他们比真实情况预测得更准，因为猜测气温这件事不会承载任何性别包袱或期待。

有什么大不了的呢？如果女性认为她们很难回答有关体育的问题，会怎样？如果男性对自己有多少肥皂剧的知识全然不知，那又怎样？令人担忧之处在于，大部分的美国文化被诠释为"更适合男性"。女性非常在意这种界限，在进入男性主导区域时，她们倾向于低估自己的能力。职场中，许多工作任务都被认为更偏向男性化。男性被认为更善于做管理决策、谈判、做财务预测，以及直接扼要地表达自己的观点。这就说明，专业职场中的高水平自信对于男性来说是常态，而对于女性来说却不是。[23] 工作在一位职业女性的生活中占了极大比重，她在工作时容易信心不足，因而她的成功受到削弱。

男性真的认为自己比起别人眼中的自己更善于领导吗？萨曼莎·帕乌斯蒂昂－昂德达尔（Samantha Paustian-Underdahl）是佛罗里达国际大学的一位管理学教授，她知道在领导力文献中存在着一个令人费解的矛盾之处：大约一半研究宣称男性更擅长领导，而另外一半说女性更擅长。怎么会两种结论都有可能呢？这会让怀疑主义者两手一摊，说有关性别和领导力的研究毫无意义。但帕乌斯蒂昂－昂德达尔教授想知道，这种区别是否可能在于做评估的人。她带领的团队仔细查看了 99 项有关男性和女性领导技能的调查研究。[24] 当雇员被要求对领导能力进行自我评估时，男性的评估更高，而女性的评估更低。对于这些研究，似乎男性更具备领导能力。然而，当研究者也将其他人的评论囊括在内时，这些数字会和自我评估有所出入。同事、下属和上司更常说女性更擅长领导。帕乌斯蒂昂－昂德达尔没有考察如果这些同事是男性或女性，结果是否会有区别，但是她的发现说明，如果你的单位做年度业绩考核，男性的自我评估会是一种情况，女性的自我评估会是另一种情况。

这些发现和我们看到的男性过度自信和女性信心不足的模式相符。数十年来，普遍的看法一直是，男性比女性更擅长领导。[25] 社会科学家甚至有一种说法：管理者 = 男性。尽管近些年来，这种男性更善于领导的看法已经开始转变，但帕乌斯蒂昂－昂德达尔的分析显示，男性仍认为他们的领导能力比他们实际的领导能力高出一点点，特别是在高级管理层，而女性会低估自己的能力和表现。

许多科学、政府和专业职位传统上与男性相关，我们能够想象男性因此而产生的高度自信给他们带来的诸多好处。如果一位男性想：**我比这里的 2/3 的人都更善于领导**，那么他很可能会要求加薪（而且会为加薪提供强有力的论据）。如果他相信自己的经历没有反映出自己即将爆发的潜力，他会寻找比现在更难的工作。我们并非仅仅在想象这些益处，男性确实会要求加薪，而且他们确实比女性更常寻找升职机会。琳达·巴布科克（Linda Babcock）是卡内基梅隆大学的一名组织心理学家，按照她的说法，如果一个机构有一位女性要求加薪，就会有四位男性提出同样的要求。[26] 此外，惠普公司 2008 年的一项报告发现，女性只有在她们认为自己 100% 符合公布的条件时，才会申请公司内的某一职位。相比之下，男性在自己只符合 60% 的职位要求时，就会申请该职位。[27]

如果讨论就此结束，如果这就是我们需要看的所有数据，那么结论一目了然，女性应该信心满满。女性要成功，合乎逻辑的目标是，和男性一样高度自信。这几乎是每一本论述领导力书籍的前提：如果你想成功，那就做最成功的人正在做的事情。但现在我们需要看一看决策。最成功的决策者在做什么？当面临对你将来成功与否起决定作用的重大决策时，自信和过度自信会产生什么作用？

无视两点钟规则

1996 年 5 月 10 日，星期五，珠穆朗玛峰。对于这座世界最高的山峰来说，那一天很热闹，有 23 位攀登者在当天下午到达了山顶。这些登山者经过了数月，甚至是数年的训练。尽管做了很多准备，5 月 10 日仍旧是这座山峰历史上最"死"气沉沉的一天。这些攀登者中有 5 人没能活着下山，包括两位男性领队。团队中 22% 的人在途中丧生，这对任何探险来说都是十分糟糕的记录，而且剩余的成员中有几个也是死里逃生。他们迷路了，不得不在一片漆黑中蹒跚前行，冻得皮肤发青，精神脆弱。

你可能对乔恩·科莱考尔（Jon Krakauer）在他广受欢迎的畅销书《进入空气稀薄地带》（*Into Thin Air*）中所记录的这个扣人心弦的故事很熟悉。这个故事十分悲惨，但这不是捕获我们注意力的唯一原因。因为这个故事还很蹊跷。这些登山者已经登顶珠峰，他们的身体已经对极端的海拔和低氧水平做出了艰难的调整，所以他们似乎已经度过了最难的那段旅程。仿佛是一群正在漂流的人，已经安全度过了最具技术挑战性的急流区，但在最后15分钟却有1/5的人溺水而亡。许多人试图理解，在该团队取得巨大成就后，为何出现了如此严重的错误。部分原因显而易见，突然袭来的暴风雪让气温骤降至零下40摄氏度。但是珠穆朗玛峰出现暴风雪是预料之中的事情，登山经验极其丰富的领队遭遇过很多次暴风雪。一项较新的克莱考尔之后的分析显示，当时存在严重的过度自信的问题。在登山前，最有经验的两位领队之一史考特·费舍尔（Scott Fischer）告诉他的队伍："我们已经知道怎么对付'大珠'了……我告诉你，如今我们已经铺了一条通达之路。"他甚至告诉记者："我将会做出全部的正确决定。"另一位领队罗伯·霍尔（Rob Hall）也表现出过度自信，他吹嘘说"自己能将几乎任意一个体质良好的人带到顶峰"。当作为记者参与这次探险的克莱考尔表达出对登上顶峰的怀疑时，霍尔说："到目前为止，我们已经成功了39次，朋友。"[28]

领队们坚信他们已经知道如何对付珠峰，他们对自身能力的高度自信似乎是导致他们在最后一天艰苦跋涉时判断失误的关键因素。两点钟规则是一个很能说明问题的例子。费舍尔和霍尔都提到过一个严格的到达山顶的截止时间。费舍尔经常告诫他的队伍："黑暗不是你的朋友，所以，任何在下午一两点前没有到达顶峰的队员都理应折返，不管你多么接近目标。"然而，当两点钟到来，领队却没有执行这个法则，其中一名登山者在4点钟才到达顶峰，霍尔却等了他。最终，那位登山者和霍尔都没能下山。

过度自信不是那天的唯一障碍物。当天氧气水平特别低，因而减缓了人们上下山的速度。[29] 但仔细研究过相关叙述的研究者知道，过高的信心让领队对自己过于自信，甘愿冒他们总是告诫其他人不要冒的风险。

　　有关灾难性领导决策（没人愿意再犯的错误）的研究发现，做出糟糕决策的情境中一般都有过于自信的领导者，因为他们认为自己的判断更准确而忽略相关数据。决策过程中的过于自信被认为是2009年的全球金融危机、2010年墨西哥湾英国石油公司漏油事件以及2011年日本核电站危机的促成因素。[30] 接连3年，每年都有一场灾难。如果上层决策者经过更细致的辩论，这些灾难都有可能得以避免或减轻。但过度自信遏制了辩论，将潜在的争论者遣送至大楼的另一侧。就那场全球经济危机而言，几个计算出不祥数字的人大声疾呼：支持次级抵押贷款实在过于冒险。早在2006年，股市暴跌的前两年，花旗银行的资深副总裁理查德·鲍恩（Richard Bowen）开始警告公司董事会，他们六成的抵押贷款存在问题。[31] 他每周都呈送报告。最终，其他管理人员和顾问团成员开始对鲍恩感到不耐烦，他们免除了他的多数职务，而且通知他不需要再去参加董事会议了。[32] 当你像花旗银行老总那样过度自信时，惊人的信息不会警示到你，这些数据（和提供这些数据的人）肯定是错的。

　　过度自信不是造成这些灾难的唯一原因。贪婪、不愿执行标准、将私人利益相关者置于公众利益之上等，都是其中的原因。就日本的核电站而言，海啸过后发生了一场地震，因此人为失误只是部分原因。然而，过度自信加剧了问题的严重程度。过度自信增加了每种假设问题成为真正问题的概率，因为过度自信让领导者有理由不去寻找更多数据，或者不去充分审视摆在他们面前的数据。当你深信自己比多数人懂得更多时，你甚至连自己制订的规则都不去执行，就像无视两点钟规则一样。

　　你可能在想：我既不是在带领登山探险队，也不是在监管一家

核电站，所以如果我在决策时过度自信，不会让他人受到伤害。但过度自信促成的决定会造成沉重的代价，即使这些代价不能算作灾难。哥伦比亚大学的两位研究员马修·海沃德（Mathew Hayward）和唐纳德·汉布里克（Donald Hambrick）跟踪调查了 53 家涉及与另一家公司进行大型合并或兼并的公司。海沃德和汉布里克想知道，一位 CEO 的自大是否会在他购买另一家公司时影响他的判断。这两位男研究员没有通过让 CEO 参加测试来测量他们的过度自信程度，而是使用了报纸。海沃德和汉布里克搜索每笔兼并开始前 3 年的重要报纸和商业杂志，找到被吹捧为公司成功关键的 CEO 们。与没有被公开吹捧的 CEO 相比，每有一篇赞誉一位 CEO 的文章，他在兼并一家公司时就平均多付 4.8% 的钱。如果有两篇赞誉的文章，一位 CEO 就会平均多付 9.6%。9.6% 的额外费用可能看起来似乎不多，但如果一次兼并要花 1 亿美元，单笔交易就多花掉了 960 万美元。[33]

为什么出现在《彭博商业周刊》（*Bloomberg Businessweek*）的封面上会对生意不利？海沃德和汉布里克做出推论，问题出在狂妄自大上，过度自信会妨碍管理者的判断力。因此，工作受到赞誉的 CEO 事实上让他们的公司损失更多，在工作中的关键决策方面表现得更不好，而没有那么受人瞩目、广受赞誉的 CEO 可能更善于评估市场价值。在一切进展顺利的时候——也许特别是在一切进展顺利的时候，过度自信会妨碍良好的判断力。

自信究竟意味着什么？

这些有关过度自信的故事说明了什么？那些不确定自己拥有所

有答案、对自身的评估比其他过于自信的领导者更准确的人，在考量自己的选择时，会不断审视自己所处的环境，不断收集数据，而女性更可能符合这种描述。因为女性的自信心更贴近现实，她们倾向于在决策时睁大眼睛。这是女性作为领导者在信心方面的优势。如果一位女性在做一项决策时，和身边的男性相比感到谦卑，那么她很可能是那个会议室中最宝贵的财富之一。

你可能会想：**但男性也能控制他们的自信水平**。这当然是真的，当男性觉得有必要这样做时。与此同时，如果女性想要发挥出在自信方面的优势，她们必须将自信心看作一种正确的工具。太多数人认为，自信心是一把锤子，而问题是一个钉子，两种角色都是固定的。至此，你已看出对决策来说绝非如此。自信心更像是一个音量旋钮，在你需要别人听到你的想法时，你可以将自己的自信调高，在你需要去倾听，然后做出困难决定时，再将其调低。

为什么人们将高度自信看作适用于各种情境的工具，而不是一个能够且应该被调节的刻度盘？我们中的大多数人误解了自信心的含义。我们情愿认为，高度自信说明一个人是正确的。如果某个人表现出自信，这就意味着那个人知道自己在说什么，如果你感到自信，那就说明你知道将会发生什么。当你感到信心大增时，你感觉像是预见了未来，看上去很美好的未来（虽然我们中的大多数人不会说，或者甚至不会有意识地去想，"我见过未来"，因为这听起来很疯狂，但这确实是自己许下的心照不宣的诺言）。

然而，自信并不等同于正确。直白地说出这个道理时，似乎显而易见，不过研究也确实证实了这一点。我们可以从刑事司法系统中看出，自信完全不能代表准确。研究显示，确信自己总能看出某个人在说谎的探员和警员，事实上并不比普通人更善于区分出坐在桌子对面的人是否在讲真话。[34] 发誓自己肯定能认出罪犯的案件目击证人，从一组人中挑出错误的人的频率，和那些耸耸肩说他们会尽力的旁观者几乎一样。[35] 丹尼尔·西蒙斯（Daniel Simons）和克里斯托弗·查布利斯（Christopher Chabris）在他们颇具启发性的《看不见的大猩猩》（*The Invisible Gorilla*）一书中，将这种对自信和准确的混淆倾向称作"自信心的错觉"（illusion of confidence）。你可能对自己的判断极其自信，但结果仍然是错误的。

你可能会认为，**碰巧看见犯罪现场的人和训练有素的专家大不相同，专业人士知道什么时候该调低他们的自信**。这种推理似乎合情合理，不过让我们再仔细看看。想一想电视评论员，他们的工作是"对政治或经济趋势进行评论或者给出建议"。宾夕法尼亚大学的政治学家菲利普·泰特劳克（Philip Tetlock）发现，那些对自己的预测表现得最自信的电视评论员也是最不准确的。[36] 如果一位评论员预测某个特定候选人将会获胜，结果那位候选人真的获胜了，他会认为这说明了他的政治预测技能很强，他的自信就会上升一个水平。但是，如果另一位候选人赢得了选举，会怎样？这个专家也许不会认为这反映了他的预测能力。毕竟，选举出现这种结果，可以用各类额外因素来解释，比如，投票率低，或者一位从政者状态不对，所发表的言论深深冒犯了立场未定的选民。谁能预见这些事情呢？所以，当另一位候选人赢得选举时，这位评论员不一定会调低自己的自信，他的自信心可以保持在原来的水平，丝毫不动。可以说，他们的自信程度总是上升，却很少下降。

如果自信并不意味着你是对的，那么自信意味着什么？自信并不表明你知道什么，它只表明你能给自己讲一个好故事。丹尼尔·卡尼曼在他的《思考，快与慢》一书中解释了自信的真正含义："人们所体验的自信取决于他们从可获得的信息中构建出的故事是否连贯。一个好故事的关键在于信息的连贯性，而不在于它的完整性。确实如此，你会常常发现，知道的信息不多会让你所知道的更容易契合一个合乎逻辑的模式。"[37]

最自信的电视评论员也是最不准确的，原因在于他们考察的数据比较少。他们确信某某某会赢得选举，因为他们专注于 A、B、C 的表现，而忽略了 Y 和 Z。只要你能给自己讲一个逻辑连贯的好故事，你不需要再深入考察，一切都变得明朗起来。

知道何时该调自信的刻度盘

即使你拥有一项任务所需的全部工具和技能，那么你还面临着在什么时候使用哪个的问题。我们怎样才能辨别自信会对我们有益，还是会妨碍我们呢？我们怎样才能知道**何时**该调高或调低自信呢？正如我们所见，高水平的自信虽然会阻碍优秀决策的产生，却有助于说服其他人你是正确的，比如，你正在工作中做一个展示，或者你在设法让一位教授在课堂上叫你的名字。但如果你太早对自己过于确信，你的判断力就会出现偏差。

那么，你该如何巧妙使用自信呢？成功的领导者在决策过程中会放低自己的自信。放低自信后，你会认真倾听，善于接受，吸收所有必要的信息。"保持好奇心"成为你的箴言。然而，一旦你已经做出决定，正在将议程向前推进时，使用策略将你的自信再调回原来的水平。

这在实践中如何具体表现呢？以莱拉为例。莱拉是美国一家一流医院的肺部专家，在重症监护室工作，但她给我讲述了一个有关这所医院其他科室的一位患者的故事。这位病人接受了心脏手术，尽管他的心脏正在按计划恢复，他的肺却没有。手术后的几天里，他呼吸困难，说明他必须借助呼吸机来进行呼吸。当这位患者依旧难以呼吸时，他的医生在这位患者的脖子上开了一个口，将一只管子插入了他的气管。这是永久性的解决方案吗？这位心脏外科医生想请求肺科的某位医生过去一趟，提供意见，所以莱拉接到了电话。

她走进患者的病房，先查看他的病历，但是作为一位称职的医生，她不能仅凭病例就对病情做出判断。通常她会和病人交谈，但这位病人没办法说话，因为他在用呼吸机。根据口型，莱拉能判断出他说的话，但是她需要更加详细的信息。幸运的是，患者的妻子就在他的床边。莱拉了解到，这位男性在此次手术前，从未被正式诊断出气喘或支气管方面的问题，但是他的妻子告诉莱拉，如果他运动强度太大，就会偶尔会喘不上气。莱拉在倾听时，握起患者的手，让他知道，她也在注意他。这个患者的病情很清晰，但莱拉还是不确定，所以她不断提出问题。她仔细检查了呼吸器，要求和患者的护士谈一谈，这位护士正在隔壁床。"没人喜欢其他科室的人进来看他们的病人，即使我穿着正确的外套，戴着正确的徽章，但在医院的这个科室，人们还是不那么了解我。"莱拉这样告诉我，"所以当这位护士过来，我问她这位患者情况如何，这位护士说：'这个嘛，你可以从病人身上直接看到的。'我说：'谢谢你提醒我，但在我工作的科室，护士和医生紧密合作，我希望你能给我更多信息。'"接着，这位护士先向莱拉手中的病历点了点头，然后向患者躺着的病床点了点头，又说了一遍："你想知道的都在那里。"莱拉明白自己面临着两个问题：首先，她需要更多的信息来判断最佳治疗方法；其次，她需要这个不愿帮助的人能够提供这些信息。她将自己的自信水平由内至外全部调低，并保持在那个水平（我不禁意识到她也在控制着自己的怒气）。她本可以亮出自己的证件，但她知道，这位已经照料患者一个多星期的护士很可能做了更具体的观察，她需要听到这些观察。

慢慢地，在莱拉温和的鼓励和坚持下，这位护士提供了有关患者日常症状的更加详细的信息，比如他对不同药品产生的反应等细微差别。一切开始变得明朗起来。患者接受的心脏疗法是恰当的，但他的呼吸问题有一种更好的疗法。莱拉做出了决定，患者需要被转入另一个科室，在那里可以对他的呼吸疗法进行调整。如果继续这种治疗方法，他或许会无限期地借助呼吸机呼吸。这时莱拉调高了她的自信水平，她打电话给叫她来的那位医生，告诉他："我想将患者带到我们的科室，我们能让他脱离呼吸机正常呼吸，放心交给我们处理吧。"第二天，患者被转到了另一个科室。

几个月后，莱拉收到那位患者的妻子写的一封信。在她写这封信时，她的丈夫在住院 66 天后终于回到了家里，他气管上插的管子被摘掉了，也不需要使用氧气罐了，他能完全独立地呼吸。**我们庆幸你在那里，**"她写道，**"让他从医院的一个科室转到了另一个科室。你救了我们。"**

莱拉在做这个判断——将这位患者转移到另一个科室的过程中，使用了多种办法，包括她对不同呼吸机的了解和她的人际敏感度。然而，让我们来看看，她将自己的自信水平在适当时刻调高或调低的能力是多么重要。

如果她在走进患者的病房时过于自信，会发生什么？我们之前了解到，过度自信给了人们一个不去寻找额外数据的理由，一旦眼前的所有信息与一个清晰完整的故事相吻合，就停止提问。如果你想感到自信，你就不想要一个混乱的故事，因为这样你会在别人眼中和自己心里都表现得不够确信。所以，如果莱拉是这样的，她会查看患者的病历，发现上面的一切讲述了一个连贯的故事，正好与另一位医生的诊断相吻合，将病情诊断为典型的呼吸衰竭症，她也会赞同插管是正确的治疗办法。她还会同意，应该先治疗最严重的症状，然后再对付下一个问题，就这样治疗下去。

但莱拉没有满足于那个故事，甚至在她能对所有明显信息做出可接受的解释时，她依然保持着好奇心，不断提问，搜寻任何一条仍可能有关联的新信息，而且她不怕发现自己不懂的问题。她摆弄呼吸机，询问病人以什么姿势躺在床上时会咳嗽，什么时候咳出的痰最多。这时，她在发掘和最初的故事不相符的信息。由于她不断搜寻信息，没有试图体验自信心带来的瞬间的豁然开朗，她逐渐明白，患者的所有症状，即使是细微的症状，都需要在同一时间一并进行诊治，而不是一次治疗一种症状。

虽然这个安慰不大，但最初这位患者的医生确实在使用一种受到广泛认可的肺部并发症的治疗方法。记住，莱拉工作的医院非常出色，当时的问题并不是出在诊疗不足上，而是出在信息不足上，医生只用那些信息做出了不充分的判断。莱拉相信，如果她当时表现得自信满满、自命不凡，那位照料他的护士不会告诉她这些细小但很关键的观察，而正是这些观察帮助莱拉对患者做出了诊断。但是，女护士不是会很配合女医生吗？不一定。这很不公平，但我们很快就会看到，女性和男性都不会积极配合强势的女性。

因而，在她搜集信息和做决定时，保持较低的自信至关重要。但是，如果她一直保持低水平自信，会怎样？如果在她做出决定后不提高自己的自信，会怎么样？如果她没有联系那位外科医生，向他宣称"我们能让他摆脱那台机器",会怎么样?那位外科医生可能会让这位患者一直躺在重症监护室中,继续在他的气管上插着管子,这意味着那位患者直至今日仍在使用它。又或者,就算莱拉表现得既恭顺又犹豫,那位医生虽然同意患者转科室,但他无法信任莱拉能给患者提供周全的诊疗,他可能会向家属和患者本人发出混杂的信号。莱拉告诉我,如果患者不信任他们的诊疗队伍,那他们也不会康复。

最令人佩服的地方在哪里?莱拉甚至始终没有治疗过那位患者,她让自己信任的一位同事来治疗,她知道这位同事有能力帮助这位患者重新独立呼吸。在审时度势之后,她没有说我更出色,而是找到了更出色的人。

艾玛·斯通和神奇女侠

一项由509位女性参与的调查发现,其中的大多数(92.8%)都同意,自信是你能逐渐获得的素质,不是与生俱来的。[38] 然而,这些女性中有不少人说,受挫的经历,比如拥有一位过分挑剔的同事或一位事事都管的领导,会降低她们的自信。所以,在你需要提升自信时,你能做些什么?以下是一些调高自信刻度盘的小贴士和诀窍。

首先,压低你说话的音调。不要窃窃私语,说话的时候音调低一些就可以了。想想艾玛·斯通(Emma Stone)、凯瑟琳·特纳(Kathleen Turner)、劳伦·白考尔(Lauren Bacall)、胡比·戈德堡(Whoopi Goldberg)、雷切尔·玛多(Rachel Maddow)和唐妮·布雷斯顿(Toni Braxton)轻柔的声音。研究显示,当人们用更低的音调说话时,会感到更强大、更自信,而且更易于进行抽象思维。[39]

用低沉的语调说不到 5 分钟的话，人们会感到更加自信，而且解决问题的能力也有所提升。这样也许正好能为你注入你所需的自信。

　　当你开始用一种不同的声调说话时，不仅你自己信心大增，也会让你身边的人用不同的眼光看待你。人们更喜欢声音低沉的男性，与声调高的男性相比，嗓音低沉浑厚的男性被认为更有魅力、更强大、更有能力，而且他们的工资水平也反映出了这一点。说话的音调每下降 1%，男性 CEO 的年薪就会多出 1.9 万美元。[40] 近来，研究者开始发问，我们是否也更青睐音调更低的女性领导者。结果发现，人们觉得声调高的女性更性感、外表更有魅力，但他们觉得声调低的女性更善于领导、能力更强、更可靠。[41] 当要从两个不熟悉的女性候选人中选出一个参加竞选，人们会选择嗓音低沉的那位女性。英国前首相玛格丽特·撒切尔（Margaret Thatcher）早在科学界证实这个理论的前几十年，就深谙这个道理。在她的政治生涯早期，为了获得更多尊敬，她主动寻找发音训练师，来帮自己降低声调。有些分析师表示，此举给了她赢得 1979 年大选的机会。[42]

　　另一个让你信心大增的有效方法是，改变你的姿势。这个建议来自哲学和心理学中的一个新兴的研究领域——具身认知（embodied cognition）。这个跨学科领域主要探讨身体是如何影响大脑的。扫一眼你此刻的坐姿，你的双臂是不是垂放在身上？你的一只手是不是在摸你的脸或脖子？你的双腿是不是在脚踝处端庄地交叉着？尽管我必须承认，这些姿势在我看来都很舒服自然，但它们都会被称作低力量姿势（low-power poses）。艾米·卡蒂（Amy Cuddy）在《展现自己》（Presence）一书中解释到，处于低力量姿势时，你的身体占用更少空间，你的胳膊和腿比较靠近你的身体。想一想几乎任何一部电影中的伍迪·艾伦（Woody Allen），你就知道低力量姿势是什么样的了。

现在尝试一种高力量姿势（high-power pose）。身体后倾，将双手放在脑袋后，胳膊肘向外，同时将腿伸长，把脚放在面前的桌子上。也许将这种放松、伸展、"我很厉害，我说了算"的姿势会让我们想起一位法律合伙人或一位正在考虑一项决定的公司副总裁。处于高力量姿势时，人们确实会占据更多物理空间。如果你没办法将脚放在桌子上，那就站起来，双手叉腰，双脚分开约45厘米。当我第一次尝试这个姿势时，觉得自己在模仿一张神奇女侠的海报。

想到这个超人的形象不是件坏事。这些姿势之所以被称作高力量姿势，是因为研究显示只要你保持一种高力量姿势两分钟，你确实会感到更加自信、更加强大、更有把握。[43]女性已经开始在工作场合使用这些技巧来提高她们的信心。自由主义政治专家莎莉·科恩（Sally Kohn）在走进福克斯新闻频道（Fox News）的激烈辩论前，会练习这些高力量姿势。她走入过道，摆几分钟神奇女侠的姿势，然后阔步走上摄影棚，她感到了更多的自信，更少的焦虑，同时能力满满。[44]

控制自信心的工具

如果你面临的是完全相反的问题，需要调低自己的自信，该怎么办？虽然关于如何降低自信的建议很少，但是如果你需要一整套工具包来应对各种各样的决策，你也需要这些策略。

你可以试着像莱拉一样，努力多去倾听，但有些人也许会觉得这个策略没什么效果。如果你在一场会议中一言不发，脑中唯一的念头是"**我有更重要的地方要去**",事实上你没有吸收新的信息,也没有降低自己的自信。相反,尝试做一次上一章提到的事前预测法。在你做事前预测的时候,想象自己正处于未来的某一个时间点,比如3个月、1年、5年之后,你的决策已遭惨败,然后你写下决策失败的原因。当人们问"什么出错了"时,会比问"什么会出错"平均多想出30%可能出现的问题。当你问"什么出错了"时,你将脑中的成功故事替换成一个关于失败的故事,这样会调低你的自信。[45] 当研究者将事前预测法和其他的技巧(包括多数人的首选策略——列出利弊法)相比较时,他们发现事前预测对过度自信的降低幅度最大。[46]

你也可以试着使用低力量姿势。高力量姿势提升自信,低力量姿势有相反的效果。让自己占用更少的空间,四肢贴近身体,将双手放在膝盖上,或者双臂在胸前交叉,就像你觉得冷时做出的动作。不出几分钟,你很可能会不想冒太多风险,觉得自己不是那么有把握。

自负的女性很讨厌

你可能已经注意到,当我讨论自信时,主要说的是在公共场合的自信。比如,哈佛MBA学生在课堂上的参与情况,压低声调如何帮助一个人树立权威,两位珠穆朗玛峰探险队的领队在记者跟随并记录时会如何表现。那么,自我展示是我们所看到的男女自信心差异的一个关键之处吗?

大约25年前,美国巴克内尔大学和威廉姆斯学院的三位心理学家金柏莉·多波曼(Kimberly Daubman)、劳里·希瑟林顿(Laurie

Heatherington）和艾丽西亚·安（Alicia Ahn）提出过这个问题。她们想知道，女孩子和成年女性是不是在私下里更相信自己的能力。当她们坐在开往学校的汽车上或开往公司的火车上时，她们抱有远大的理想，但当她们到达目的地，必须告诉别人自己有多优秀时，她们却变得谦虚起来。她们躲躲闪闪，在别人面前降低了自己的自信。

多波曼、希瑟林顿和安让大学新生预测他们第一学期的平均绩点（GPA）。有些学生必须公开说出自己的预测，比如，"我会全部得 A，所以我想我的绩点会是 4.0 分"，或者"我听说我的哲学课老师很苛刻，所以我想我可能会得 2.9 分"。而另一些新生在卡片上匿名写下自己的预测，在被告知他们所写的内容会被保密后，他们将卡片放入信封并且封上。[47]

对于任何一位曾经带着一个好点子走进会议室，但在走出会议室时，却为在场的一位男性为何领了功劳而感到困惑的女性来说，这些研究者的发现不足为奇。首先，这些学生的能力没有差异。平均说来，他们实际得到的绩点是一样的，女学生和男学生的表现相同。然而，两种性别的学生对成绩的预测却存在巨大差异，这些差异取决于他们是公开宣布自己预测的成绩，还是私下将其写下来。私下里写下自己绩点的男学生，其预测的成绩与实际结果相当一致，而公开预测的男学生却抬高了这些数字，他们夸大了自己的能力。当一位男学生必须告诉另一个人他预测出的绩点时，他所给的数字比他实际取得的绩点更高，这样他会比较有面子。对于女学生，情况却完全相反。当一位女学生必须告诉其他人她觉得自己会取得什么样的成绩时，她会压低估值，所给的数字远低于她实际取得的绩点。这些女性很谦虚，甚至当只有一名实验员（他们 10 分钟前初次见面）在场时，她们也过于自谦。

女性没有估错自己的能力，那些有机会慎重评估自己哪些科目好、哪些科目不好的女学生，在私下里做出的预测完全正确，和私下里做预测的男性很相似。只要用合适的方式来问她们，她们就知道自己的能力如何。这就引出了一些明显的问题：问题真的在于自信吗？或者女性是不是学会了谦虚？这些研究者提出了假设，女性接收到的信息是，压低自己的能力更能突显她们的女性气质，更会让自己讨人喜欢；而男性接收到的信息是，抬高自己的能力更能突显他们的男性气质。这和哈佛商学院的一位女学生对我说的话很相似："我父亲一直跟我讲，自负的女性很讨厌。"

研究者们再次做了这项实验，这次有更多的女生和男生参加，得出了同样的结果。[48] 自此以后，研究者将这种概念称作自我抬高（self-promotion）。自我抬高表现在"让某人的能力可见"上，因此你在自我抬高时，不仅让你知道了自己的能力，你还在让别人知道这些能力。[49] 自我抬高的性别差异最令人不安的一点不是女性自我抬高的频率低于男性。事实上，女性更不倾向于讲自己的成就，也不会表现出她知道的比在场的其他人多。真正令人不安的是，越来越多的证据表明，女性会因为自我抬高而受到惩罚，而男性不会。当女性直接让别人关注她们的成就时，她们会比说出同样言论的男性更讨人厌、更没有吸引力、更不会被雇用。[50]

瑞秋是一位政治竞选策略家，她说她在几年前向老板要求升职。她看过许多有关女性如何要求加薪和升职的建议，决定照着来做。她递给老板一张便条，上面详述了她如何为机构创造价值，然后告诉他自己多么喜欢在这里工作，最后她解释了为什么她觉得在现任职位上没法完全发挥自己的才干，接下来等待他的答复。而她的老板看了便笺说，"这件事不可能发生"，然后真的将那张纸向空中一抛。

这个事例说明瑞秋有一个糟糕的老板吗？也许是这样。但这个故事符合一个普遍规律，那就是人们不喜欢抬高自己的女性。

美国罗格斯大学的社会心理学家劳丽·鲁德曼（Laurie Rudman）研究人们如何看待自我抬高的女性。她将人们对以不同方式表述自己观点的男性和女性所做出的不同反应进行比较，一种方式是自信、直接地表述自己的观点（比如"我在高压情况下表现出色"），另一种是在表述观点时使用让语气显得更加柔和的免责话语（比如"在这方面我不专业……"或"我不知道是否正确，但是……"）。在这项至今仍被认为非常经典的研究中，鲁德曼让参与者观看一盒录像带，其中一位应聘者正在谈论自己的资质，很像瑞秋去找她的老板谈自己的成就。[51] 观看者如何看待这位应聘者呢？我们可能倾向于认为，至少女性会更容易接受强势的女性，但事实并非如此。两种性别的参与者都更愿意聘用那位直白地表述自己技能的男性，虽然男女应聘者说的话完全一样，使用的语气也完全相同。评估者会真正喜欢自我抬高的女性的唯一情况是，出于利润考虑，他们要为自己的团队找到反应最敏捷、头脑最聪慧的那个人。可是，当这些评估者带着更宽泛的目的，想找一个"能确保一个项目成功"的人时，他们不想要那位自我抬高的女性，而自我抬高的男性却没什么问题。事实上，自我抬高对于男性来说是一种有利条件，就算不是，也会被轻描淡写或忽略不计。然而，我们却不会给女性同样的通行证。

评估者为什么不想录用直接描述自己相关成就的那位女性呢？面试时不是就应该这么做吗？没那么简单。比起细数自己成就的男性，提及自己杰出成就的女性更容易被评价为居高临下、咄咄逼人、狂妄自大。[52] 这些形容词会让人认为这些女性不是团队工作的理想人选。

　　并非只有女性在谈论自己时，公开推销才是一种禁忌。当女性得到别人的公开认可时，这也是一个问题。想想 Facebook 的首席运营官谢丽尔·桑德伯格（Sheryl Sandberg）职业生涯众多高峰中两个。第一个高峰出现在她加入 Facebook 前的 1994 年，当时她在攻读哈佛商学院的 MBA（准确地说，这离举手实验班出现还有好几年）。在商学院一年级升二年级的那个夏天，桑德伯格收到了一封信，信中恭喜她的成绩在班级名列前茅，她获得了亨利·福特学者奖（Henry Ford Scholar）。但这个荣誉不会公开，班级里不会张贴名单，也不会宣布，于是她决定除了自己的好朋友以外不告诉学校的任何人。当她看到同学奉承一位获得同样奖项并将其公之于众的男同学时，有那么一瞬间，她在想自己是不是做了错误的决定。但那个想法瞬间消失了，她仍旧对她的成功和她对自身能力的了解保持沉默。她在《向前一步》中说，虽然她不知道为什么，但感觉这样做是对的。她让这个荣誉成为自己的秘密，甚至因此感到信心大增。

　　17 年后，她的职业生涯又迎来一个高峰。2011 年夏天，《福布斯》杂志将她列入世界上最有权力的五位女性之一。将这个高峰和前一个比较一下。这时，桑德伯格已经是 Facebook 的一位杰出人物，《福布斯》杂志将她的名字放在美国前第一夫人米歇尔·奥巴马（Michelle Obama）和印度女政治家索尼娅·甘地（Sonia Gandhi）前面。桑德伯格说她感到又惊又惧，当人们在走廊叫住她、恭喜她时，她强调说"这个名单纯属无稽之谈"。当她的朋友在 Facebook 上分享这个链接时，她让他们将其删除。[53] 对于这个认可，她没有感到信心大增，反倒不得不忍受随之而来的不安感。对于许多女性，甚至是像桑德伯格这样的公众人物，秘密的成功比公开的赞誉更舒服。

如何应对自我抬高这一棘手问题

在想要更高的工资、更大的挑战和更好的头衔时，职业女性受到的敦促比其他任何时候都要多。人们告诉她们，"对自己要有信心，你会得到应得的"。对于有些女性，相信自己和自己的价值可能正是问题所在。现在我们已经更清晰地认识到自信是什么、不是什么，因而我们能看到一个更深刻的问题，为什么许多女性在打算申请加薪或升职时，不像男性那么自信？试想一下，有两位能力很强的专业人士，一位是男性，一位是女性，他们都想申请加薪10%。他们在思考同样的核心问题：公司是在赚钱还是在赔钱？我是不是不可或缺？做我这份工作的人一般会挣多少钱？其他地方是不是有我可以做的类似职位？至此，他们需要用这些信息组成一个连贯的故事，即一个让他们具备谈判资格的故事。

然而，这位女性要考虑更多的细节：**如果要求加薪，是不是会对我不利？如果我为此据理力争，老板是不是会讨厌或刁难我？别人会不会说我很难缠或者被惯坏了？**奥斯卡金像奖最佳女演员得主詹妮弗·劳伦斯（Jennifer Lawrence）说，当一位非法侵入索尼电影公司的黑客披露她比男主演挣得更少时，出于对上面最后一个问题的担心，她决定不去争取更高的薪酬。[54]

这些忧虑并不是女性凭空想象出来的，而是女性在努力说服自己时必须纳入考虑范围的现实因素。如果女性自身或者周围的女性同事有过因自我抬高而受到惩罚的经历，她会对这点尤为担心。也许她会得出结论，自己不在乎老板怎么看待她，或者如果被刁难了，她也能找到新的工作，再或者被别人说自己被惯坏了并没有那么糟糕。但这仍是男性没必要考虑的一个额外因素，因为男性在协商和自我抬高时，很少会痛失人们的喜爱。一位男性可能不会得到他想要的加薪或者那间大办公室，但对他来说，问一问真的不会有什么损失。别忘了，当人们能给自己讲一个连贯的故事，他们会感到自信。因为男性不用纠结这个因素，也不用考虑不利后果，所以自信对他们来说要容易得多。

最近的一项研究证实，女性确实纠结于"可以问吗"这一问题。一项调查研究比较了约 2500 名求职者对两则不同的招聘广告所做的反应。[55] 当招聘广告上有最低工资的具体说明，但没有写明薪水是否可以协商时，男性求职者发起薪资谈判，要求更高工资的概率比女性高得多。当招聘广告上说明起薪可以面谈时，试图通过协商来要求更高工资的女性人数陡升，和要求更高工资的男性比例一致。这些发现说明，多数男性没有像女性那样纠结于"可以问吗"这个问题，因此一旦雇主说明了这个问题，女性确实也能够像男性一样自信。

由此可见，为了创造公平的竞争环境，雇主有责任让雇员知道薪资可以协商。然而，雇主显然有不做类似宣布的动机。如果你告诉人们工资可以商谈，更多人会要求涨工资，更多经理要应对这些谈话。但是，如果不宣布这一点，你就在无意间助长了性别偏见，因为协商工资的男性比女性更多，其实际工资也会相应有所差异。

如果你和多数人的遭遇相似，你的老板没有说过，"知道吗？我们应该重新谈谈你的工资了"，或者"我希望你主动要求晋升"。既然多数老板不会主动谈论这些话题，有没有什么方法既能让女性顺利提出升职或加薪的要求，又能将产生不利后果的可能性降至最低？心理学家和谈判专家们有几条建议要送给女性。

但在我给出这些建议前，我必须解释：我知道我即将列出的建议会令人不快。我其实也希望女性在提要求时，不用小心翼翼；我希望女性能用和男性同样的语言，得到同样的结果；我希望女性不用为了平等薪酬而专门学习策略。"投降，你就会成功"是我不想看到也不想写出的一个信息。然而，不仅如此，我还深知女性身处的现实。我对相关研究和现实世界的了解足以让我知道，如果女性身上存在一个受到极其严苛评判的方面，那就是当她们说"这就是我想要的东西"时。我希望10年后，我即将列出的意见会和"如果你要骑自行车，尽量少穿裙子"一样可笑。[56] 但是目前，女性必须从实际出发。如果你是一位女性，你感到自己需要做些调整，知道并不是你一个人遇到这种情况，也会有好处。

所以，这些有关自我抬高的建议是什么呢？我们先从温和的建议开始。首先，女性在谈判前应该尽力让自己放松。这是什么意思？一般认为，微笑、身体前倾、适当使用手势的女性在谈判中比面无表情、语速快而且几乎没有迟疑、肢体僵硬的女性更有说服力。[57] 换句话说，女性在紧张时的所有表现，在与老板谈判中没有任何帮助。因此，如果你是一位要提出加薪的女性，你需要提前进行练习。找一位朋友进行角色扮演，直到你能以一种放松、友好的方式进行谈判为止。或者，拍下自己练习的过程，这样你能看出哪里显得紧张。这样做的目的不是为了让你咧着嘴笑对一切。鲁德曼发现，过度微笑对女性没有帮助，即使有效果，也只会有相反的效果。如果你的愉快看起来不真实，人们会认为你在掩饰什么，或者更糟的是，人们会想如果你表现出真性情的话，会是什么样子。

接下来的建议可能会引起争议。汉娜·赖丽·鲍里斯（Hannah Riley Bowles）是哈佛大学一位研究性别和谈判策略的教授，琳达·巴布科克（Linda Babcock）是卡内基梅隆大学的一位教授和畅销书《好女不过问：谈判和性别鸿沟》（*Women Don't Ask: Negotiation and the Gender Divide*）的作者，她们建议女性结合两种策略，以降低产生不利后果的风险。如果你是一位女性，正处于这种情境，第一步要强调你很在乎和同事的关系。不要忘了那只鸭妈妈，表现出良好的人际关系对你很重要，因为人们认为女性都应该最看重人际关系，女性领导者更应如此。为了说明关系这个问题，你可以尝试使用鲍里斯和巴布科克的语言作为开场白："我希望这样问不至于太过唐突。关于我的薪酬，我有一些问题。"虽然这句"我希望这样问不至于太过唐突"可能听起来很像20世纪50年代的话，但鲍里斯和巴布科克的研究其实发表在2013年。这种语言有什么作用？它说明你在乎和谈判另一方的关系。然后，你解释你想看到的变化，可能会是10%的加薪、一个特定金额或者你所在职位的最高薪酬，你可能还想延长休假或更改职称。一旦你已经提出自己的要求，巴布科克和鲍里斯建议你继续申明你有多看重人际关系："我觉得对于类似这种情况，你可能会有一些宝贵的建议。我与同事的关系对我来说极其重要。我可以找你谈一谈加薪的问题吗？"[58]

这些话听起来很像是在念稿吧？的确如此。你需要根据自己的风格、情况以及和上司的关系来做出调整。这些话听起来是不是有点儿像是在诌媚？是的。如果这些话不适合你，或者让你不舒服，你也应该做出调整。此书的早期读者中有些人说，"肯定不是所有经理都想听到这样的话"。确实如此，但是鲍里斯和巴布科克发现，在实验室中，不管扮演上司的人是男性还是女性，这些策略改善了女性的谈判效果。[59]还一点说明至关重要，这些人不是真正的经理，而是在谈判中扮演经理的人。

但在女性打算和她们真正的上司谈判时，经常会想：**如果我要**

求更多，会不会要付出代价？ 这个问题让许多女性犹豫不决，甚至不愿开口问。如果你是这样的，现在你有一些可以使用的语言和一个可以减少不利后果的策略。如果你的上司说，"不用请求许可，你可以直接说加薪的事情"，如果是我，我会说，"太谢谢你了。所以我不用晕过去或者拿出我的太阳伞了吧？"如果你能拿这种社会规范开玩笑，你们双方都会更自在些。然而，即使你的老板告诉你不用考虑这些性别期待（我希望他或她真的这么做），表达你对关系的在意可能还是会有所帮助。研究者发现，许多人觉得自己很公平，但潜意识里还是有性别偏见。[60]

鲍里斯和巴布科克建议女性使用的第二个策略是，使谈判合理化。女性上司经常觉得如果申请理由涉及的方面更广一些，她们更容易同意。当一位男性要求加薪时，他可以细数自己的成就，指出自己联系到的几家大客户，或者自己所承担的新的领导职责。但研究显示，女性除了个人的贡献外，还要提到其他理由。如果她们没有提到，上司会产生不好的联想，**"她只关注自己"**，或者**"我猜她还是不善于合作"**。如果你是一位女性，正面对这样的情境，你可以将行业标准作为加薪的原因，你可以解释说，公司的一位老员工建议你谈一谈自己的薪酬。帮你的上司找到一个简单的办法，让他觉得给你加薪是有理有据的。如果你感到懊恼，我理解，因为一个人杰出的表现就是申请加薪所需的全部理由。但巴布科克和鲍里斯发现，如果增加这些理由，上司就不会再想"她为什么提出这个要求"了（我们都同意，他们一开始就不应该想这个问题）。

鲍里斯和巴布科克发现，女性在结合使用这两种方法时——说"我很看重关系"和为自己的要求提出外在的理由——能够减少不利后果，而且谈判成功的概率和男性不相上下，而只用一种策略远没有两个一起用更有说服力。当女性进行这样的谈话时，她们能使用这些工具。我希望了解这样的语言并知道它所带来的影响，为女性多提供一个调高自信的方法。

或许这些建议比你想的还要令人讨厌，抑或你在想，这和你听到的故事相比不算什么。女性必须经受男性不用经受的考验，学习男性不用学习的套话，这太糟糕了，但是如果你打算得到能促成真正的改变、能为其他女性变革体制的最高职位，那么你必须认识到体制中的偏见，在必要时顺势而为。我希望这种文化能有所改变，我希望女性能促成这种改变。

群体需要那个备忘录

让我们回到今天的哈佛 MBA 课堂，行政人员试图改善女性的不公平境遇。我采访的三名哈佛 MBA 女学生都认为自己不需要参加举手辅导。其中一个不爱讲话，你可能会认为她是那种会从这种辅导中受益的学生。事实上，在她就读于哈佛商学院之前，她曾经的一位雇主告诉过她，她需要多在会议中发言。可是，她说，自己不是因为哈佛的课堂参与实验班而学会了如何在课堂上发言，而是因为课堂上的点名。当教授突然叫到她的名字时，她不得不站起来，当场思考。她发现，不论自己说了什么，在场总是有人能从中获益。另一位学生说她一直都很大胆，在读 MBA 之前，她接受过军事训练，尽管她发现哈佛商学院的课堂竞争性极强，但她还是习惯别人命令她放下手。不过，无论入学时是自信还是害羞，每一位女性都说，她们真的认为这种辅导能帮到**其他**女性学生。她们总是表达出

174   How Women Decide

这样的意思："这种辅导很宝贵，只是我不需要。"

我对这种矛盾感到很好奇。可能大量女性认为举手示范能帮助她们将感受到的自信转化成她们需要表现出来的自信；可能这些辅导课提供了一种在激烈竞争环境下生存的法则；还可能是，至少在哈佛商学院，没有女性会承认她需要别人教她怎么举手。

想象为了解决这种不平等，哈佛行政人员本来可以做出其他努力。他们本来可以找出第一个月课堂参与不够的个别学生，给他们发私人邀请，让他们参加一对一的"如何变得更加果断自信"的辅导。许多经理可能会先尝试这种办法，把他希望能发言更多的人叫到办公室，鼓励她，给她提几条建议，然后让她回去，希望这样她就能自信了。

一对一的自信心辅导会比开一次举手课更有成效吗？我觉得不会。如果有些学生被请去和一位课堂参与辅导老师见面，这部分被挑出来的学生会在课堂表现中感到更多的压力。因为一半的成绩取决于开口发言，所以不发言的学生已经感受到压力了。

但是实验班呢？它给整个群体发出了一条信息，我们从本章的后半部分可以看到，如果我们想让女性乐于展示出她们私下感受到的自信，关键在于发给男性以及女性的那条群体信息。当学生们聚在一起参加课堂参与实验课，听到有人说"我们希望你们都能像这样举起你的手"时，有些人可能会觉得受到了侮辱。但是，行政人员可能在不经意间发掘了一股力量。实际上，他们是在说："我们希望你们都抬高自己。只要你这样做，就会受到奖赏，不会受到惩罚。"他们跨越了性别的界限，公开设定了一个理想行为的标准，让女性能不受束缚地去做男性已经在做的事情，而且向女性承诺她们不会因此受到惩罚。

当我初次读到哈佛的举手实验课时，我感到很气愤。然而，如今我更加了解群体期待的重要性，我会让他们更进一步：再次让课堂参与实验课成为强制性课程，这样男性以及女性都会领会到这个信息。如果我们想让女性能通过实验课、会议，或是发送给全体员工的电子邮件，公开展示自信心，我们在邀请她们参与讨论时，方式要直白。比起对个人的敲打或鼓励，我们向群体发出了什么样的信息更为重要。我们从哈佛的经验中学到，一旦女性知道自己不会因为自信行事而受到惩罚，她们会这样做的。女性需要知道整个群体都收到了备忘录，而且管理层已经在上面签了字。

适度自信是许多女性的决策优势。我们所有人，无论男女，应该将自信看作一种可以按照实际需求调高或调低的东西。然而，为了推动你的议程而调高自己的自信，要比你在说服他人确信自己比在场的多数人都更懂时调低自己的自信容易得多。

一旦女性做出了决定，她仍然需要在自我抬高方面做得恰到好处，不能太多，也不能太少。虽然这种经历会让人感到受挫、厌倦、不公平，但是女性应该认识到，不需要去克服自信和怀疑相混杂的心理状态。因为她们可以利用这种强有力的心理，来促成机智而富有洞见的决策。

本章涉及的诸多事实中，最让我感到忧心的是，女性只在100%满足任职条件时才会去应聘职位，而男性只需要满足60%。这一点，女性应该向世界上所有的母亲学习。我认识的女性认为，无论你是做什么的，你永远不会觉得100%准备好成为一位母亲，你只能相信自己会在做的过程中学到所需知识。我希望女性也能将此策略运用到她们的职业生涯中。

小结:

1. 男性和女性都很难相信自己很平庸。

2. 和女性相比,男性倾向于认为他们比一般人要好得多。

3. 信心差异在社会认为属于特定性别的技能上表现得最为明显。女性低估了她们对男性技能的了解,但是男性认为他们擅长那些被认为女性化的技能。

4. 现实问题是,多数职业被认为是男性化的领域。

5. 过度自信是妨碍明智决策的一个重要因素。
– 例子: 两点钟规则和花过多资金并购的 CEO。

6. 女性的自我评估更准确,这就意味着她们能够随时做出审慎的决定,不会因为过度自信造成判断失误。

7. 自信并不表明你是对的,甚至都不能说明你走对了路。自信只是表明你给自己讲了一个好故事。

8. 在私下里自信的女性常常感到在公开场合必须韬光养晦、谦虚谨慎。

9. 自我抬高经常会给女性带来不利后果。鲁德曼的研究显示,自我抬高的男性被认为更值得雇用,而自我抬高的女性更讨人厌,因而没那么值得雇用。

10. 一旦雇主宣布他们希望应聘者协商工资,女性要求更高薪酬的可能性变得和男性一样高。

要去做 ────────────────────────────

1. 将自信想象为一个刻度盘,你可以将其调高或调低。

2. 在决策中,当你在权衡不同选择,需要听到更多信息时,你需要调低你的自信。

3. 当你已经做出决定,你需要调高你的自信,因为你要做的是说服别人接受这个决定，并追随你。

4. 你的身体和你的自信心有一定关系。要迅速增强自信，试试高力量姿势或者降低你说话的声调。要降低你的自信，试试事前预测法或者使用低力量姿势。

5. 如果你是所在公司机构的领导者，就自我抬高设置出清晰直白的标准。如果你不这样做，男性有维护自身权益的理由，而女性会有犹豫不决的理由。

第五章
压力使她专注，而非脆弱

2015 年 6 月 8 日午后，韩国首尔天气晴朗。女性科学家、工程师和新闻记者共赴午宴，讨论女性在科学领域的影响。第九届世界科学记者大会第一天的会议已经开始数小时，尽管有三名女性在那场女性午宴上发了言，但世界各地很少有人注意到她们说了什么。然而，许多人却知道接下来那位男性臭名昭著的言论。"让我给你讲讲女孩存在的问题，"他以这样的论调开始发言，"当女孩在实验室时，一般会发生三件事：你爱上她们；她们爱上你；当你批评她们时，她们会哭鼻子。"这位男性是蒂姆·亨特爵士（Sir Tim Hunt），他在 2001 年因在生物化学领域取得的成就荣获诺贝尔医学奖。接着他指出，如果男性和女性在不同的实验室工作，会产生最好的科学成果。[1]

很多人嘲笑亨特这一"女性勾引人"的言论。全球的女性科学家都站出来说，她们在取出护目镜、带上塑料手套或者穿上防护服时，一点都不觉得自己很性感、会勾引人。

然而，真正让我感到忧虑的是他说的最后一点。

亨特说，当女孩遭到批评，被置于高压环境时，她们会被情感主导。尽管他称这些人为女孩，但他指的不是那些因为没进入田径队而闷闷不乐的 13 岁女孩子。如果他指的是在一流的实验室和亨特并肩工作的女性，可以很放心地假设，她们是具备博士或硕士学位的专家和专业人士。

社会觉得承受巨大压力的女性，包括那种具备多年经验和世界级证书的女性，会有怎样的表现呢？我们经常听到的答案——即使是从比亨特更政治正确的人那里得来的——是女性在承受压力时会崩溃，多数女性会情绪混乱、喜怒无常。我们觉得女性在高压环境下会变得情绪化、丧失理智、脆弱、不堪一击。而男性呢？社会告诉我们，男性会镇定自若，保持冷静，听从理智。我们被告知，将男性置于最艰难的情境中，他们依然会头脑清晰。

本章将会揭示一个惊人的发现：就决策而言，女性在高压环境中实际上比男性更冷静、更稳定。我们将会看到，女性并没有变得混乱不堪、难以预测。事实恰好相反，在压力之下，女性所做的决策比我们认为的要精彩得多。最有趣的一点是，男性和女性在面临高压决策时的反应完全相反。事实上，在这种情况下，男性会急于冒险，而女性不会。如果我们想在高压环境下获得良好判断力以及富有洞见的选择，我们最不该做的是将女性和男性隔离开来。当需要在压力环境下做出困难决定时，两种性别都必须参与，这样才能取得平衡。

太情绪化不适合做领导 vs 正好是我们需要的人

人们可以想象到，亨特在一个满是新闻记者的会议上发表的这些言论，在社交媒体上引起了热烈议论。许多人指出这些言论只能说明他脾气很坏；而另一些人说他是一只观念陈旧的恐龙，好在他这种性别歧视的思维快要灭绝了。

亨特的话真的是一个即将灭绝的观念最后的回光返照吗？我的研究显示并非如此。事实上，西方社会数百年来一直认为女性情感脆弱，无法应对严峻局面。17 世纪，"歇斯底里"（hysterical）一词被首次用来描述情绪不稳定、"道德和智力"出现衰弱症状的女性。那时候的医生全是男性，他们认为这种强烈情绪是由子宫功能失调引起的，这也是 hysteria（歇斯底里症）一词源自拉丁词语

How Women Decide

hystericus（子宫的）的原因。尽管医生也能将情绪相对不稳定的男性诊断为歇斯底里症，但他们很少做这样的诊断。

如今，"歇斯底里"一词包含更少的性别意味，常被用来描述极其可笑的人，而非失去理智之人。尽管如此，还有许多其他方面显示出在社会看来女性的情绪是一种缺陷。参议员希拉里·克林顿在2008年竞选总统时，她在新罕布什尔州发表演讲时声音变了调，新闻分析人士说她快崩溃了，指出她的情绪失控了，"她不淡定了"，她们质疑希拉里是不是"过于情绪化、过于敏感，或者太脆弱了"。[2] 女性职业运动员，比如七次获得温网冠军的小威廉姆斯（Serena Williams），经常被问到在比赛过程中是否受到情绪影响。[3]

可是，同样的语言也会用于在镜头前情绪失控的男性吗？很少如此。多数时候，媒体告诉公众，眼泪证明了一位男性具备某种优良品格。2002年，当总统小布什在就职典礼上落泪时，《新闻周刊》（Newsweek）报道，"他已经学会不掩饰自己的泪水"；2007年，当小布什给战争烈士家属颁发荣誉勋章的照片上能看得出他的眼睛噙满泪水时，《华盛顿邮报》（Washington Post）报道，"这些照片正是白宫所需要的东西"；当全美大学生篮球联赛的男选手在比赛期间哭泣时，报道称"悲伤却感人"。[4] 鲜有记者会在比赛结束后将话筒递到一位七尺男儿嘴边，问道："是这样的，我想代表各地的粉丝问问你，你是不是受到了情绪影响？"

如果只有女性在表现出强烈情绪时会遭到媒体非难，而在男性有同样表现时，媒体却为他们开脱，这显然是一个问题。可是，还存在一个更恼人的问题。当女性在高压环境下表达强烈的负面情绪时，媒体会说她们不具备良好的判断力。女性的悲伤或愤怒被认为是她欠缺领导能力的表现。当希拉里在2008年竞选游说时声音变得嘶哑时，媒体质疑她处理国家安全危机的能力。新闻撰稿人迪克·莫里斯（Dick Morris）说："当美国出现严重威胁，而她却像那样崩溃了，我认为她不应该当选总统。"《新闻周刊》回顾 20 年前，将希拉里的那一刻和女议员帕特·施罗德（Pat Schroeder）1987 年的一次情绪失控相比较。记者凯伦·布雷斯劳（Karen Breslau）写道："毫无疑问，这和前科罗拉多议员帕特·施罗德的经历相似，她在记者会上流着泪宣布她不会竞选总统，这也说明，任何一位需要在包里随身携带纸巾来擦眼泪的人都不适合担任国家最高职位。"[5]

当一个人想质疑女性所做的言辞激烈的决策时，"她太冲动了"已经成为拒绝这一决策的首选理由。想一想美国的军事审讯手段，这是一个多方热议的话题。戴安·范斯坦（Dianne Feinstein）是一位来自加利福尼亚州的女性美国议员，她负责领导参议院情报委员会审查从 2001 到 2013 年使用过的审讯手段。在召开数周会议后，2014 年春，范斯坦站在新闻摄像机前解释道："为了确保违背美国价值的残酷拘禁和审讯方式不再发生，委员会投票决定将一份报告解密。"对于她宣布的这个决定，前美国中央情报局和国家安全局局长迈克尔·海登（Michael Hayden）本可以抨击很多方面，而他针对的却是她的情绪稳定程度。海顿引用了上面那句话，说这句话暴露出了范斯坦的"深刻情感"，这些情感让她没办法保持客观。[6] 他没有说她犯了歇斯底里症，不过意思也差不多。值得注意的是，范斯坦表达的甚至不是她的个人观点，她是在报告委员会的审议意见。可是，海顿却攻击了**她**个人。

当一位男性美国议员批评这些审讯手段时，情况却大不相同。约翰·麦凯恩（John McCain）是来自亚利桑那州的参议员，他使用的语言更加激烈，他在谴责某些美国审讯手段时面红耳赤。戴安·范斯坦只是说这种方式"残酷",而约翰·麦凯恩更进一步,他说有些手段是"无可争辩的酷刑",水刑相当于"模拟死刑"。然而,几乎没有人跳出来指责麦凯恩情感太过丰富。[7]在麦凯恩的反对者中,有一些人说他不了解现代的审讯手段,另一些则说他忽略了从这些审讯中获得的信息。[8]他们本可以说他过于情绪化,但是他们没有这样做。他们质疑的是他的论点,而不是他的人格。

伊冯娜·亚伯拉罕(Yvonne Abraham)是《波士顿环球报》(Boston Globe)的专栏作家,她想知道,如果男政客受到女政客经常面临的那种对待,报道会是什么样的。政治候选人查理·贝克(Charlie Baker)在 2014 年马萨诸塞州州长竞选的一场辩论中哭了起来,随后许多地方新闻报道说此举让贝克充满了人情味,"查理·贝克通过情绪失控,也可以说失态,赢得了辩论"。[9]所以,伊冯娜·亚伯拉罕将媒体经常用在女性身上的严苛评价用在了贝克身上,用在了男性的领导能力上:"这个世界充满危险。当红色电话凌晨 3 点响起时,我们真的想让一个像贝克那样脆弱的人去接吗?"[10]

如此表述,答案一定是"不",没人想要一个脆弱的领导。然而,媒体正是用这种方式描述高压情境下情绪外露的女性。

应该说明,眼泪并不只对女性的职业有所损害。如果一位男性被发现因为听说要裁员,或者他的电脑死机了,他花了一周才完成的工作因此没了,而在办公室哭泣时,他也会得到负面的评价。事实上,阿姆斯特丹大学的阿格妮塔·费舍尔(Agneta Fischer)带领的一个研究团队发现,在工作中哭泣的男性会受到比女性更刺耳的评价。[11]问题在于,人们觉得女性的情绪很容易被激起来,以致影响或控制她们的判断。影响判断的情绪对于男性来说同样不可接受,但大家觉得男性很少如此。2015 年的一项研究发现,在美国,共和党选民常常认为，男性"就情绪稳定性而言更适合"从政，担当领导职位，而女性在他们眼中趋向"情绪化"，这在某种程度上解释了为什么共和党人选举出来的候选人多是男性。[12] 不幸的是，这种对女性的看法并不局限于一个政治派别。看见一个男人哭，人们会认为他这个人很情绪化；而看见一个女人哭，人们会认为女性都很情绪化。

她很情绪化，而他只是今天不太顺利 [13]

让我们来看看在你现实中遇到的情境是什么样的？我们多数人不会每天看到同事趴在桌子上哭，但是我们确实见过较温和的负面情绪。我们能看到一位上司在了解到项目进度落后时紧皱眉头，我们能听到一位组长因为挨了训，关着门发泄情绪。当你看到一位女性在一次紧张的会议后大步走出办公室，没有媒体报道，也没有歧视性的新闻标题，由你来做出自己的解释时，你脑中想到了什么？

神经科学家们发现，我们对焦虑不堪的女性的评判要比对同样状态下的男性严苛得多。美国东北大学的丽莎·费尔德曼·巴雷特（Lisa Feldman Barrett）和加州大学戴维斯分校的伊莱扎·布利斯－莫罗（Eliza Bliss-Moreau）做了一项巧妙的实验，她们让受试者看男性和女性表现负面情绪的面孔。有些负面表情展现的是悲伤，有些是气愤，其他的是恐惧，但都看起来焦虑不安、心事重重。科学家们使用了一个叫作"MorphMan"的软件，让所有表现悲伤的照片看起来同等无精打采，所有表现恐惧的照片看起来同等惊慌，所有表现生气的照片看起来同等懊恼。如果你脑海中浮现的是一张黑白照片，一位女性龇牙咧嘴、愤怒无比，那么你多半会想起大学心理学教材上的那张经典照片。如果将情感强度减半，这些照片上的情绪要温和得多。愤怒的人没有龇牙咧嘴，而是嘴巴紧闭，眉头深锁。如果你在电梯里碰到的一个陌生人露出了这种表情，你会认识到这是愠色，然后可能会离这个人远一点，但不会立马在下一层楼走出电梯。

随后，巴雷特和布利斯－莫罗在每张照片下加了一句简短的话，解释此人感到不安的原因。气愤面孔下的文字说明是，这个人"刚被老板教训了一顿"或"在工作中没有得到提拔"。伤心面孔有类似的说明，这个人"刚收到一些不幸的消息"或那个人"对爱人大失所望"。（尽管巴雷特和布利斯－莫罗是在蒂姆·亨特做出那番臭名昭著的评论的数年前做的这项研究，但有趣的是，她们涉及了亨特所说的两种情况，被抛弃的恋人和苛刻的上司。）研究者们让参与者想象处于高压情境中的每个人，这样之后他们也能够回想起这些情境。

参与者将所有面孔看过一遍后，就到了实验的后半部分——做判断。巴雷特和布利斯－莫罗再次展示所有紧张不安的面孔，不过这次没有任何文字说明，参与者要快速判断出每张照片中的人是"情绪化"，还是只是"那天不顺利"。为什么参与者要快速判断？巴雷特和布利斯－莫罗想测试他们的快速判断，因为大多数人都是这样做判断的。如果一位服务生不耐烦地看了你一眼，你会向一起吃早餐的人咕哝一句，"她脾气不小"或者"不知道他们是不是人手不够"。如果坐在你前面的那个人垂头丧气地望着车窗外，你会想：**他看起来好忧郁，不知道刚刚发生了什么**。在你看见电梯里那个面露愠色的人时，你脑海中闪过一个或苛刻或宽容的解释。

所以，参与者是如何看待那些紧张不安的面孔呢？他们刚得知，每个人都有不安的理由，所以我们想他们会对所有照片做出同样的判断：全是因为不顺利。她感到伤心，是因为她刚听到坏消息，他感到生气，是因为他刚挨训，总之，他们都很不顺。如果照片上是不安的男性，参与者确实会将他们的表情归因于挫折情境。他们认为，多数男性——不论是伤心、生气，还是恐惧——都很可能仅仅是因为那天不顺利。[14]

然而，如果照片上是不安的女性，参与者更可能忽略情境，强调她的性格。对女性做出的快速判断并非是对刚刚发生过的事情的暂时反应。男性是因为那天不顺利，而同样表情的女性却被贴上了情绪化的标签。多数人认为悲伤的女性尤为情绪化。而且值得强调的是，这不只是男性参与者对照片中女性的判断，也包括了女性参与者对女性的判断。

此项实验说明了人们是如何看待压力情境中的女性的，这种看法令人担忧。对于我们每个人，压力会表现在我们脸上。当你花了整整一周准备的报告遭到猛烈批评时，你根本笑不出来，至少在你心情平复之前是这样的。当你的绩效考核上写着"**不符合要求**"时，你很不开心，戒备、气馁才更可能是你当时的情绪。然而，甚至当女性和男性在高压环境中带有同样的负面情绪时，如果女性显露她们的情感，就会遭到更严厉的评判。人们认为瞬间的愠色或受伤的表情说明了她其实是脾气糟糕或情绪化的人，这是一种性格缺陷。根据亨特的说法，这样的女性不应该在实验室里和男性并肩工作。但是，一位同样懊恼或沮丧的男性呢？他的情绪是暂时性的，你正好碰到他今天不顺利。

人们看到一位女性表现出懊恼或沮丧，就认为这反映出了她的本性，这不公平。但当我们考虑到性别歧视对决策和领导能力意味着什么时，会发现问题甚至更加严重。你会让谁做重要的决定，看似高度情绪化的那个人，还是也许只是会议不顺利的那个人？想都不用想，你想让消极情绪瞬间即逝的那个人来领导。你想要的领导者要能控制住情绪，要具备毋庸置疑的良好判断力。

我们还从前言中了解到，人们想让表现出愤怒的女性降职，却想让表现出愤怒的男性升职。维多利亚·布里斯科和埃里克·乌尔曼的实验表明，当一位应聘者被要求谈论过去所犯的一个错误时，表情懊恼的男性被认为可以担当更多责任，而做出同样表情的女性被认为"情绪失控"。这里存在一个令人不安的模式：当人们批评愤怒的男性时，他们质疑的是他评断的内容，而当人们批评愤怒的女性时，他们质疑的是她的评判能力。这听起来就好像是，当承受压力、情绪激动时，我们相信男性能冒正确的风险。我们相信男性的情感有合理的缘由，即使这些情感很强烈，也不会干扰他的判断。但我们认为女性的情绪会干扰判断。

科学上有什么说法吗？男性**真的**更善于在压力之下做出正确决策吗？男性真的能心不惊、手不抖地做出更明智的决定吗？而女性做出的决定真的不理智，我们不应该信任吗？

压力改变一切

神经科学家发现的证据表明，当处于压力环境时，女性在决策方面表现出独特的优势。南加州大学的玛拉·马瑟（Mara Mather）、杜克大学的妮可·莱特霍尔（Nicole Lighthall）和得克萨斯大学奥斯汀分校的玛丽莎·戈利克（Marissa Gorlick）想知道，压力是否会改变人们的决策方式，如果会，又是如何改变的。她们让受试者玩一种电脑游戏，游戏的目标是通过给虚拟气球充气尽可能多地赢钱。按下一个按钮，动画气球就会变大一点，你就赢得一点钱。再次按下去，你赢的钱会增加一些。每走一步，你要选择是接着充气，还是停下来取走钱。你可以随时兑现当前的金额。你也可以只玩一轮就停下来，这样你能确保自己会赢。当然，只玩一轮，气球会很小，你也不会赢很多钱。马瑟和她的同事为继续往下玩提供了十分诱人的激励，第 10 泵的价值比第 1 泵多 10 倍，第 15 泵的价值就更高了。

你很可能会想，那为什么有人要停下来。问题就在这里：如果气球爆炸了，你将一无所获。这个任务有点儿让人抓狂的地方是，你无法预测打多少泵气球会爆炸，打气的次数完全是随机的。有些气球在第 3 泵就爆炸了，有些直到第 123 次才爆炸。

从某种意义上说，这就像是玩一场奖金很少的《谁想成为百万富翁？》（*Who Wants to Be a Millionaire?*）。你必须决定自己要冒多大的风险。如果你继续往下玩，一直会有赢更多钱的希望，但失去所有奖金的风险也跟着上升。当然，在充气球游戏中，没有援救热线，没有戏剧化的舞台灯光，也没有非常偏的琐碎问题，但你还是必须不停地问自己：**我应该在领先的时候放弃吗？为了多赢一点钱，值得去冒这个险吗**？

男性和女性在充气球游戏中的表现有显著差异吗？在他们处于放松状态时，没有。在平静无压力时，男性和女性做的决定几乎相同，冒的风险也类似。在他们叫停之前，男性充气的次数虽然比女性多几次（男性平均 42 泵，女性平均 39 泵），但这些差异并不大。当我们心跳平稳、感到相对平和时，男性和女性冒险的方式都一样平稳。

然而，在这个等式中加入压力元素，我们会看到不同的情况。在人们的正常生活中，压力可能由许多事情引起：一次意外、一场争论、一个指控、一个截止日期，或者一场相亲。在实验室中，马瑟和她的同事们简化了压力源：他们让半数受试者将手伸入一盆冰水中。水很凉，约为 0～3 摄氏度。我试了一下，刚开始感觉轻度不适，大约 1 分钟后，疼痛感明显增强。在这项研究中，人们将手浸在冰水中整整 3 分钟。这个时间长度虽然不会造成危险，但足以引发紧张情绪。当一个人的身体试图适应这种不适时，心率和血压都会上升。[15]有些人会咬住嘴唇，另一些人的腿开始抖动，或者在椅子上扭来扭去。差不多每个人都皱眉挤眼，希望时间快点过去。

这就是所谓的冷加压试验，世界各地的实验室都将其作为让人感受到压力的万无一失的办法。因此，半数参与这个研究的人都会手冰凉、心紧张。幸运的另一半则毫无压力地将手浸入一盆温水中（约为 22～25 摄氏度），仿佛他们正坐在一家水疗中心，等待美甲。完成 3 分钟的浸泡后，在游戏开始前，他们有 15 分钟时间擦干手臂，并放松一下。

要恢复身心，15 分钟可能看似很久，但研究者明白：人体的一个主要压力激素——皮质醇，只有在压力体验开始 20～40 分钟后，才会在体内达到顶峰，甚至在压力源消失 15 分钟后，你的身体仍在做出反应。如果你曾火速冲去一家餐厅，和朋友碰面共进晚餐，当你坐下，把菜单拿在手中时，发现自己还是很难放松，那么你就应该知道压力不会仅仅因为挑战结束而消失，而是会迟迟不能离开。即使我们的注意力已经转移到其他事情上面，但我们的身体一般不会这么做。

果然，充气球游戏开始后，处于压力状态的男性和女性玩法大不相同，同时与处于放松状态的幸运的男性和女性也不同。放松的女性一直打到 30 泵，而刚有过冷加压经历的女性停得更早一些，她们打气的次数比放松的女性少了 18%，然后她们兑现了奖金。比起承担更高的风险，受过压力的女性选择了稳赚。承受压力的男性的表现恰恰相反，他们会不断打气，在叫停之前打气的次数平均多出了 50%。每多打一次气，他们账户里的余额就会有所增加，但是他们下的赌注也更大，气球会爆炸，一无所获的风险也会更大。因此，可以看出身体仍然感受到压力的男性会向前冲，冒的风险比通常更多，而仍然感受到压力的女性会退缩，认为不值得为额外的一点钱赔上自己已经赚得的钱。

如果将场景换为餐厅，你急冲冲地赶来，感到很紧张，情况会怎样？一位紧张的女性会打开菜单，选一道自己一定会喜欢的菜，而不是服务生描述的不同寻常的特色菜；一位紧张的男性会挑选一道特色菜，一道他从未尝试过的菜，然后点一瓶价格昂贵、从没喝过的红酒，说："管它呢，希望能物有所值。"

追求风险的男性和警惕风险的女性

马瑟和她的同事究竟发现了什么？男性在压力下会冒更多风险，而相同状况下的女性会选择确定平稳的路径，这是一次巧合吗？在我们深入探讨整个社会为何赞美处于压力之下男性的反应，却批评女性的反应之前，首先应该了解到，连科学家在讨论男性和女性时都会使用歧视性的语言。当众多神经科学家和经济学家讨论人们对待风险的态度时，他们经常说，男性追求风险（risk-seeking），而女性规避风险（risk-averse）。根据《牛津英语词典》，averse（规避）这个词来自拉丁语，意思是"反对；朝后或相反的方向转"。给女性贴上规避风险的标签，表明她们走错了路，而且存在一条方方面面都正确的路线。然而，不论我们描述的是男性还是女性，更合适的词是**警惕风险**（risk-alert）。当人们警惕风险时，他们的耳朵会竖起来，认真听潜在的警报声，整个人十分警惕。我能理解人们为何使用**规避风险**一词，损失规避和风险规避是经济学上两个由来已久的原理。但是如果我们想客观地谈论风险，我们需要一个至少中性的词，最好是和**追求风险**一样积极的词。我们都想追求东西，都想保持警惕，但没人总是想规避。

有趣的是，男性在压力之下不只是稍稍变得更加追求风险，在适当条件下，他们差不多可以成为冒险狂。一些研究表明，在压力足够大，挂出的奖赏足够诱人时，男性会将慎重和常识抛到九霄云外。来自荷兰拉德堡德大学的鲁德·范登博斯（Ruud van den Bos）和他带领的研究团队发现，男性在身体紧张、皮质醇水平达到最高值时，通常会痴迷于大的奖赏。[16]范登博斯发现，紧张的男性在赌博时下的赌注比不紧张的男性要高得多。这些受试者并不是对赌博上瘾，每天晚上都要回到牌桌上的人。他们只是普通的男性和女性，研究者把他们带到实验室，教他们一种新的纸牌游戏。在游戏过程中，他们会发现自己可以选择。受试者可以选择安全版的游戏，这样他们可能赢也可能输，但最终赢的会比输的多。在安全版的游戏中，大输大赢的情况不多，但玩家会看到自己的奖金慢慢变多。或者，他们可以选风险版的游戏，这样他们偶尔能赢一大笔钱，但输的次数会更多。风险版的游戏其实被做了手脚，玩家最终会一无所获，甚至更糟，会欠钱。玩家对最终出现的这种巨大损失不会毫无心理准备，他们在游戏中间会意识到，风险版确实相当有风险。

你会选择哪个版本？你会选择高风险版本，偶尔赢上一大笔，但也会多次看到账户余额降到零吗？还是，你会选择安全版本，确保自己最后是赢的？男性和女性在放松时普遍选择安全版，只会在寻求短暂刺激时回到风险版。然而，男性在紧张时，会一直从风险牌组里抽牌。范登博斯发现，感到最紧张的男性从风险牌组里抽牌的次数多出了21%，损失金额的增长吓住了紧张的女性和平静状态下的男性，却没有吓住紧张的男性，高度紧张的男性输的钱比赢的钱更多。[17] 为什么紧张的男性不断输，却仍以身试险，不断选择抽取有风险的牌组？因为偶尔会赢一大笔钱，这样的诱惑力已经足够让他们去冒更多的风险。在压力的作用下，当看到有赢得很大一笔钱的可能时，男性会赌一把，他们下的赌注比他们平时更大、更频繁。

还有一个问题，谁会在压力增加时调整策略。斯蒂芬妮·普雷斯顿（Stephanie Preston）是密歇根大学的一位神经科学家，在她的一项研究中，她和同事告诉受试者，他们要在20分钟后做一个演讲，而且研究者会就他们的演讲能力进行评分。任何一个人，如果曾被老板冷不防地问过"你能准备一下，20分钟后在会议上做个报告吗？"，都会明白这是一个令人心跳加速的挑战。但实验参与者们先要玩一个赌博游戏，就是范登博斯所使用的尽可能多赢钱的纸牌游戏。激动、焦虑，心里还想着即将要做的演讲，起初男性和女性都拿不定主意该抽哪组牌。[18]

然而，女性受试者离压力事件（即将要做的演讲）越近，她们在纸牌游戏中所做的决定也越好。紧张的女性倾向于更具策略性，选择更小、但更有把握的方式，而非高风险的方式，因而赢的钱更

How Women Decide

多。而紧张的男性却不是这样。当计时器越接近零，离演讲越近，男性的决策也越成问题，他们为了赢一大笔钱的极小可能而冒很大的风险。请注意，赢一大笔钱并不代表他们就不用演讲了，冒险本身就是冒险的奖励。

这项研究的结论很明显：男性在压力上升时，倾向于追求风险，极为紧张的男性可能成为冒险狂，他们认为值得去付出越来越多的代价。而女性则恰好相反，在压力上升时，女性似乎很快就对冒险满足了。

皮质醇对男性和女性的影响完全相反

为什么男性倾向于冒更多风险，而女性喜欢确定性？关键似乎在于皮质醇。你可能还记得，马瑟和她的团队在开始充气球游戏前等了 15 分钟，皮质醇水平在这段时间里会达到最高值。我们知道皮质醇是一种"应激激素"，大众媒体经常这样描述它，而且这个绰号也很恰当。皮质醇是机体为了应对压力而产生的类固醇。要理解皮质醇对决策的影响，我们先要理解当身体发出压力警报时会发生什么。

当你感觉受到威胁，比如警察局打电话告诉你，他们逮捕了你的儿子，或者你在离会议开始前 10 分钟接到一位同事的通知，要你来主持这个高管会议，你的身体会立即做出反应。你的身体准备好做出众所周知的"战或逃"(fight-or-flight) 的反应，要么应对挑战，要么知难而退。"战或逃"的第一波生理反应是肾上腺素激增，在肾上腺素所给力量的促使下，你的心跳会加速，你会吸入更多氧气，并且感到肌肉抽动，因为你的动脉在扩张。你的脸也会变红，开始坐立不安，所以开车到警察局或在商业会议上做报告会变得难得多。

如果肾上腺素激增是第一波生理反应，那么皮质醇水平的变化属于身体对压力做出的第二波反应。在你的肾脏上方长着一对肾上腺，它会将皮质醇逐渐释放到血液中。作为第二波荷尔蒙，皮质醇确保你具备做出反应所需的能量，以此帮助你的身体应对压力。如果在最初的威胁发生后 20 或 30 分钟，你还在对压力做出反应，还在开车去警察局的路上或者仍在做那个报告，那么你不只会心跳加速，还会消耗体力。但是因为你的身体在第一波反应中所产生的肾上腺素让你的胃和小肠停止了工作，所以消化系统无法提供任何能量。而皮质醇通过促使肝脏供应充足的葡萄糖，为你提供思考和正常运转所需的血糖。

男性和女性在应对压力时，体内都会产生皮质醇。然而，马瑟、范登博斯和其他几位科学家发现，同样的化学物质却导致男性和女性做出了完全相反的行为。如果你是一位女性，体内的皮质醇水平很高，你会对风险很警觉。但如果你是一位男性，体内的皮质醇水平很高，你变得更追求风险。同一种化学物质，却产生了两种截然不同的反应。

在实际情形中这意味着什么？试想一下，你收到老板留的一张便条，上面写着"**现在来见我**"。没有任何解释，也没有任何语境，这不是你老板的一贯作风，你感到很不安。你惹什么事了吗？还是你团队中的某个人惹事了？在这些状况下，男性通常变得更追求风险，但他也应该不会发封公司内部电邮，谴责老板无能。同样，女性通常会变得对风险更警惕，但也应该不会藏在办公桌下面。总之，大家都不会忘掉社会规范。

更现实的情况是，一旦你开始和老板交谈，你体内的高水平皮质醇会影响你这时所做的决定。你到了他的办公室，但他正在打电话，所以你要在门口等。时间过得很慢。终于，他让你进去，解释道："抱歉这样叫你过来。我父亲的心脏病发作了，我订了回家的机票。你能帮我接管一些任务吗？"

眼前的威胁已经过去，你感到如释重负。但你体内还充满皮质醇激素，而且这种情况会持续一段时间，而这种生理反应会影响哪种选择能吸引你。研究预测，女性会做出稳赢的选择。她们会提出可以承担一些有信心可以做好的任务，这些任务绝对是在她们技能范围内的项目。相较之下，研究预测，男性会选择潜在回报最高的项目，他们对自己可能输的担心要少得多。他们会提出承担更难的任务，如果这些项目很重要，能提供升职机会，他们会更愿承担。这能帮助解释，为什么当男性和女性被问及看重工作的哪一方面时，男性比女性更可能将"晋升空间"放在首位。[19]

你可能在想：**可是我知道有人并非如此，我知道有的男性和女性即使在压力重重的情况下，依然镇定自若。**这也很有可能。根据范登博斯的研究，高水平皮质醇会产生重大影响。他认为在压力状况下，会出现两类人：一类是高反应人群，在压力之下皮质醇水平会增长50%～250%；另一类是低反应人群，遭遇高压状况，皮质醇水平可能只会增长20%。[20]低反应人群的身体仍会发出压力警报，但警报声却像是微波炉在食物热好后发出的蜂鸣声，这是警报，但没那么紧急。而高反应人群的身体里却拥有一个全面疏散警报器。范登博斯和他的团队发现，变得追求风险的是高反应男性的举动，变得警惕风险的是高反应女性的举动。低反应人群应对风险的方式更具一致性，他们在压力状况下所做的决定和放松状况下所做的决定类似。

有多少人是高反应者，在压力情形下，身体会迅速进入紧急模式，而且自己的选择会发生重大变化？这点很难弄清楚。范登博斯在中间画了一条线，将接受测试的一半归入高反应人群，另一半归入低反应人群。[21] 所以，当你面对一群人时，你可以想象半数女性在压力下有明显的警惕风险的表现，半数男性有明显的追求风险的表现，而剩余的男性和女性的决策方式不会有大的变化，但这也可能取决于你面对的是什么人群。那么，是不是某一类特定环境会吸引高反应者？可能皮质醇水平变动幅度大的人对这种反应很兴奋，因此被高压力职业所吸引，比如新闻记者或空中交通管制员。或者，可能高反应者难以承受他们的皮质醇水平，因此被更具预测性、更平和的领域所吸引，比如验光师或按摩治疗师。这项关于高低反应者的研究太新了，科学界尚未给出确定答案。

压力状态下大脑的反应

所以，压力和高水平皮质醇有关系，但肯定还和其他方面有关。肯定有原因可以解释为什么男性和女性的表现如此不同，为什么他们会在同一高压环境中做出如此不同的决定。他们体内有同样高水平的类固醇，然而却被不同的奖励所吸引。男性满足于冒险，而女性满足于小心谨慎。会不会是大脑的原因？会不会是当男性在压力下做出风险决定时，大脑的一组区域被激活，而当女性做同样的决定时，被激活的是另一组大脑区域？

玛拉·马瑟和她的团队想知道答案。他们将之前的气球充气冷加压游戏搬到了一个新的环境中——实验室里，这样他们能监测参与者在游戏过程中的大脑活动。他们使用功能性磁共振成像（fMRI）技术，检测在决策过程中大脑的哪些区域最活跃。总体而言，男性和女性在玩给气球充气的游戏期间，展现出同样的大脑活动。这并不令人感到意外，毕竟每个人都在做同样的事情。他们都要看气球，按下键，所以每个人负责视觉和监控的大脑区域都很活跃。

　　但确实存在具有启迪意义的差异。马瑟和她的团队发现，处于高压状况下的参与者性别不同，其大脑的两个区域所做出的反应也截然不同，这两个区域分别是壳核和前脑岛。它们是大脑内很小的区域，随着科学家不断发现它们的其他功能，我们很可能会在大众媒体上听到更多关于它们的消息。Putamen（壳核）是希腊语，意思是桃核的外壳，因为这个大脑区域看起来酷似壳核，它的形状和桃核一样，圆圆的，略微有些扁平，因此得名"壳核"。就像桃核是在桃子的中心，壳核也位于大脑中心的深处。壳核有许多功能，而其中一个重要功能是发起行动和运动。它从五官以及人体自身的内在状态获取信息，衡量是不是行动的好时机，如果是，它会告诉大脑的其他区域：**"行动，现在就行动。"** 当你要驶入高速公路，必须决定是快速前进，还是等到前面没有车时再加速，是壳核告诉你"加速吧"。

　　而前脑岛恰恰相反，它是大脑皮层的一部分，这个错综复杂的卷曲的灰色物质层覆盖了大脑的其余部分，就像皱巴巴的纸巾包裹着易碎物品一样。前脑岛，像大脑皮层的其他部分，被认为比壳核进化得更晚，但它能让人类进行更加复杂的思维和行动。当大脑的那个更年长的区域迅速地说"加速吧"，这个更年轻的区域正在判断这是否真的是最好的决定。前脑岛的功能之一是在决策期间宣布情绪。当一个人做出的决定有风险时，前脑岛会发出一个响亮而清晰的信号："糟糕，这有风险。"当你从匝道开入高速公路时，你的前脑岛可能在高声尖叫，提醒你的身体高度警觉，因为你正在做的事情会让你陷入困境；或者它可能很安静，让你的身体知道你正在做的事情其实并没有风险。这要看你的车加速有多快，路况如何，你驶入高速路的最后尝试有多成功。

马瑟和同事发现，当紧张的男性需要做风险决策时，壳核和前脑岛都高度警觉，这两个大脑区域变得极为活跃。这就意味着在一定程度上，男性既在想"**行动，现在就行动**"，又在想"**糟糕，这有风险**"。对于男性，"情绪宣布官"前脑岛高度活跃意味着什么？可能意味着，男性正在对风险决定做出高度情绪化的反应，这和我们对男性通常的描述相悖。相较之下，女性表现出了相反的反应。当女性在高压经历后面对同样的风险决定时，这两个大脑区域明显安静下来，就好像女性不自觉地在想：**没必要着急，不要冒不必要的风险**。和男性相比，她们没有感到焦虑不安的内在压力，促使她们做出草率且冒险的决定。

现在我们取得了一些进展。男性和女性被要求在相同的情况下做同一决定，而他们的神经机制处理决策和风险的方式却完全不同。男性的大脑发出紧急的信号，而女性的大脑发出慢慢来的信号。他的大脑说："**我们行动起来吧，我们直面风险吧**。"而她的大脑说："**我们先要慎重**。"

但这项研究中显而易见的一点是，男性并不像大家刻画的那样镇定自若，皮质醇影响我们所有人在压力下的决策方式，无论男女都不像他们可能希望的那样冷静。

走出董事会，进入鱼缸和鼠笼

所有这些如果只适用于人类，就已经足够有趣了。然而，这个故事还有一个意外发现，我们并不是唯一具备这种反应的动物。

安德鲁·金（Andrew King）是英国斯旺西大学的动物学家，他带领的研究团队考察了棘背鱼在压力状况下如何应对决策。[22] 棘背鱼长约 7.6 厘米，因背鳍前面伸出尖尖的小刺而得名。有尖刺保护，这些鱼还担心什么？通常什么都不用担心，但将一张大网撒入它们平和的环境中，就构建了一个压力情境，在鱼的世界里，这相当于企业买断。

金将一面网撒入鱼缸中央，然后观察棘背鱼的反应。哪些鱼会游过来研究这面网呢？试想一下，一件新奇的东西刚刚落入鱼缸，可能是危险的东西，也可能是晚餐，还可能是伴侣。哪些鱼会觉得这个诱人但不熟悉的东西很可能是值得的，因而敢于冒这个险呢？多数是雄鱼。多数雌性棘背鱼决定留在外围，用高高的塑料水草将自己保护起来，它们会观望、等待，尽量减少风险。

研究者从其他动物身上也观察到了类似的模式。范登博斯与同事，剑桥大学的乔尔·乔里斯（Jolle Jolles）和圣安德鲁斯大学的尼尔基·博赫特（Neeltje Boogert）一直在研究，威斯达鼠（Wistar rat）在不同情况下如何决策。如果你在电影中看见一只实验室里的白鼠，它正在迷宫中乱窜，同时用粉红色的鼻子嗅着空气，那么它很可能是只威斯达鼠。和其他种类的实验鼠相比，这种老鼠非常活跃，它们会去探索，喜欢移动。范登博斯和他的团队想看一看雌性和雄性老鼠对压力的反应是否有所不同，所以他们建了一个大笼子，笼子一侧放了一个小房子，房子的大小只够一只威斯达鼠

藏身。²³

第一天，研究人员小心地将这些鼠放入测试笼中。它们十分活跃，四处探索笼子的每一个角落。然后，研究人员将老鼠们放回它们原来的笼子里过夜。第二天，范登博斯通过将一小块毛巾挂在笼子的一角，让测试笼的环境变得紧张。老鼠一般不怕毛巾，但这可不是普通的毛巾，一只猫在这块毛巾上连续睡了3周。

第二天当老鼠被放回测试笼时，发生了什么？雌性威斯达鼠挤进小房子，卷起尾巴，一动不动。攻击似乎临近，它们大部分时间都完全躲起来，不见影踪。这个时候，雄鼠并没有阔步走向那块毛巾。那面网会让棘背鱼好奇，而这块毛巾不同，这些鼠很确定上面是捕食者的气味。雄鼠也躲开了，但没有完全躲起来，而是把头留在房子外。所以雄鼠在相同的压力环境中冒的风险比雌鼠更大。

尽管鱼和老鼠可能不会做出许多复杂决策，但当它们在这么做时，展现了和人类相似的模式，在压力环境中雄性和雌性处理风险的方法不同。雌性觉察到威胁，会想办法减少风险，而雄性不会这样做，至少不会做到相同的程度。

为什么雄性和雌性的反应如此不同？为什么雌性选择了最安全的办法，而雄性却把鼻子伸出去嗅探风险呢？我们都知道，当动物和人类感到受到威胁，会做出"战或逃"的反应。如果决定战斗，就会抡起拳头或伸出爪子，如果选择逃跑，就会冲向最近的出口。可以说，当雄鱼冲向那面网，雄鼠伸出头时，它们选择的是战斗。同样可以说，当雌鱼待在水草里，雌鼠将最后一根须都塞进小房子里时，它们选择的是逃跑。雄性战斗，雌性逃跑。讨论就此结束。

How Women Decide

但真的有这么简单吗？并非如此。这或许能够解释鱼的举动，但雄威斯达鼠也跑去躲起来了。如果你是一只老鼠，正面对着闻起来像只猫的东西，逃跑合情合理。而且雄性选择战斗而雌性选择逃跑的说法也和人类不符。以爆气球任务为例，当女性受到冰水刺激而紧张时，她们没有在头一分钟就将手从冰冷的水里拿出来，而是坚持了整整三分钟，和男性一样。当爆气球游戏开始时，女性没有在第一轮就停止，没有选择逃跑，虽然她们本可以如此。相反，她们选择继续玩下去，但使用了和男性不同的策略，选择小一点但稳妥的胜利，尽可能在赢更多的同时冒更少的风险。"战或逃"这一现象无法充分解释男性和女性在心脏加速时所表现出的差异。

关于这一点，雪莱·泰勒（Shelley Taylor）有自己的看法。泰勒是加州大学洛杉矶分校的健康心理学家。她提议，"战或逃"是许多物种（包括人类）中雄性的应激反应。有时，雄性选择战斗，大胆地走向风险，比如，爆气球任务中的男性选择大一些但赌注更高的胜利，雄鱼冲向鱼缸中央。但有时，雄性也会选择逃跑，正如雄威斯达鼠藏起来一样。

而且泰勒认为，雌性的应激反应是另一种形式。雌性不会体验到"战或逃"反应，它们产生的是"照料和结盟"（tend and befriend）反应。[24] 她认为，从进化学的角度看，雄性在压力状况下的举动更积极，自有其道理。因为雄性会大胆地估量风险，如果它们认为自己会赢，就实行攻击，但如果风险太过巨大，冲出去很不明智，那么它们会将逃跑当作后备计划。如果雄性总是选择战斗，那么说明这个风险很诱人，常常值得去冒。

然而，雌性并非总是选择逃跑。大多数物种的雌性负责照顾幼崽，抚育它们直到成熟。它们比多数雄性在后代身上投入更多，所以它们在压力之下并不能逃跑，因为那样就意味着抛弃幼崽。同样，战斗意味着顾不上幼崽，让其独自面对攻击者，失去应有的保护。因此，不管是战还是逃，对雌性都行不通。

在面对威胁时，雌性需要一种减少风险的策略，能让它们留在风险情境，与此同时保证自身和幼崽存活。[25] 泰勒认为，正因如此，雌性会寻找盟友。如果一个雌性和其他雌性结盟，从而构建一个强大的网，很可能会有更多成员会在危险来临时，保护自身和其幼崽。这对单个的雌性有好处，因为这样它就有了保护，同时，这对该物种也有好处，因为幼崽也能得到保护。在安全的情境下面对风险是可以的，因为并不是只有自己一个人在战斗。

你可能在想，它们会和谁结盟。在所有这些研究中，并没有结盟的对象。鱼缸中的棘背鱼没有雌性朋友，威斯达鼠没有幼崽，那些女性也没有帮她们加油打气的人。有意思的是，不需要有特定的抱团对象，而且很明显，并不是因为他人在场，这种将风险最小化的反应才会被触发。相反，将风险最小化的策略似乎由某个高压事件引发。当一面网突然出现时，雌棘背鱼待在水草里，当雌威斯达鼠闻到捕食者的气味时，藏身于小房子中。这时候，尽量减少风险是它们的最佳选择。

在给气球打气的任务中，紧张的女性当然没有躲起来。可是，她们却找到一种更复杂的方法来尽量减少风险：她们选择尽量地赢更多，在输掉所赢数额前停下来。紧张的女性比紧张的男性更早从风险中撤出，但他们还是冒了险，只是选择了一个折中的办法。

用这种方法理解决策方面的性别差异十分有趣。雄性可能进化出了一种无意识的根深蒂固的观念，它们总能离开（或者说逃跑，在必要的时刻）。它做出的决定会更多样，在面对威胁时，也敢于冒风险。但是，雌性没有这样的优势，它们并非总能选择掉头逃跑，因而雌性进化出了更平稳谨慎的决策方式。当它们的心脏开始"怦怦"跳、皮质醇飙升时，其大脑告诉它们：**做最安全、最可靠的事情，因为如果不顺利的话，就很难逃脱**。

有些科学家对照顾和结盟理论表示怀疑，他们指出，这也许是女性的被动应对方式，但有些女性可能会采取主动应对的方式。当感到压力增加时，这些女性走上前去，试图改变这种情况，而不是向他人求救。[26] 与此同时，泰勒的照顾和结盟观点正得到越来越多的支持。[27] 最近，维也纳大学的心理学家利维娅·托莫娃（Livia Tomova）和同事接连发表的三项研究发现，在压力状况下，女性变得更注重和他人的协调。[28] 在一项实验中，受试者将手伸到帘子后面摸东西，摸到的东西可能令人感到愉快，比如一片羽毛或一只棉球，也可能令人感到厌恶，比如一只黏糊糊的蘑菇或一只塑料鼻涕虫。每个人都会看到一张自己所摸东西的照片和一张其他人所摸东西的照片，然后受试者必须对他们各自经历的愉快程度进行评价。一般而言，人们会将别人的经历和自己的合并在一起，如果我摸到的是令人愉快的东西，那么我对你摸鼻涕虫经历的评价，会比我通常给的评价更好。

许多人可能会觉得托莫娃及其同事的研究结果出乎意料。女性在为公开演讲而感到紧张时，对他人表现出更多关心和同理心。也就是说，压力下的女性觉得比平常更容易换位思考。而压力下的男性正好相反，他们变得更加以自我为中心。他们在感到紧张时，过于关注自己的经历，觉得很难去想象别人的经历。男性的想法似乎是：**我摸到的这块丝绸真是不可思议，所以你摸到的牛舌也不可能有那么糟**。

压力对男性的注意力产生了隧道效应（tunneling effect），当他们必须换位思考时，这种效应明显减慢了他们的思维。这对男性可能像是侮辱，不过你很可能觉得所有人都会像男性这样反应。你真的以为自己在紧张时会更关注别人的需要吗？除非你在面对危机时的自动反应是照顾和结盟。

虽然生物的本性不等同于命运，但我们确实需要留意这些倾向。我们在紧张时都会将目光放在决定的诱人之处上。但我们觉得对不同性别的人来说，诱人的方面可能会有天壤之别，压力之下的男性觉得风险很诱人，而女性却被拿得准的事物所吸引。

让女性参与决策很重要

那么，一种决策方法是否优于另一种？是冒大风险，专注于回报丰厚的巨大成功机会更好，还是选择安全的路径，追求小的成功，冒轻微的风险好？鲁德·范登博斯以着火的房子为例，说明两种方法中没有哪一种在任何时候都最优。[29] 比方说，一个人正站在一间着火的房子外面。当时，火势尚局限在后面的一个小房间，他或她安全救出困在房子里的人的机会很大。范登博斯说，因为机会很大，所以人们很可能会认为，不惜冒生命危险冲进着火的房子是很英勇的行为，而站在人行道上、不敢冒险的人所做的选择很糟糕。但是，如果火势已经蔓延到整栋房子，如果屋顶在坍塌，安全营救的可能性极低，那么大家都会同意继续站在人行道上才是明智的选择。

在现实世界中，我们通常不知道风险有多大。如果没有把握，我们要确保自己在做重大决定时，同时拥有追求风险和警惕风险这两种观点。这样，一种观点会对另一种起到缓和作用。

如果决策时完全将女性排除在外，结果会怎样？让我们看看全球金融危机期间董事会没有女性成员的公司发生了什么？从 2005 年～2011 年，在超过 6 年的时间里，瑞士信贷（Credit Suisse）研究了将近 2400 家跨国公司，发现董事会中至少有一位女性成员的大市值公司的股票价格，比董事会全是男性成员的同级别公司高出 26%，而且这些公司的净利润收入增长幅度也更大。在多数公司苦苦挣扎的这 6 年期间，董事会中有女性成员的公司，其收入增长比董事会中没有女董事的公司平均高出 40%。[30] 这种成功多半因为这些公司反弹得更快。在 2011 年 12 月，也就是多数股价触底的 3 年后，董事会有一位或者更多女性成员的公司走出困境的速度更快，甚至当董事会只有男性成员的公司也在逐渐恢复时，它们的股票价格仍然更高。[31]

有些人可能会说："好，好。下次再有全球性金融危机时，我们要让一些女性掌舵，这样才是明智之举。但与此同时，在股市正常的时候，这些女性会阻碍我们，让我们谨小慎微。正常情况下，冒巨大风险的公司才会赚取巨大利润。"

在危机期间，确保董事会有一位女性，但在赚钱的时候，无须如此。这是一个有趣的观点，同时这还是一个可以用经验证明的观点，我们看看 2008 年经济崩溃前的市场就能测出其真伪。董事会中有女性的公司在经济崩溃前的利润更低吗？丝毫没有。从 2005 年～2007 年，董事会中至少有一位女性的公司，其股票表现与董事会全是男性的公司几乎完全相同。让女性参与决策不但毫无损失，而且收获颇丰。[32]

公司董事会的性别多样性一直是一个有争议性的话题，引起了一连串的辩论，产生了大量难较高下的结论。有些经济学家在有女性领导者和没有女性领导者的公司中没找到任何市场差异，而又有一些人认为差异惊人。一项为了解决这些争议而进行的大型分析发现，公司总部的所在地很重要。那些因为女董事而受益最多的公司分布在性别更平等的国家，也就是说，在那些女性和男性做同样的工作挣得几乎一样多，女性当选公职人员的可能性和男性基本相同的国家。[33] 只有在她们的观点会被认真对待时，更多女性参与决策才会有所帮助。

压力环境下的女性专注于稳操胜券的方案，这个发现能帮助解释为什么 2013 年 10 月带领美国走出了政府关门困境的是女性参议员。当时，有将近 80 万联邦公务员被暂时解雇，据估计，政府每关门一个小时就会花掉美国纳税者 1250 万美元。[34] 到了第 15 天，找到解决方案的压力不断上升，而引领道路的是一群女参议员。女参议员们认为她们之所以会成功，是因为和男同事相比，她们采取了一种更具协作性的决策方式，走了一条她们更常走的道路。然而，现在我们看到女性为决策带来了一种受到忽略的优势。当形势紧急，压力巨大时，女性没有寻找成功率只有百万分之一的万福玛利亚传球*，而是变得更专注于任务。她们没有定不切实际的目标，而是关注能够实现的目标。

这对机构运营至少有两点暗示。第一点显而易见，我们要确保在做重大决定，尤其是评估风险的决定时，让更多女性参与其中。截至 2013 年 12 月，女性在美国 500 强企业的董事会中所占的比例仅为 16.9%，而有 1/4 的公司根本没有女董事。[35] 英国的情况要好得多，富时 250 指数企业（FTSE 250，在伦敦证交所排名第 101 至

---

* 译注：Hail Mary pass，指一种成功率低的、孤注一掷的长距离直传，通常在比赛临近结束时使用。

第 350 位的公司）中女性占有 28.6% 的董事席位。[36] 当然，企业并不是男性主导决策的唯一群体。100percentmen.tumblr.com 网站打出的标语是"世界上女性尚未涉足的角落"，列出了不同类别的完全由男性管理的机构。美国新经济思维研究所（Institute for New Economic Thinking）是一家致力于推广"服务社会的相关经济理论"的机构。在我查这个网站时，上面有这家研究所 23 位领导的照片，全都是男性。

多年来，关于领导层女性人数过少的提醒从未停止，所以这种担忧不算什么新鲜事。然而，解决这些忧虑的理由却是新的。这个问题不只关乎公平和职场机会平等，甚至关系到被广泛证实的多样性的优势。让女性参与决策的理由更加具体，而且与当前的状况相关。男性和女性在压力下处理风险决策的方式大不相同。如果有更多女性成为关键决策者，也许公司机构在应对小问题时能更富技巧，从而不会让它升级为大问题。

第二点暗示没有那么明显，但也同等重要。一旦女性参与其中，就要表达自己的想法和意见。一些畅销书，例如《向前一步》和《信心密码》（The Confidence Code），表达了这个观点，并特别指出了一些男性拥有而女性没有的益处。因为男性更可能说出想法、塑造谈话，所以他们更有信心、更加有影响力、更受人尊敬，薪酬也更高。但我希望本章能让你想起发言的另一种益处。女性需要开口表达，不光是为了她们自身，也是为了决策本身。如果你正在参加一个紧张的决策会议，你觉察到一个风险，但没人提及，这并不意味着每个人都深入权衡过那个风险，然后得出无关紧要的结论。在正常情况下，这个团队可能一丝不苟。但在紧要情形中，很可能对你显而易见的风险对其他人并不明显。确保这些风险被认识到并且被评估的唯一途径是，将它们提出来。

玻璃悬崖

这是否意味着,我们只应该在紧要关头让女性领导?如果女性在压力下能平衡对压力的评估、更关注别人的需要,是不是征询女性意见的最佳时刻就是在束手无策时?并非如此。在危机时分才将管理权交给女性,这种状况被称为"玻璃悬崖"(glass cliffs)。初次指出这个现象的是英国埃克斯特大学的两位心理学家米歇尔·莱恩(Michelle Ryan)和亚历克斯·哈斯兰姆(Alex Haslam)。2005 年,莱恩和哈斯兰姆注意到,伦敦证券交易所排名前 100 的公司正在任命更多女性担当最高领导职位,特别是在公司的董事会中。[37] 最初,这看似是好消息。多年来,积极分子一直在要求高层应该有这样的性别分布,似乎女性终于打破了玻璃天花板。但事情没这么简单。企业的确正邀请更多高素质女性进入董事会,但那只是在面临危机时,在一家公司经历数月的股票低迷之后。当企业机构运转良好,其股票价值平稳或上升时,那些公司还是会选择男性来领导。因为打破玻璃天花板的女性比男性更可能站到岌岌可危、风险重重的领导职位,所以莱恩和哈斯兰姆将这种情况命名为玻璃悬崖。因为这些女性是在面临危机时接管了公司机构,所以她们必定更易遭到失败。

起初,这似乎只是在英国存在的一个问题。但在后来的 10 年里,同样的情况出现在了世界各地。想想珍妮特·耶伦——领导美国联邦储备委员会的第一位女性,在财政政策失败,美联储账目上至少有一万亿美元的风险住房抵押贷款时,她才接到了任命;[38] 克里斯蒂娜·拉加德,第一位负责国际货币基金组织的女性,在她之前的男性负责人迫于国际性侵指控的压力而辞职后,她接到了任命。[39] 或者想想玛丽·巴拉（Mary Barra），第一位大型汽车公司的女性CEO。当通用汽车公司宣布，巴拉将是下一任CEO时，许多人都在庆祝这个历史性时刻，认为这件事证明了眼下形势正朝着对女性有利的方向发展，女性终于可以领导这个终极的男性俱乐部——汽车公司。然而，巴拉任职未满几周，通用汽车公司开始召回数百万辆汽车。几个月后，有文件显示，该公司主管多年以来一直知道这辆汽车存在致命的问题，也知道汽车的残次点火开关造成了13例死亡，但是一直在对遇难者家属、公众和政府撒谎。[40] 形势一点没有改变：人们只在事情正分崩离析时选择让女性来领导。

人们可以指着女性在压力情况下变得警惕风险的研究说："但是，在危急时刻让女性掌舵才是明智之举，因为她会保持头脑冷静，不会犯男性很可能会犯的同样错误。几乎真的是如此，她的前脑岛和壳核不太可能进入超速运转。"

可是，如果在成功的时候有更多女性是关键决策者，那么公司机构就会更有效地应对小问题，而不是等到问题变得一发不可收拾。如果女性在公司机构趋于崩溃时接管，而她们没能挽救它，如果女性只有在船正在下沉时才得以掌舵，那么人们可以指着这些失败说："看，让女性领导还是没用。"

两个选项要比一个选项好

女性怎样才能在压力状况下做出有力的决定呢？我们已经考察了确保男性和女性都参与重大决定的益处。除此之外，还有一个男性和女性都不可或缺的策略，但这个策略并不容易办到：压制住浮现在脑海中的第一个念头。当你承受压力时，在决定前花些时间至少想出两种选项。遇到这种情况时，你很紧张，通常想尽快从"我该怎么办"过渡到"至少我在做着什么"，所以要想办到这点极其困难。再想出一个选项意味着迟疑不决，推迟决定，不能尽快得到如释重负的感觉。

但当你真的开始行动时，你就更可能朝着有效方向行进了。为什么你需要在感到压力时生成更多选项？并非因为你的第一个想法一定不好，而是因为你会认为这个最初的想法比它事实上还要好。研究显示，男性和女性在决策时有一个共同点，那就是他们更关注眼前选项可能会带来的回报。[41] 正如我们在充气球和玩纸牌实验中所见，男性和女性专注于不同的奖励（女性专注于小但可实现的奖励，男性专注于更大但很难获得的奖励），但是他们的注意力都集中在奖励上。如果你要在压力下抉择，你只有一个选项，你会比平常更易被该选项的有利方面所吸引。

比方说，你申请了一份工作，他们开出了很好的条件，但只给你一周时间来决定。这对你来说压力很大，因为你以为会有更多时间来思考，然后决定这份工作是否真的比你目前的这份更好。很可能你会专注于新工作的诱人待遇，他们会给你很高的薪酬，或者这份工作极具声望，你会结识这个领域的一些顶尖人士。受到时间限制所带来的压力，你会对这份工作的不利方面不予重视，比如，你每周的工作时间会从轻轻松松的 40 个小时延长至 50 个小时，或者更久。

如果你再给自己一个选择，你的决策过程会如何变化？很可能你还是会专注于有利方面，但现在你能将两个选择的有利方面放在一起进行比较，而不会因为单一选择所表现的可能性而沾沾自喜。在这种情况下，第二个选择不能是"我继续做现在的工作，轻车熟路，没有任何改变"，因为它会让你感到泄气。第二个选择必须也是一个可行的变化，你可以找找其他工作机会。现在你知道自己的技能有多受欢迎，你很可能会从不同的角度来看待招聘信息。或者可以选择向现在的老板申请对你来说至关重要的东西，比如加薪、升职、年假增加一周，或者每周有一天能在家工作。虽然你不会在这一周结束之前就找到另一份工作，你的老板可能不会这么快批准加薪或者你的任何要求，但如果你探索了多种选择，而不是只专注于手中的那个工作机会，你不会那么容易说服自己做出错误的决定。

因为你在改善过程，所以结果也会得到相应改善。研究显示，增加选项的数目能够提高你最终决定的质量。保罗·纳特（Paul Nutt）是俄亥俄州立大学菲舍尔商学院的教员，他分析了企业、非营利组织和政府机构所做的 168 项决定。[42] 他既研究了大型机构所做的决定，比如麦当劳决定是否在全国范围内开店铺，也研究了小型机构所做的决定，比如一家农村医院是否增加一个戒瘾科。他发现，71% 的团队在做这些决定时只考虑一种选择。多数团队只问"我们该不该这样做"，正如你只问"我该不该接受这份工作"。在多数情况中，桌面上只摆了一个选择，团队的所有深入分析都围绕着是接受还是拒绝这个选择。纳特发现，当球队只问"我们该不该这样做"时，他们所做的决定中有 52% 在后来被认为是有问题的。将他们所有的脑力集中在一个选项上，导致错误决定过半。但是，决策时考虑了两个及两个以上选择的团队在 68% 的情况中做出了正确决定。这是平均值。我们如果拉近镜头看单个的机构组织，会看到一个团队从考虑一个选择到考虑两个选择的益处有多大。当一家德国公司的高管们回顾 18 个月间他们所做的决策时，他们发现只有 6% 的关于"我该不该这样做"的决定在长远看来是"非常好"的决定。但是，当他们扩大选项，考虑至少两种选择时，他们对 40% 的决定感到满意。[43] 诚然，这些调查研究考查的是团队所做的决定（而且这家德国公司的标准很高），但是如果整个团队的所有成员都目光狭隘，只评估了一个选项，那么作为个体，情况不可能会更好。

你在压力之下很难想出更多选择，所以就在平和放松时训练这种能力，让它成为一种习惯。当你在做简单决定时，比如要不要接受一个派对的邀请，除了问"我该不该去"之外，再考虑一个选项，比如，"我是不是宁愿本月晚些时候和这位朋友单独聚一聚？"。你有两个选择可以比较，而且还可能会再想出一个可行的选择。

喜欢巴里·施瓦茨（Barry Schwartz）《选择的悖论》（*The Paradox of Choice*）一书的人可能会不同意这种建议。施瓦茨认为，太多选择会扼杀决策。施瓦茨解释说，当我们的选择太多时，我们会遭遇"选择超荷"（choice overload），发现自己根本不想去选择。试想一下，你在一个美好的周六醒过来，忽然想去修理那辆你已多年没骑的自行车。你开车到自行车店，想买一把螺丝刀，却找到了 50 种螺丝刀一类的工具。可想而知，你会感到不知所措，很想两手空空地离开，并且告诉自己反正你也不知道怎么修理自行车。这就是选择超荷。施瓦茨发现，有太多选择会削弱你最初选择的动力，让你对后来做出的选择感到不够满意。但选择超荷的研究结果很复杂。奇普·希思和丹·希思在他们的《决断力》一书中解释到，通常当你有多于六种选择时，才会感到选择超荷。[44] 当你面临压力决策时，再给自己一个或两个选择，不会造成你的选择能力瘫痪。

你感受到的是兴奋

另一个可能改善你在压力下所做决策的方法是重新评估。我们通常认为有压力是一件坏事。当你在站起来做报告前顿时感到心脏"怦怦"直跳，你担心自己会犯错或忘了自己要说的内容。你告诉自己："**一定要冷静下来。**"因为正如大多数人一样，你认为你的紧张情绪会影响你的发挥。哈佛商学院的教员艾莉森·伍德·布鲁克斯是发现这个办法毫无作用的众多科学家之一。事实上，告诉自己要保持冷静，实际上会产生适得其反的效果。[45] 你的身体显然并不冷静，现在你觉得自己在两条战线上败下阵来。如果你不能冷静下来，你如何能做好报告呢？

布鲁克斯有一个更好的建议：不要试图忽略或降低你的紧张状态，将身体感受到的压力理解为兴奋。试着告诉自己："我真的对此感到很兴奋。"[46] 我知道这听起来有点牵强，鉴于我们使用**兴奋**和**紧张**两个词的巨大差别。我对要买辆新车、去度假或者去见一位老朋友感到兴奋，而我对赶最后期限、参加测试、四年来首次见我父亲感到紧张。兴奋将未来设定为你所期待的挑战，而压力将未来设定成你可能没办法处理的威胁。

尽管人们的想法可能大不相同，但紧张和兴奋两种心理状态确实有相似之处。[47] 你的心脏会"怦怦"跳，你的手心会出汗，你的脸会变红。我们都经历过在一个令人兴奋的事情来临之前夜不能寐，正如我们在一个令人紧张的事情来临前的失眠。你可以将你的身体对压力的反应重新定义为兴奋。

不过，这个办法真的有用吗？人们真的能走进一个明显的紧张情境，告诉自己："**我此刻感受到的是兴奋。**"并且相信这一点吗？

布鲁克斯决定一探究竟。为了让受试者紧张，她让他们做了一件我们多数人只有在喝了几杯酒后才会想做的事情：唱卡拉OK。在歌厅里，有朋友在一旁助兴，还有大量背景噪声，唱卡拉OK会是件趣事。但在一个本来悄无声息的房间里，清醒地站在一位陌生人面前开唱，完全是另一回事。

当有偿志愿者到达实验室时，布鲁克斯向他们解释，他们必须站在观众面前，使用任天堂Wii卡拉OK电视游戏机，唱Journey乐队20世纪80年代的流行金曲《不要停止相信》（Don't Stop Believing）。[48] 她先确认每名受试者都熟悉这首歌，然后提出了一个不同寻常的请求。她说，当实验员走进房间，问受试者感觉如何时，他们要给出一个具体的、提前规定好的答案。她让一半参与者说"我很紧张"，而让另一半说"我很兴奋"。因为每个人都被随机分组，所以是被分在紧张组，还是被分在兴奋组，完全看命运的安排。当然，有些人会是在撒谎，但布鲁克斯让他们试着相信自己正在说的话。

然后，艰难时刻来临了，他们开始演唱。他们站在完全不认识的人面前，手持一个话筒，尽力唱到最好。就像普通的卡拉OK，他们能看到在电视屏幕上弹出的字幕，但除此之外他们没有任何其他帮助。

结果怎么样？布鲁克斯用任天堂Wii的卡拉OK电视游戏机来为每位参与者的歌唱表现评分。任天堂Wii客观而且无情地根据你在特定时刻声音过高还是过低、音高是否准确、某个音符拉得够不够长，从0~100为你的歌唱表现打分，它可不太仁慈。有趣的是，说"我很兴奋"的人比说"我很紧张"的人唱得要好得多，得分也高得多。兴奋的人平均得80分，而紧张的人平均得分只有52

分。简单地说四个字，"我很紧张"或"我很兴奋"，就足以改变他们的表现，就是这么戏剧化。请记住，"兴奋"的人在参加实验时并非真的感到更乐观或跃跃欲试。他们只是被要求大声这样说，并且尽可能相信这句话。值得注意的是，他们确实相信了，至少这种相信足以让他们的表现优于紧张的受试者。

如果**"我很兴奋"**这四个字只会提高唱卡拉 OK 的表现，那么知道这个方法也能帮助我们更有尊严地应对周六晚上的聚会，但可能对我们周一早上的工作却没有帮助。然而布鲁克斯没有就此停止她的实验，她对说"我很兴奋"是否能帮助人们克服其他常见的紧张情况进行了测试。她关注了数学表现。当成年人参加限时的数学测试时，那些按要求兴奋起来的人比那些按要求保持镇静的人答对了更多题目。对于公开演讲来说，又如何？"我很兴奋"四个字再次发挥魔力。站起来演讲前按照要求告诉自己这句话的人，被外部评审团评价为更加自信、更有能力、更有说服力。[49]

将压力重新评价为兴奋是怎样改善决定的呢？这个领域的研究还很新，所以目前能说明重新评价压力会直接改善决策的研究还不是很多。可是，布鲁克斯和其他研究者正在发现，重新评价会从多个方面改善人的思维，而这有助于决策。一方面，人们在告诉自己**"我为此感到兴奋"**时，会对自己的能力更加自信，而我们在第四章了解到，适度自信会改善决策。

而且，人们在重新评价时，不太会纠结于可能的负面评价。你在紧张时，会变得对负面暗示更敏感，一切看起来、听起来都像是威胁，仿佛你的触角在那里颤动着，搜寻批评。如果你在为自己的年度绩效评估而感到惴惴不安时，恰好收到一封邮件说：**"需要把我们的面谈推迟到星期五。"**你会将其理解为你的经理在拖延，因为她要告诉你坏消息，而不会认为她目前太忙。如果你在初次约会时感到紧张，然后你听到对方说"你穿的皮夹克很有意思"，你很可能将其理解为批评而非赞美。如果你将多数事情看作威胁，你的判断会受到影响。

但是，重新评估会降低这些威胁的影响。哈佛大学的另外两位研究人员杰里米·贾米森（Jeremy Jamieson）和马修·诺克（Matthew Nock），以及加州大学旧金山分校的温迪·贝瑞·门德斯（Wendy Berry Mendes）表明，我们在重新评价某个决定时，不太会受到周围的负面暗示影响。[50] 当你将身体的压力反应理解为会改善你的表现的东西时，当你告诉自己**"我的心脏在'怦怦'跳，这很好，说明我已经准备好了"**时，你会看到并且听到不同的世界，不会因为这个人皱起的眉头或者那个人模棱两可的评论而难以专注。如果你不觉得威胁无处不在，那么你会做出更好的决定。你会发现为绩效考核中要提出的话题排优先顺序变得更轻松，你也会更准确地判断自己是否想要第二次约会。

虽然紧张和兴奋这两种感觉可能只有一线之隔，但无论何时，只要可以，请倾向于兴奋的那一边。这样你会做出更加有利的选择，会更轻松地应对挑战，你的注意力也会更加集中。虽然我们中的多数人无法终止自己的紧张情绪，但我们可以不让紧张情绪阻碍我们。

我们需要重新审视我们对压力和性别先入为主的观念。当男性和女性因为紧张情形而焦虑不安时，我们判断她属于情绪化、喜怒无常的类型，而他属于坚忍、沉稳的类型。本章的研究削弱了这些观念。压力之下的男性并没有比压力之下的女性更沉稳、更理性，他们会冲向一般情况下会规避的风险，下的赌注高得离谱，会去瞅一眼网里有什么好东西。

女性应该从中得到什么信息呢？如果你是一位女性，正面临一个十分紧急的决策，而你周围的男性正在争取一个你觉得风险巨大的想法，请说出来。即使这些同事平时都很理智，你一向很敬重他们的判断，毕竟压力是会改变人的。作为处于同样压力下的一位女性，你会警惕风险，知道那面网里并非总是好东西。

当蒂姆·亨特开玩笑说，将男女隔离开来的实验室可能会提高科学研究时，男性和女性都受到了冒犯，我们都因为这种侮辱大为恼怒。但隔离办公室之所以是一个糟糕的想法，不仅是因为这是一种性别歧视，也因为这个想法目光短浅。当遇到紧急情况时，我们需要女性的参与，从而平衡男性的决策冲动。在非紧急情况中，我们也需要两种性别都参与进来。我们无法减小科学、政府或商业领域中高风险决策的压力，但我们能够确保，在压力攀升时，冒巨大风险和做出稳妥的进步之间能取得更好的平衡。

小结:

1. 常见的误解是: 女性在压力下会变得情绪化、崩溃,而男性会保持冷静、专注。
– 当一位女性表达负面情感时,她会被认为情绪化。
– 当一位男性表达同样的负面情感时,他会被认为是遇到了不顺利的事情。

2. 神经科学家已发现有证据表明,压力非但没有把女性压垮,反而为其带来独特的决策优势。

3. 研究人员发现,皮质醇水平激增对男性和女性风险决策方式的影响完全相反。
– 极其紧张的男性会追求高成本、小概率的大成功,而极其紧张的女性会选择更有把握、更小的成功。

4. 男性和女性的大脑经常对压力下的风险决策做出不同的反应。
– 马瑟及其同事发现,处于压力下的男性在做一项风险决策时,壳核和前脑岛会全速运行。
– 但女性在面对同样的压力时,这两个大脑区域却更加安静,没那么活跃。

5. 问题: 成功的女性会遭遇玻璃悬崖,常常临危受命,接任领导职位。
– 如果有更多女性参与到决策的过程,也许企业能够有效地应对小问题,不会让其升级为大问题。

6. 人类不是对高压决策产生性别化反应的唯一物种。威斯达鼠和棘背鱼也表现出雄性冒险、雌性尽量减少风险的规律。

7. "战或逃"似乎概括了不同物种的雄性应对威胁性情形的方式,而"照顾和结盟"似乎能更贴切地描述雌性的应对方式。

8. 因为女性对压力的反应有助于平衡男性的反应,所以如果女性被纳入决策过程不仅对女性有好处,还有益于决策本身。

1. 当你在做决定时,即使你很紧张,也要再想出至少一种选择。当有更多的可选项时,你会做出更好的选择。

2. 将"我很紧张"重新定义为"我很兴奋",这样你的决定会明显改善。

第六章
看着他人做出糟糕的决定

Chapter Six

"她七个月什么都没做，整整七个月。"坐在我对面的那位女士摇了摇头，试图理解她的姐姐为什么等了那么久才去看医生。洛瑞是得克萨斯州一位49岁的小学教师。她将记忆往回倒了倒，告诉我事情是如何开始的。

"她第一次注意到不大对劲是在六月份。根据她告诉我的情况，当时她急着出门，因为她要在图书馆主持一个会议，快要迟到了，但是她想还是先去趟洗手间为好。"洛瑞压低了声音说，"我姐姐讨厌在公共洗手间大便，她在这方面有些古板。总之，在上完厕所冲水时，她注意到马桶里有一点东西看起来像血。就一丁点儿，我姐姐坚持这样说。她说自己当时感到了警觉，并发誓自己想过打电话给她的医生，但是她已经快迟到了，所以她决定晚点儿再处理这件事，等回到家再给医生打电话。可是，她那天忙得忘乎所以，完全不记得这件事情了，直到一周或是两周后，这种情况再次出现，她才想起来。而这次是在她正要上床睡觉前，同样不是打电话的好时候，反正她是这么说的。"洛瑞停了几秒，继续说，"她说，那时她一点也不觉得疼，所以她觉得没什么大问题。她开始摄入更多膳食纤维。过了一段时间，一到两个月吧，我猜，她开始疼了起来，但她吃了一些布洛芬（一种止痛药），感觉好了些。考虑到疼痛的位置，还有她的高纤维饮食没有作用，那时她想肯定是更年期的关系。她开始服用萘普生钠（一种止痛药），还是没去看医生，也没告诉她的丈夫。至于后来，她告诉了自己的丈夫，但是我不清楚为什么我姐夫没有直接开车带她去急诊室。"

"你知道是什么最终让她决定去看医生吗？"洛里问我。然后接着说，"她要抱孙子，但没抱起来。她当时太疼了，根本抱不起来，因为这件事，她终于被说服要做点什么了。她预约去看她的私人医生，他们立即将她送到医院做检查。一天后，我们知道了，是癌症。我午休时接到电话，这是我第一次听说这件事，她正处于肠癌的第三阶段，而且是第三阶段的晚期，特别糟糕。我查了症状预断，一般到这种地步，只有五到六成存活的可能性了。

"我很生气，我的哥哥和我都想掐死她。但是，我也很迷惑。这简直说不通啊，因为她很聪明，不会这么糊涂。而且，她在一家牙医诊所工作过多年，知道如果你不理会身体早期发出的警告会发生什么。"

在听到这类故事时，我们都会摇摇头，希望我们爱的人能更理智些。可是，我们中的大多数人都眼睁睁地看过一个本来很聪明、很理智的人做出了非常糟糕的决定。或许是一位朋友，尽管她的丈夫抛弃过她好几次，她仍决定回到他的身边；抑或是你代理的一位客户，拒绝考虑一个慷慨的提议。虽然你能明显地看出这是一个糟糕的决定，但当事者却坚持认为那是他或她所做的是最好的决定。为何聪明人在做出糟糕的决定后却说服自己是最好的？我们都很擅长为自己的行为解释和辩解，善于说类似"我猜吃一口不会有什么影响吧"或者"没人会注意到"的话，但是真正发挥作用的不只是自我欺骗。本章关注为什么人们总是会掉入自欺的陷阱。"我们从错误中学习"这句谚语说明，我们都珍惜重新审视错误判断，并从中吸取教训的机会。也许我们中这样做的人很少，但是，我们将会看到为什么相较于重复犯同样的错误，避免再犯这种错误需要惊人的努力。

我应该澄清一下，本章要探讨的不是推理谬误。推理谬误当然是一个人类共有的问题，在日常生活中，我们都会在选择时出现失误，却毫无察觉。正如我们在第一章所讲的那样，当我们在评估某件东西值多少钱时，多数人会受到锚定效应的影响。我们会执着于自己先看到或听到的数字，不管这些数字有多么无关或离谱。我们在第三章讨论过证实偏见，我们认为自己是在"进行研究"，事实上我们只收集能够支撑我们想做的决定的信息。我们的推理也许有所偏差，但我们身边没有一个人注意到这一点，因为这些决定仍然听起来合情合理。

但是，本章要探讨的也不是合乎情理的决定，而是显而易见的坏决定，那些人们做出的让你不忍直视、可疑到离谱的选择。每个人都意识到这是个错误的选择，除了做出这个选择的人。那个人似乎深信自己的决定是对的，当她发现其他人不赞同时，她只是不愿继续讨论这个问题，并不会改变自己的想法。

这样的教训显而易见：面对他人的疯狂决定，你表现出了"请不要告诉我你那样做了"的反应，然而这样并不总能促成改变。我们以为那个人已经吸取教训了，一周后却得知她又一次做出了那个缺乏远见的选择。我们经常误解亲友做出错误决定的原因，那是因为我们没有找到问题所在。我们以为他们没有想清楚那些选择会带来的后果，但我们真正需要考虑的是他们的动机，也就是他们开始做决定的地方，而非要到达的地方。本章旨在帮助你理解促成错误决定的一些动机。如果你明白事情的前因后果，对别人的理智多几分信心，那么你的受挫感会相应减少一些。我也会指出让你识别不同动机以及促使别人做出更好决定的策略。让我们面对现实，这是别人的决定，所以你对她最终会如何选择没有多少控制权。然而，一旦你明白了她走上某一条路的原因，你就有机会帮助她挑选一条更好的路。

应该问"什么时候"，而不是"谁"

我们倾向于认为某一类型的人会做错误的决定，并相应给他们贴上标签：他的判断力很糟糕，她没有一点商业常识，这两个人都不知变通。这就像是我们看待视力和驾驶的方式：有些人连前面的三米都看不清，不应该让他们开车。但是这将问题过度简化了。当你认为有些人不应该做某个重大决定时，可能会感觉自己有理有据，但我们忽略了至关重要的东西。科学家发现，很多时候，导致错误决定的是条件，而不是一个人存在缺陷的世界观。把视力和驾驶的例子再往前延伸一点，就有一定道理了：虽然一些人的视力比另一些人好，但几乎每个人都会觉得在大雨倾盆的黑夜开车很困难。因为我们知道这些条件对开车不利，所以我们都会减速慢行。我们也需要学会识别不利于决策的条件。我们应该问的是人们什么时候会出现决策困难，而不是谁会有那种困难。

当父母到达人生迟暮之年，已经成年的孩子常常会想，他们是否还能信赖父母的决策能力。众所周知，当人逐渐变老时，记忆力也就开始下降，但是我们大多数人都没有意识到，决策过程也会随着年龄而变化。然而，**"下降"**这个词不够贴切，更恰当的词是**"倾斜"**。当人们逐渐变老，他们对某些信息会特别关注，却有意不理睬其他信息。

我还要澄清，本章探讨的不是女性做出糟糕的决定，而是女性如何看待其他人做出糟糕的决定以及更好的应对办法。然而，这并不是说女性更难容忍别人的糟糕决定，当男性和女性看到自己爱的人做出糟糕透顶的判断时，都会难以忍受，他们都希望自己的同事、朋友和家人能够做出正确的选择。但是，我们之所以会通过别人的决策方式来看待女性，是因为两点：首先，我们从第二章了解到，女性在做决定时倾向于更加民主，会问别人的意见，这就意味着，女性更可能被别人的糟糕判断所影响。

其次，女性经常是决策帮手，比男性更常辅助别人做决定。当一位丈夫要做医疗方面的决定时，他的妻子一般会更紧张，与处于同样情形的丈夫相比，她愿意在咨询医生的过程中扮演更重要的角色。[1] 当大学生对人生的重大转折心存疑问时，比如要不要申请研究生或者去哪家公司工作，比起男教授，他们更可能向女教授咨询。[2] 儿子和女儿也扮演不同的角色。当年迈的父母需要成年子女的帮助，儿子更可能在家庭之外忙碌——去银行、买生活用品、填处方，而女儿很可能会提供个人护理，帮助父母洗澡、上厕所、挑选衣服、付账单、做晚饭，这就意味着她将会看到父母所做的一些最私人、最隐秘的决定。[3] 她可能注意到，她父亲支付给他的新理财规划师的费用高得离谱，或者她母亲拥有越来越多没有开封的雅芳产品。当某个人有可能做出糟糕选择时，女性能及早发现，所以她处于说服那个人重新做出选择的有利位置。

我们应该在何时留心错误的判断

那么，什么是艰难的决策情况？什么时候你周围的人容易出现判断失误？

第一个问题很简单。人们在为一个意见花了大价钱时，会做出糟糕的决定。当他们聘请了一位顾问来帮忙解决一个问题时，或者当他们自掏腰包请一位医保不能报销的医生时，这种情况可能发生。这些专家们所给的建议不一定不好，然而会导致他们决策失误，许多这种专家能够提出富有洞察力的建议，或者知道最先进的治疗方法。然而，当人们为建议花了很多钱时，他们对质量变得很盲目。

弗朗西斯卡·吉诺（Francesca Gino）是哈佛商学院的一位工商管理教授，而且是阐述关于决策的书籍《为什么我们的决定常出错》（Sidetracked）的作者。她研究了人们如何应对建议，发现比起便宜或免费的建议，人们听从昂贵建议的可能性更大。[4]吉诺以大学生为对象做了一项实验，她将一半的受试者随机分配到一个廉价建议情形，另一半分配到昂贵建议情形，后一种情形的建议要比前一种贵出一倍。吉诺规定费用，然后由每位受试者自己决定是否愿意花那么多钱聘请一位顾问，以及一旦他们收到了建议，会发生什么？花高价的参与者遵循建议的可能性比那些买便宜建议的人要更大。她的研究引人注目的地方是，即使受试者知道给出建议的不是一位知识渊博的专家，他们也会听从，因为这是自己花了大价钱买来的。吉诺预先告诉他们，给出建议的是他们的同龄人，即另一所大学回答过这些问题的学生。她没有向他们保证这是好的建议，甚至向他们展示，这些价格标签都是随意定的。她在设定费用时，基本上告诉了每个人："要给你的建议已经准备好了，不过我们先要看你是免费拿到，还是要付钱买。"然后，大家看着她抛出一枚硬币。因此，每一个不得不付钱买建议的人都知道，是自己的运气不好，与其他因素无关。但是，一旦人们知道这条建议价格昂贵，他们不想"花冤枉钱"，所以他们比那些得到硬币另一面的幸运儿更可能遵循这条建议。

请记住，这些参与者并没有为获得这条意见做任何事情，他们只是来到了大学校园中的一栋楼，敲开了一扇门，然后建议就在那里等着他们。可是，想想对于我们这些千辛万苦寻求建议的人来说，情况会如何？如果你的老板花了数周时间进行研究，然后选出合适的咨询公司，会怎么样？抑或是，如果你的朋友有极严重的头痛症，总是反复发作，她每周自费 200 美元，花一个小时去看一位用催眠法缓解她症状的医生，又会怎么样？在这两种情况下，当事人都可能获得真正的益处，你的老板可能得到了及时的战略性建议，你的朋友可能数月以来首次感到从病痛中解脱出来。可是，因为你的老板和朋友为了获取建议都投资了大量的时间、金钱和人力，所以他们不会像平常那样精明地评估这些建议。而且，比起你的说辞，他们肯定更看重那条价格高昂、费尽千辛万苦才获得的建议。即使你的老板给你发工资，但是你的建议还是通常被看作是免费的。

如果是便宜的建议呢？如果你的老板聘请的是刚入行创业的咨询师，因而享受了优惠，那你仍应该担忧吗？吉诺发现，便宜的建议比免费建议更有说服力。这意味着，你的老板还是会觉得这个外面的人的看法比你的更有价值，但是便宜的建议还是不如昂贵的有说服力。人们期待物有所值。

如果你看到某个人计划花一大笔钱求得建议，你担心他们会不论建议理智与否，都盲目听从，你可以做几件事。比方说，你的老板聘请了一个顾问来咨询如何提高你们公司网站的访问量。如果你能在计划阶段提出自己的想法，会起到很大帮助，这时你的老板尚未阅读顾问的建议，因此还没有开始向自己解释这些建议为什么很好。你也可以向老板建议，让顾问至少提供三条顶级的建议，而不是仅仅一条，这样你的团队可以讨论这些想法，并从中挑选。正如我们在上一章所见的那样，研究表明，公司机构在考虑多个不同的选项时，会做出更好的决策，但是一旦顾问给出了建议，通常唯一可以考虑的选项是"我们该不该遵循它"[5]。计划阶段的另一个关键步骤是，讨论在什么情况下公司将会忽略顾问的建议，或者先将其搁置在一边，留作后用。比如，如果我们在下个月拿到建议之前，靠自己的力量让网站访问量增至原先的三倍，我们是不是应该将建议留着以后用，而继续做我们正在做的事情？你的老板可能会不同意，"我为这些建议花了很多钱，我肯定不会忽略它"，但是预先提出这个问题会让他思考如何评估这些建议。

如果你在咨询师给出建议前没有机会讨论这些问题，要说服别人忽视他们花钱买来的建议会难上加难。但是仍然有一些不妨一试的策略。吉诺建议，可以让你的老板或团队考虑一下，如果这些建议是免费的，他们是否会听从。这样做会拉开他们和那些建议的距离，不过这要看你老板的情绪，他可能会让你带着你的建议滚到某个地方。另一个策略是，让你的团队将这些建议当作起点，找出他们最喜欢的点子，然后根据公司的需求进行调整。这样，老板还是会觉得咨询费没有白花，公司从中获得了益处，但你能确保你的同事使用了批判思维，而不是对这些建议全盘接受。

从顾问的角度看一看，你会意识到，他们很可能早已知道这种估值方式。那些从事咨询行业的人知道，如果他们想让自己的服务受到重视，设定高价是关键。杰拉尔德·温伯格（Gerald Weinberg）在他的经典之作《咨询的奥秘》（*The Secrets Of Consulting*）中将其总结为"第二定价定律"，即他们支付给你的钱越多，就越是爱你。

陷入绝望

想象一下，有个人在拉斯维加斯赌博输了很多钱，她花光了钱包里所有的现金，还从支票账户提了几次款。这个人可能会懊丧地离开赌桌，追悔莫及，接受她输掉所有钱的事实。

有些人会做出这样的反应，接受损失，但也有很多人不会这样做。相反，绝望的人可能会拿出手机，打给自己的朋友，坚持说她只需要借两千块钱，就能全赢回来。她还想到了典当首饰，或者努力回忆一个储蓄账户中的余额。那时，她能看到的只有逃生舱口——挽回这些损失的微小机会。

现在，有些人读到这个故事，脑中立刻会浮现出某个人的样子。这个人打来电话说，只要自己能借到一些钱，情况就会好转。但是，也有许多读到这个故事的人会想：**谢天谢地，我不认识这样的人，我认识的人中没有人有严重的赌瘾**。然而，这并非仅仅是不赌博的人自以为可以忽略掉的赌瘾。我们大多数人（以及我们关心的亲人）与该情境中那个人的相似之处比我们愿意相信的还要多。

我们要说的关键不是赌瘾，至少在这本书中不是这样。关键在于这个人感到绝望，而绝望能改变一个人的决定。想知道绝望如何改变人的逻辑，请尝试回答下面的问题：

问题 1：下面两个选项，你会选择哪一种？

100% 能得到 900 美元，有 90% 的可能得到 1000 美元。

据丹尼尔·卡尼曼的研究，大多数人选择"100% 能得到 900 美元"。[6] 有人会给你那么多钱，想想都高兴，即使一时没有想到该怎么用那 900 美元，你还是想得到它。你可能心里想：**1000 美元虽然更多，但不一定能得到，我可能最后一无所获，不值得去冒这个险**。

现在让我们尝试回答第二个问题：

问题 2：下面两个选项，你会选择哪一种？

100% 会损失 900 美元，有 90% 的可能损失 1000 美元。

这你可能要多想一会儿，但大多数人会选择"有 90% 的可能损失 1000 美元"。为什么对于问题 1 我们想要确定的情况，而这里却情愿冒险？因为我们现在被逼到了墙角，很可能会损失钱，因而感觉有些绝望。你可能不会想到这个词，但就是这种感觉。当人们遇到损失不可避免的情况时，比如"肯定会损失 900 美元"，他们感到一点儿绝望，会立即四处寻找脱离这种情况的方法，这样如果运气好，他们就不会有任何损失了。以前赌博对他们没什么吸引力，但现在却能吸引他们。

这个小游戏是基于一个被称为"前景理论"（prospect theory）的经济学原理，这个原理是由丹尼尔·卡尼曼和阿莫斯·特沃斯基（Amos Tversky）在 20 世纪 70 年代开创的[7]。（卡尼曼很幽默，他承认他们有意为这个理论选择了一个毫无意义的名字，"我们的想法是，万一这个理论的影响力变大，有个独特的名字能减少混淆"[8]。）这两位科学家试图解释人们在有可能赢钱或输钱时，是如何做财务决定的。这个原理有助于我们理解生活中方方面面的动机。为什么一位绝望的妻子会继续接纳一个屡屡抛弃她的丈夫？这个问题的答案可以有很多：乐观、宽容、相信人会改变。但是就人们在绝望情境下的决策方式而言，这个经常被抛弃的妻子很可能觉得，她要么接受损失——她苦苦经营的婚姻将会终结，要么可以寄希望于这一次会好起来的微小可能。正如我们在问题 2 中所见，当选择之一是肯定的损失时，那么另一个微小的赢的可能性就会立刻显得诱人得多。即使这次赌博风险巨大，即使这样选择意味着她极有可能再次被丈夫残忍地抛弃，并且要处理随之而来的自我怀疑和生活的动荡，微小的赢的可能性还是很有吸引力。

"非常时期需要我们使用非常手段"（Desperate times call for desperate measures）其实应该是"非常时期欺骗我们使用非常手段"。当人们觉得他们赢不了时，当他们面临着几乎一定会发生的损失时，比如濒临破产、失去职业资格的风险、即将被同行羞辱，大多数人不会抬头挺胸地面对后果，而是会寻找暗门。他们寻找可能会让他们脱离这个黑暗处境的那一缕光线，却不在乎这缕光线可能将他们带向何方。

当然，如果我们作为旁观者看着某个人陷入绝望，我们的看法会大不相同。我们会特别注意到成功概率极小，而且如果这样做行不通，她要付出巨大的代价，我们也会替她着急。每次她坚持说这次会成功时，我们会对她的判断表示怀疑。但促使这个绝望之人做出选择的不是输的概率有多小，而是在100%输和99%输之间选择，如果她选择99%输的那个选项，至少还有一线赢的机会，这似乎比毫无机会要好。

当你想到自己生活中处于绝望之境的某个人，你也许会认为这个问题要比前景理论大得多。对多数人来说，绝望的选择中有着黑暗的过去。也许他们处于一段相互依赖的关系中，感到自己的选择受制于不负责任的爱人的决定；也许他们沉迷于酒精或处方药；抑或他们患有精神疾病。绝望之举通常不会凭空而生。然而，即使这些问题被神奇地抹去，绝望的处境还是会改变人们及其观点。找一个精神和心理都十分健康的人，将他放在一个损失近在眼前却几乎不可避免的情境中，即使是你认识的最理智的人，也会苦苦找寻那扇暗门。当面临损失的威胁时，我们都会铤而走险。

我真希望自己有个万无一失的建议，能够帮助感到绝望的人。虽说如此，但还是有策略值得一试。既然问题部分在于绝望的人将处境设定为一种损失，那就想办法将处境重新定义为一种潜在的胜利。她在哪些地方会有所收获？如果你有一个绝望的朋友，她想不惜一切地留住自己的丈夫，也许你可以温和地重新定义她的处境，比如："你怎样选择，才能让你的孩子明白对待女性的正确方式？"如果你有一个绝望的同事，说要不顾一切地保住这份工作，也许你可以问他："在你小的时候，你希望长大之后能做什么？"提醒一个人看到更大的目标，能够帮助他看到生活中可以做出改变的机会，而不是只看到迫在眉睫的损失。

　　如果重新定义情境没有作用，你认为这个人还是会铤而走险，可以考虑帮他设置绊线，我们在第三章讨论过这个方法。如果你绝望的朋友要再次接受自己的丈夫，试着改善关系，那么在出现三件什么样的事情后，她应该去找律师谈一谈了？如果一位同事为了保住工作，打算主动提出降职或兼职，那么将来有什么迹象能告诉他是时候另谋高就了？

重复同样的错误决定

　　我们经常看到对于同样的错误，人们会一犯再犯，最起码对于同类错误来说是这样的。为什么你最好的朋友从来没有时间露营，却每个夏天都花钱买露营装备？为什么你另一个朋友总是在尝试一种新的饮食方法？为什么你的老板一再让团队中最没有条理的那个人做报告？为什么你姐夫觉得他这次的创业想法会比之前的成功？

关于人类为什么会重复犯同样的错误，有诸多解释。可能是自己坚决不承认，可能是不屈不挠的乐观精神，也可能是想给某人一个教训，还有可能是想弥补自己的过错。然而，科学家最近发现人们看待过去的两种方式会干扰决策，让我们每个人（不仅仅是健忘或过分乐观的人）都容易重复错误的选择。

我们通常认为，比起过去，我们更能把控未来。两位决策研究者——加州大学圣迭哥分校的伊莱纳·威廉姆斯（Elanor Williams）和华盛顿大学圣路易斯分校的罗宾·勒伯夫（Robyn LeBoeuf），询问人们认为自己在不同的情形中有多少控制力。[9] 有时，参与者根据要求回忆过去发生的事情，比如，他们在刚刚玩的概率性游戏中的表现，或者他们在四个月前看过的电影。其他时候，参与者根据要求想象将来的事情，比如当天下午再玩一轮同样的概率性游戏，他们赢的可能性有多大，或者他们四个月后有可能会看什么电影。你可能会认为，人们会将过去发生的事当作未来的参照。对于刚玩过的游戏，参与者会根据之前平庸的表现，推断下一次玩也会表现平平。对于电影，他们会意识到，多数时候他们看的都是悬疑、动作、惊悚片，所以下次选片时很可能还会选这些类型的电影。

然而，事实并非如此。威廉姆斯和勒伯夫发现，人们认为，比起过去，他们更能控制将来的自己以及周围的世界。当他们预测自己在游戏中的表现时，认为以后赢的可能性会更大。在挑选电影时，他认为自己更可能去看**应该**看的电影，即那些广受好评和发人深省的影片，而不会选择自己想看的。仿佛他们认为，"**过去我的品味幼稚粗浅，但我的品味会变好的**"。他们还认为，比起过去，他们将来在选片时会更有控制权。你几乎能够想象每位受试者脑中防御的声音："那些动作大片都是我室友选的。但四个月之后，我会选更严肃的片子，可能是带翻译的外国片子。"[10]

乍一看，貌似他们只是对未来很乐观，有信心自己会更幸运或者更知性。但是，威廉姆斯和勒伯夫发现，人们还相信，比起过去的失败，他们更会对将来的失败负责。威廉姆斯和勒伯夫在一项巧妙的实验中，让一半参与者想象四个月前，他们在安装新的 DVD 播放机时遇到了麻烦；而让另一半想象四个月后，他们会在安装新 DVD 播放机时遇到麻烦。当参与者想象这件事发生在过去一个失败的夜晚，那一晚他们在徒劳地插线、按按钮、摆弄没有任何反应的遥控器时，他们说，那晚的失败不会是他们的错，很可能是说明书写得不清楚，或者那台 DVD 播放机有毛病。然而，当其他参与者想象这个同样的假设发生在将来时，他们认为是自己的问题。他们承认，很可能是他们太心急了，或者是没看到说明书，又或者是不肯求助，再或者他们无意中跳过了一个关键的步骤。所以，我们不仅乐观地认为，将来的自己比现在的自己更好；而且还认为，不论事情是好是坏，在未来我们都能控制住。而过去呢？**"嗨，那不是我能控制的，就算是在想象中也不能。"**

这种情况不仅发生在实验室，有研究表明在地铁站也是如此。哈佛大学心理学家丹尼尔·吉尔伯特（Daniel Gilbert）带领了一个研究团队，在地铁站访问错过地铁的人。列车大约十分钟一班，吉尔伯特的团队在地铁站分散开来，留意刚错过早班列车的上班族。然后，这些有进取心的研究者走到那些必须在地铁站台继续等待的人跟前，问他们愿不愿意一边等，一边回答一些有偿的问题。当通勤者想象，如果因为晚了不到一分钟而错过了一趟早班车，他们会有什么样的感受。他们说自己会感到后悔无比，会责备自己不该起太晚或者不该停下来去买那杯咖啡。而且他们觉得之后再错过列车的情形是可以避免的。可是，当研究者问他们刚刚错过列车的感受时，却远没有那么糟糕，他们没有感到十分自责。当这些人回想一分钟前错过的列车时，他们会指责周围的世界："如果所有的门都是开着的，我也不会错过那班车了""机器不吞我的车票""走到楼梯下面时太挤了"。当你想象将来的情况时，对于像赶班车这样平常的事情，你认为自己是可以把控的。然而，一旦你经历了那一刻，它变成了过去，就会立即免除自己的责任。[11]

这对于决策意味着什么？遗憾的是，这表明当人们回望过去所做的一个糟糕决定时，即使它与将来的情境几近相似，人们也认为它们之间毫无关联。试过十种不同流行食谱都没有效果的节食者，还是会忙不迭地购买新上架的畅销节食书。或者以你那位朋友为例，她还是决定让丈夫搬回来，即使她以前做的同样的决定从没有好结果。你在摇头，因为在你看来，这些情况是多么熟悉而令人不安。她与丈夫的关系没有任何变化，至少没有迹象说明这次会有所不同。但是，你的朋友坚持认为事情有所好转。她可能指出十几个不同的变化，比如：他升职了，所以自我感觉会好一些；她开始做瑜伽了，所以脾气会更好一些。但是很可能真正让她感到有所不同的是她对过去和将来的比较。不论过去发生了什么，她认为将来发生的事会更可控。

那么，你能做些什么？一旦你意识到你的朋友误以为自己对将来更有控制力，你可以试试以下几个办法。你可以鼓励她做被心理学家称作"打开未来"的事情，研究者已经证明这个办法能让人清醒地认识到自己的控制力。[12] 你可以问问她，将来的哪些方面**不会**和过去有所不同。她和丈夫很可能还会住在他们买了多年的小房子里；他们之间的沟通和交往方式很可能还会一样（或者都很缺乏）；

他们的父母和家族历史肯定不会改变。另一个帮助别人打开未来的方法是，问一问为什么她对未来的控制没有她希望的那么多。她的公司可能正面临重组；她丈夫虽然升职了，但不确定工作时间会有什么变化；也许她的父亲或母亲身体会变差，让她的世界充满不确定性。让你的朋友明白，你是为她的幸福着想，然后温和地让她和你一起边思考，边说出那些她无法预见的有关未来的方面。我并不是说，你的朋友会感激你那一刻所说的话，毕竟你正拿走她所依赖的控制感。但是，如果你想帮助她避免重蹈覆辙，就得试试这个办法，这会比仅仅说"他会再次离开你"有用得多。[13]

我们认为自己更能控制明天或者下个月，这种观点是否能够解释本章开头的那个故事？洛瑞的姐姐出血这么久，却一直不管不顾，是因为她一直认为她在将来更有控制能力吗？也许吧。她可能以为自己需要在饮食中增加膳食纤维，她当然可以控制这一点。但是对于她的动机，还有一个有力的解释，而且很可能每个人的家人都是如此。

无法回头

我们大多数人都将自己视作好人。你大概认为自己聪明、善良、有责任心，而且自己这一生都在做聪明、善良、负责任的事情。[14]你会解决工作中的问题，讲诚信，能做出正确的选择。然而，当你做的事情不符合你对自己的看法时，会发生什么？

你在上班，你 17 岁的女儿发了一条慌乱的短信给你："我刚刚才意识到奖学金申请必须在午夜之前提交，但是我有一个游泳比赛，8 点才能到家。你能读一遍我写的申请，看有没有问题吗？"你说

"当然可以"，你打开文件后，注意到一些明显的错误，你开始在一张纸上仔细地记下存在的问题，然后意识到用修订模式编辑会更简单。起初，你只更正语法错误，但到了最后，你还完全更换了她使用的一个毫无新意的比喻。你将文件发给她，她说你是世上最好的妈妈。

但是，你对自己做的选择感到很不安。你可能感受到了强烈的罪恶感，担心她会告诉别人，但是你也会感受到被利昂·费斯汀格（Leon Festinger）称作"认知失调"（cognitive dissonance）的情绪。[15] 费斯汀格是一位社会心理学家，因在斯坦福大学所做的研究而闻名。认知失调是指人们在内心矛盾时感受到的紧张感，在这里就是**"我是个诚实的人，我教育我的孩子要诚实"**和**"我刚帮我女儿写了文章"**之间的矛盾。你的想法与你的行动起了冲突，而且认知失调可能会让你格外烦恼。你觉得有必要让你的想法和行动保持一致，这样你就不矛盾了，但是你没办法撤销自己的行为。你已经修改了那篇文章，点了发送键，所以唯一能改变的就是你的想法。因为你不想觉得自己毫无原则，所以你转而调整了自己的想法：**95% 是她做的，而且如果有更充足的时间，她也会发现那些错误的。**为了让自己感到好受些，你构建了新的想法：**她的成绩很好，她是靠自己的能力赢得了这项奖学金。**你的罪恶感减轻了，紧张感也减轻了。如果你再也没有遇到这种状况，那么你的巧妙想法帮你摆脱了一个艰难的境地（至少在你心中是这样的）。

然而，当你下次再面临这个选择时，就难办了。比如几周后她的大学申请要截止了，现在你该怎么办？她又求你帮她读她写的文章，因为你上次给出的意见是那么有用。你是会决定帮她校订，因为你已经说服自己这是一个好决定，还是会改变主意，认为这样做不对呢？如果你改变了主意，那么你会再次陷入自相矛盾。人们很不喜欢自相矛盾的境地。所以，你倾向于哪个选择呢？看似没那么糟糕，不会让你觉得自相矛盾的决定就是重复你最初的决定，帮她校订。此外，你女儿还告诉过你，她的一些朋友有专业的指导老师帮助他们申请。你请不起这样的老师，所以你至少能帮她保持竞争力。诚信当然很重要，但你还需要在合情合理的范围内尽一切可能让你的女儿得到她应得的机会。等到她发给你她的第三篇或第四篇文章时，你不仅是修改了几个句子，为了让效果更好，你还重新组织了整篇文章。[16] 在自我辩解的过程中，你的逻辑扭曲了，而且对好人的看法也发生了变化。为了囊括自己的所作所为，你重新定义了什么是**好**。

这很可能就是发生在洛瑞姐姐身上的情况。第一次见到血的时候，她很不安，不知道该怎么做才好，但情况紧急，她决定不给医生打电话。她大概也感到了内心的冲突，**"我是一位聪明的女性"** 和 **"我刚刚忽略了那个症状"** 之间的强烈冲突。然而，她产生了大量想法，让那个决定、只此一次的决定能够被接受。比如，**"我没有感到痛，就一丁点儿血"** 等。当她第二次、第三次、第四次面对同样的情形时，她脑中出现的同样的自我辩解的想法（也许多了几个新的）会出来营救她，甚至很可能随着症状不断加重，她的紧张感却逐渐减轻。**"我昨天没打电话给医生，那么今天的症状坏到什么程度，我才需要打给他？"** 作为局外人，我们在听到她一直无视自己的症状时，会感到更加紧张，但是对她而言，最难的决定大概是第一个。

卡罗尔·塔夫里斯和艾略特·阿伦森在《错不在我》一书中，使用了一个精彩的比喻，形象地说明了减少心理冲突的愿望如何让一个人反复做同样的错误决定。他们将这种现象称之为"选择的金字塔"。想象有一个人站在金字塔顶上，金字塔的每一个侧面代表一个选择，一个他或她初次面对的选择。洛瑞的姐姐必须在临时取消她在图书馆的会议和暂时不管这个症状之间做出选择。她本来可以选任意一个的，但是，一旦她决定了先不管这个症状，她开始从金字塔的一面往下滚。她大概感到有必要解释一下为什么没有选择另外一个，为什么她没有优先考虑她的健康。事实上，我们知道一开始她深入思考了这个问题，因为她跟洛瑞分享了她最初的想法，比如，"不觉得痛"，或者"不想因为这么令人尴尬的事情调整会议的时间"。所有这些理由让她越来越相信，自己做了正确的决定，于是她远离了最初的不确定点，从信念金字塔上又滚下去了一点。之后当她每次都面临这个选择，然后认为**"这个时候打电话给医生真的不合适"**时，她从金字塔的那面又多滚下去一点，直到她觉得已经与最初的不确定点相距甚远。虽然她第一次做那个错误决定时，本可以选择另一个，但是没多久，她背后有一种推力，让她坚持自己一直以来向自己解释的那个选择，很难再做出其他的决定。简言之，很多小的选择促成大的承诺。

私底下的错误决定尤其会像这样被重复。当你私下做出了一个决定，没人知道，你可能会环顾四周，试图了解其他人是怎么做的，但你事实上所能参照的只有自己的选择。其他人在面对这种情况时，没有谈论他们做了什么。没有人说，"当情况十分不妙时，就掉头回去"。

那么，你怎样才能帮到那些感觉自己无法回头的人？（男性和女性一样容易认知失调。）你怎样才能让一个做过一次错误决定，然后还不得不继续这样做的人改变方向？部分问题在于，当某个人第一次做了错误决定时，你并非总能知道。洛瑞的姐姐在几个月后才告诉家人她的症状。

然而，假设你知道某个人像洛瑞的姐姐那样屡次做出错误决定，你的本能反应是，难以置信地惊呼："你在想些什么？"然后对其进行说教、劝诫、威吓。可是，根据社会心理学家所说，这些是你能做的最糟糕的事情，至少如果你想看到那个人改变他的行为并坦诚分享的话，确实如此。请记住，当一个人不断做同样的错误决定，很可能他在首次做这个决定时感到严重的认知失调。他一直试图将自己视作一个聪明能干的人，而他的错误决定威胁到了这种看法。当你问他"你究竟在想些什么"时，你其实是在说："你傻吗？" [17] 他再一次感受到了威胁。很可能他会缄口不言，不再分享他做过的或正在考虑做的其他决定。他不会同意这个决定是错的，尽管他很可能一开始是这样认为的，而是感到有必要为自己辩护。

请记住，当亲人屡次做同样的错误选择时，他们已经感到难以回头。安东尼·普拉卡尼斯（Anthony Pratkanis）是加州大学圣克鲁兹分校的社会心理学教授，他发现有个办法比羞辱要管用得多，那就是让那个人感受到支持，帮他或她意识到自己正试图做出正确的选择。 [18] 就洛瑞而言，她可以对姐姐说："我知道你很聪明，通常能将自己照顾得很好。请帮助我理解当你第一次忽略你的症状时，你优先考虑了什么。"普拉卡尼斯指出，称赞这个人有正确的价值观，会让她谈论那些使她感到无力的事情变得更容易。我们都想听别人说我们是好人，当我们犯了重大错误，或者更糟一些，当我们屡次犯同样的错误时，尤为如此。正如卡罗尔·塔夫里斯和艾略特·阿伦森在书中所写，当某个人正挣扎于一系列错误的决定时，听到其他人说"是的，你是一个正直、聪明的人。即使你做了错误的决定，你仍旧是一个正直、聪明的人，但那个决定是错误的，现在让我们来补救"，他会感到如释重负。

过去看似完美：当你的父母做出错误选择

眼睁睁地看着任何一个人做错误的决定都会很难，尤其是当这个错误决定是养育你的人做出的，会格外令人困惑、沮丧。你妈妈总花数百美元邮购抗衰老产品；你父亲的商店终于有了一个买家，这意味着他能光荣退休了，但在最后一刻，他却在合同中添了一个看起来很荒谬的条款，于是那位买家不干了。很可能你在读高中时已经意识到，你的父母并不是无所不知，但当你看到年迈的父母在做你认为很可疑的选择时，你还是会惊讶，而且将其视作一个可怕的预兆。

本章绝大篇幅探讨了任何年纪的人都可能会做出错误选择的情况，但现在让我们来看一个特定的群体：年迈的亲人。当你爸爸说，他很激动，要让你看看他在网上买的一样东西，你会感到忧虑之情在心头逐渐蔓延开来吗？或许如此，但科学表明你大概多虑了。

也许有关衰老和决策，你需要知道而且最重要的一点是：随着人们年龄的增长，他们大多会受所谓"积极效应"（positivity effect）的影响。简单来说，比起负面的信息，老年人更喜欢积极的信息。[19] 你可能在想，**我们不都是这样吗**？比起好消息，没人更喜欢坏消息。但这个问题要比只想要好消息复杂，它更像戴着一个大面罩，阻挡你的部分视线，让你看不到任何负面的东西。如果真的愿意，老年人也能够拉开面罩看个清楚，但通常情况下，他们乐于戴着面罩，用面罩来保护自己。而且年纪越大，面罩就越能遮蔽负面信息，让他们只关注积极的信息。

事实上，这种积极效应改变了我们所看到的东西。研究者发明了一个巧妙的装置，能跟踪你看的地方，记录你的视线在不同物品上停留的时间。在一项经典实验中，研究人员让受试者坐在电脑前面，电脑屏幕上显示着两张脸。如果其中一张脸看起来是害怕的表情，而另一张脸看起来是开心、生气或伤心的表情，那么30岁以下的成年人会花更多时间看这张恐惧的脸。[20] 似乎这些年轻人正努力理解是什么让这个人害怕。然而，对于年纪更大的受试者，吸引他们注意的是开心的脸。和任何一张表达消极情绪的脸相比，年长的人会花更多时间看开心的脸。

这种对微笑面孔的偏爱，不仅决定了你父母对某些电视新闻节目的偏好，还改变了他们在决策时关注的细节。在另一项研究中，科学家让受试者选择他们在假设情况下会买哪种车。为了帮助他们做出明智的选择，这些科学家在表格中列出几种不同车辆的详细信息。与年轻的成年人相比，年长的人会花大部分时间考虑每种车的优点，花更少的时间关注缺点。[21]

我初次读到这个研究时想，这项研究是不是说明视力衰退和数据过载的问题。我很难想象让我的祖母看一个填满各种车辆信息的表格，她曾经连自己写的长一点的食谱都看不清楚。但即使当老年人能够仔细查看他们选择的物品时，他们的注意力还是会集中在积极的方面。在另一项研究中，研究人员让不同年龄的人评估不同种类的物品，比如一个可以挂在钥匙链上的手电筒、一只陶瓷咖啡杯和一支可按动的笔。他们可以打开手电筒，拿起咖啡杯，用那支笔写字。总之，他们可以随意测试每件物品。相较于年轻的人，年长的人还是会更多关注每件物品的积极特征，但被问及他们想将哪件物品带回家时，年长的人会基于这些东西的优点而非毛病做出判断。[22] 如果他们喜欢白色的杯子，他们就选那只白色的咖啡杯，即使那只杯子的把手有点毛病，或者杯子对他们来说太大了。杯子和笔也许不是什么大不了的事情，但还有一些研究人员发现，年老的人在为自己挑选医生和医院时也更关注积极的方面，而容易忽略或者拒绝关注每项选择存在的问题。[23]

你可以想象到，当你的父母在买新车时，你和他们的对话会如何进行。"这辆车每加仑汽油能跑61千米。"你妈妈兴奋地说。"是的，妈，但是维修很贵，而且后备厢太小。你喜欢有个大后备厢来放杂货。"你说。"没错。"她说，"但是我真的很喜欢这种红色。"你有些恼火，因为你感觉她好像想得过于简单了；她也有些恼火，因为她感觉你好像过于消极了。

如果这种过滤只让年老的人无法注意到他们周围的事物，那么我们在帮助他们购物时，只要多花些工夫委婉地指出这辆车或那台电脑的负面特征就行了。但这种过滤还覆盖了他们的内在世界，影响他们的记忆。当年长的人回忆过往时，他们通常记得更多的是发生过的好事，对问题的记忆比较少。[24] 有关积极效应对记忆的影响，最著名的一项研究是对300名修女做所的调查。2001年，斯坦福大学的心理学家奎因·肯尼迪（Quinn Kennedy）和劳拉·卡斯滕森（Laura Carstensen），以及玛拉·马瑟（我们在前一章提到过她做的压力研究），让一群修女提供有关自己的个人信息，比如，她们多久锻炼一次，有什么健康问题，以及多久感受到一次各类不安情绪，例如愤怒、抑郁和偏执。[25] 这些修女评价了目前她们在各方面的表现。然后，她们要回想她们14年前的情况。所以，这不是她们第一次回答这些问题。这个项目中的一位研究者卡斯滕森，早在

1987 年就问过这 300 名修女同样的问题。[26] 因为对这些修女做了两次同样的调查，所以研究者能够将这些女性过去的真实感受和她们现在记忆中的感受相比较。

很显然，这些修女遗忘了一些事情。她们早已经不是青少年了，当第一次拿起纸笔接受这项调查时，她们的年龄在 33 ~ 88 岁，而第二次接受调查时，最年轻的已经有 47 岁了，最年长的是 101 岁。研究者对两组修女尤其感兴趣，年纪最小的 28 位修女（2001 年，她们的年龄在 47 ~ 65 岁之间）和年纪最大的 28 位修女（2001 年，她们的年龄在 79 ~ 101 岁之间）。每位修女，无论年轻或年长，在回忆时都会记错她们生活的一些细节。但是有趣的是，她们的记忆有一致的倾向性。年纪大的修女记忆中年轻的自己过于美好，她们回忆中的自己比 14 年前的真实情况更加快乐、更少不安。不仅如此，八九十岁的女性记忆中的身体症状比她们那时汇报的要少 35%。她们记错了或者低估了自己的身体病痛，认为 14 年前自己的身体情况要好得多，但事实上，她们 80 岁时的身体症状和她们 94 岁时一样多。

那年轻修女的情况如何呢？她们的记忆也和她们第一次描述的生活情况不一致。年轻修女记忆中出现的错误和年长修女一样多，但年轻修女的记忆朝相反的方向倾斜。这些五六十岁的修女们认为，她们 14 年前的生活更**艰难**，而不是更容易。在年轻修女的记忆中，她们沮丧的情绪和敌对的态度是她们当时所说的 2 倍，而她们记忆中的不安是当时报告的 3 倍。年轻的女性在回顾人生时，专注于消极方面，而年长的女性更关注积极的方面。

一种可能的解释是，年轻的女性在第一次调查时所填写的沮丧问题和健康问题比她们所承认的要少，也许她们觉得自己应该比真实情况更开心、更健康。而 14 年后，她们更能坦然面对她们的遭遇。或许如此。不过我们需要解释为什么年长的女性有相反的表现，为什么她们 14 年前说不开心，而 14 年后却觉得有必要说，"你知道吗？我其实感觉好极了"。一个简单而且和许多其他研究发现相一致的解释是，人一旦到了一定的年龄，就开始专注于积极的方面。

对于我们之中任何一个其父母或祖父母仍在独自生活的人来说，这种积极效应具有启迪意义。当你年迈的亲人正在做有关未来的决定，你可能因为他们看待过去的方式，以及用这种方式进行的预测或评估而感到恼火。[27] 你的父母可能会说："几年前我们去奥兰多玩得真开心，所以我们想购买那里的分时度假*。"顿时，你傻眼了。你还记得他们上次在那里时每天给你打电话，抱怨那里太热、人太多、虫子太多。因为你比他们年轻得多，所以不受同样的积极效应影响，于是你开始怀疑这是不是老年痴呆症的早期征兆。

积极偏见是智力下降的征兆吗？研究者在过去 10 年一直在探究这个问题，这个领域顶尖的科学家认为不是。德国汉堡大学医学中心一项最新的神经科学研究表明，专注于积极方面的能力实际上可能标志着极佳的心理和精神状态。控制情感并非易事，任何一个在高速公路上被其他司机挡住的人都明白这一点。控制情绪需要使用多个大脑区域的大量认知资源和协调功能，因此如果一位老年人成功地筛去了负面信息，虽然你会感到很挫败，但对于这个人的精神健康来说，也许是好消息。[28] 不仅如此，意识到另一点也有所帮助，那就是老年人**能够**专注于所处环境和记忆中的负面信息，只是通常他们不会这么做。一项研究发现，当 70 多岁的老人在为自己或与

---

* 译注：分时度假是一种 20 世纪 90 年代以来流行于欧美的休闲度假方式。

他们年龄相仿的人挑选医生时，他们主要关注每个选择的积极方面，很大程度上忽略了消极方面，但是当他们为年纪小一些的人挑选医生时，他们改变了专注点，更多地关注弊端，对每位医生的利弊同等重视。[29] 当他们在为人生尚未过半的人考虑时，他们敏锐地意识到，医生的缺点关系重大。

老年人似乎将负面的记忆存放了起来，如果进行合适的劝说，他们能想起这些记忆。在有关修女的研究中，年长的女性对过去的记忆过于美好，以至于好像负面的记忆都消失了，剩下的只是幸福的记忆。可是研究者证实，年长的女性能够想起她们14年前面临的问题，一旦被提醒"要尽可能准确，这很重要"[30]，年长的女性便挖出了不太愉快的回忆。

到底是怎么回事？她们为什么不尽量始终保证准确？两位最重要的研究者劳拉·卡斯滕森和玛拉·马瑟认为，老年人在试图控制他们的情绪。[31] 老年人越来越意识到他们的时日不多了，因而不愿将注意力放在生活中的问题上，更情愿以一种平和或安宁的情绪来回忆过去和看待现在。因为他们想对自己过往的人生和他们拥有的选择感到满足，所以他们专注于好的方面。这也能说明为什么你年迈的父母看不到自己所做出的选择中存在的问题，却仍能看出你正在考虑的选择中存在的漏洞。他们正试图改善他们对自己人生的看法，而不是对你人生的看法。他们想对自己所选的生活、挑选的配偶和花的钱而感到满意，但对于你，他们希望情况能更好。

值得庆幸的是，许多成年人都掌握了控制情绪所需的技能。卡斯滕森和她的同事发现，多数人，男性和女性皆如此，随着年龄的增长，越来越擅长调节他们的情绪。[32] 当然他们并非总能成功，你母亲还是会发脾气，你父亲还是会因为某件事感到很悲伤，但他们不愿和人谈起。但是一般来说，随着年龄的增长，人们选择情绪的能力逐渐增强，而且倾向于选择积极的情绪。

这是一个好消息。你不用因为要把你的孩子放在你父母那里一个星期而惴惴不安，你的父母过分关注他们生活中的积极方面并不意味着他们会看不到对你孩子不利的方面。他们可能还是会让你的孩子吃太多甜甜圈，但这就是祖父母带孩子的方法。

年长的人在决策时还有一个重要的方面和年轻人有所不同：他们通常想要更少的选择。研究发现，随着年龄的增长，人们在决策时会寻求更少的信息，更愿意拥有更少的选择。[33]康奈尔大学的研究人员分别询问年长的人和年轻人，他们在决策时认为理想的选择数量是多少。他们问的内容既包括"你想让餐桌上有两种果酱还是六种"，也包括公寓和处方之类的事情。平均来说，老年人想要的选项是年轻人的一半。[34]相较于年轻女性，老年女性甚至想要更少的乳腺癌治疗选择。这并不是说，一旦人们到了 65 岁，选择就不重要了，但如果一位老奶奶想选择乳腺癌的诊断方法，她可能对长达八个月的化疗完全不感兴趣。当你在和父母或者工作中比你大 30 岁的人讨论重要决定时，知道年长的人喜欢更少选择会对你有所帮助。也许一位年长的人看起来对决策过程不感兴趣，或者对每种选择的关注度不够，但是如果你排除几个最没有吸引力的选择，她也许会更加投入。

这些变化是从何时开始发生的？对积极效应而言，答案似乎是"从你大学毕业就开始了"。相较于 20 岁的人，30 岁的人的思维和记忆更加倾向于乐观，到了 40 岁，你眼中的世界会比 30 岁时更美好。一个跟踪研究积极效应的团队说，多数人只要没有大的健康问题，在 60 多岁时眼中的世界最美好，而且这种心态会持续一段时间。[35] 就我个人而言，我觉得那些年长的修女给了我希望。她们甚至在 90 多岁时还对 80 岁的自己拥有美好的回忆。

当然，每个人都有所不同，也许你的祖母不停地抱怨她的选择不够多，对各种事情感到气恼，包括医生对她的关节炎所给出的优先治疗选择，以及 Denny's 餐厅 * 饮料的选择。但大多数人随着年龄增长，更少而不是更多地专注于生活中的不如意之处。这和《大青蛙布偶秀》（The Muppet Show）节目 ** 中斯塔特勒（Statler）和霍道夫（Waldorf）相互辱骂的形象背道而驰。是的，有些老年男性会坐在那里抱怨眼前的世界，但心满意足地度过晚年的人要普遍得多。

帮助父母和年长亲人的办法

如果你的父母或祖父母要做一个非常重要的决定，而你担心他们根本不会选或选不好，你能做些什么？帮助他们缩小选择的范围。如果他们想找一套小一点的公寓，不要给他们发 30 套公寓的信息，即使你可能至少要查看那么多。弄清楚他们最看重的标准，选出五六套和他们要求相匹配的公寓，然后将相关信息发给他们。不要因为决定重大，就认为他们会需要更多选择。我们所有人，无论年轻人还是老人，在面对小决定时，喜欢有更多选择，而在面对真正重要的决定时，我们喜欢有更少的选择。当你走进一家加油站，看

---

* 译注：美国最大的家庭餐厅品牌。

** 译注：一个由吉姆·韩森（Jim Henson）和他的小组制作的布偶（Muppet）所演出的电视节目，播出时间为 1976 年到 1981 年。塔特勒和霍道夫是两名在每场秀中出现并且起哄的老人。

到店里有100种不同类型的糖果，你很开心，因为这很有趣。但是，如果外面的加油站也有这么多种不同类型的汽油，而且其中的一半会毁掉你的发动机，你不会花时间选择的，你会疾驰而去。

如果问题出在积极性的偏见上，该怎么办？比方说，你的父母看中了某一套公寓，虽然它的缺点很明显，但他们似乎并不在意。而你很惊讶地发现，这套公寓的租金过高或者楼梯太多。应对积极性的偏见的一个办法是，问问他们如果另一个人有相似的需要，他们会给出什么样的建议。这个人是他们尊敬的人，比如一位堂兄。老年人在思考某个选择对其他人是否正确时，更善于将负面条件纳入考虑范围。当然，他们可能会强调自己比那位堂兄更健康或更富有，但是至少你已经促使他们承认那套公寓的确存在问题。

我们中的多数人很可能会在某人全神贯注时谈起一个重要决策。在帮助你的父母挑选公寓时，你也许想在某天的晚饭时间提起这个话题，而且会说："我想确保你们做出最好的决定。"虽然这个办法也许看起来既明智又颇有说服力，但在他们分神的时候提起这个话题会更有效。当你和父亲在准备晚饭时，或者当你和母亲在清理车库时，提起这个话题。这样做不是为了骗他们做出以后会后悔的决定，而是让他们看到自己正在考虑的决定的消极方面。研究表明，老年人在将注意力完全集中于一个决定上时，会变得过于关注积极方面。[36]而专注于积极方面不是自动发生的。调节情绪，让自己专注于积极方面需要努力集中注意力。因此，如果有其他事情在分你父母的神，比如锅里的意大利面，或者一堆纸箱，他们更可能看到消极方面，不需要你来指出。请注意，因为他们在此之前如此成功地忽略了消极方面，所以他们还可能会因为你提起这个决定而变得不耐烦以及恼怒。

正如你的父母很可能有积极性的偏见，你很可能也有消极性的偏见，意识到这点也会有所帮助。年轻人，特别是 20~30 岁的年轻人，倾向于仔细审查他们所有选择的消极方面。这并不意味着年轻人忧心忡忡，或者他们很悲观，只不过是他们在做决定时会仔细权衡自己的忧虑之处。你不必向你的父母承认你有消极性的偏见，但是，向你自己承认这一点会让你更容易接受他们的逻辑和你大不相同这一事实。

我们初次面谈后差不多一年，我再次和洛瑞进行了交谈。她的姐姐后来情况很不错，做了手术，然后进行了几个月的化疗，扫描显示肿瘤消失了，目前正处于病状减退期。当我问洛瑞，她是否还在想她姐姐为什么迟迟不下决定去看医生，她说："你知道吗？我和姐姐好久没聊过这个话题了。我还是不明白她为什么那样做，为什么像她这么有常识的人会等这么久。但是你又能做什么呢？"

我希望她如果读了这一章，将来能够帮助她的朋友看到在相同的情况下可以怎么做。

小结:

要记住

1. 正如不利的驾驶条件使开车变得困难，不利的决策条件也会让决策变得艰难。

2. 女性发现自己比男性更常扮演辅助决策的角色。

3. 小心那些花了大价钱购买建议的人。昂贵的价格会让他们无视所得建议的质量。
   - 例子：老板聘请顾问。

4. 非常时期欺骗我们使用非常手段。前景理论告诉我们，当你面临某种损失时，你甘愿铤而走险。
   - 例子：100%会损失900美元和有90%的可能损失1000美元，你会选择哪一个？

5. 人类经常重复错误的决定（不断尝试流行的食谱、新的创业项目、接纳不忠的丈夫）。我们认为相比于过去，自己在将来会有更强的控制力。
   - 例子：无法正常工作的 DVD 播放器和错过地铁的乘客。

6. 减轻认知失调的努力让人们重复犯错。
   - 例子：帮助你十几岁的女儿修改大学申请文章。
   - 我们重新定义好，以便将我们做过的事情涵盖进去。

7. 积极效应意味着老年人更喜欢积极的信息。
   - 例子：购买车辆、选一个杯子带回家。
   - 修女研究：老年修女记忆中的生活比她们那时的实际生活更好，而年轻修女记忆中的生活更糟。

8. 老年人在决策时喜欢有更少的选择。

要去做

1. 在拿到建议前，先制订计划，想一想你将如何评估此建议。

2. 为了确保你在绝望时不会受到引诱而做出后悔之举，试着将一种损失重新定义为一种胜利，或者设置绊线。

3. 如果你想避免你的父母忽略了一个选择的不利方面，在他们稍稍分神时提起这个话题，能降低积极效应。

4. 如果你对某个人所做的一个决定感到恼火，不要问"你究竟在想些什么"，而是要说"你很聪明。那么，帮我更好地理解一下这个决定吧"。

后 记

　　只要你与女性共事，无论你是哪一种性别，我希望你通过阅读此书能有所收获。我希望你收获了几个具体的策略，下次当你忍不住想跟随直觉时，当你因为焦虑难以抉择时，或者当你希望一位同事在会议中表现得自信一点时，它们可以派上用场。决策对我们每个人都并非易事，但阅读这本书应该能降低其难度。

　　我们关注了几个能确保你在做重要决定时采取适当举措的方法。你可以将自信当作一个刻度盘，当你在搜集信息，即将做决定时，将其调低；当你需要追随者时，将其调高，或者大幅度调高。你可以设置一个绊线，这样如果一个选择有回旋的余地，你将来就能重新评估；如果你发现你所做的并非最佳决定，就不必继续忍受。如果你很容易紧张，因此难以做成某件事情，现在你知道要告诉自己：**这不是紧张，而是兴奋。**

　　但也许这本书中要传达的最重要的信息是，我们在彼此眼中是怎样的决策者。女性的判断力比社会让我们相信的要出色。女性和男性一样，有时比男性更多地依赖于有意识的、基于数据的分析，而基于数据的选择比较可靠。我们看到，许多人都相信"女性照顾他人，而男性负责控制"，但现在我们可以不再将合作的意愿误解为缺乏决策能力。我们可以开始看到女性，特别是数年如一日积累相关知识和经验的女性专业人士，其实是高效的冒险者。如果我们能开始意识到，女性的判断比起男性来毫不逊色，那么将女性放在高层领导的位置就不会感觉像是在下风险极大的赌注。

那么，在本书即将结束之际，我要给任何一位想不断学习如何做出更好决定的人什么建议呢？我还要再讲一个故事，想让你见一见佐伊。

佐伊是那种拒绝被简单定义的人。她的父母是工薪族，她上了一所女子学校，在大学期间她花在读书上的时间，比和朋友在一起的时间还要多，最终她以班级排名前 2% 的优异成绩毕业。如果你猜佐伊一定很聪明、很有想法，而且很严肃，没错。不仅如此，她还涂浓浓的黑色眼线，将长发染成玛丽莲·梦露（Marilyn Monroe）那样的金色或者桃红色，而且在一个完全由女性组成的朋克摇滚乐队里玩低音吉他。白天，她管理一个项目，帮助年轻人规划职业路线，找到他们值得终身追求的梦想，而在晚上，她找到了自己的梦想。当佐伊踏上舞台调试自己的吉他时，当她在蓝色闪光灯下开始摇晃着头，挥汗如雨时，她感到非常幸福。

我第一次采访佐伊是在 2014 年 5 月，她当时在科罗拉多州东部，整个人热情洋溢，但疲惫不堪。她坐在乐队面包车的后部，和其他乐队成员之间有一堵由睡袋、行李箱和音响设备组成的墙隔开。她们的乐队正在进行首次美国东西海岸巡演。其他乐队成员那个早上睡了个懒觉，起得比较晚，但她们正在高速公路上快速行进。她们从罗德岛到密苏里州，连续进行了 9 场演出，每晚场场爆满，观众非常热情，等她们到达丹佛时，她们会登上头条新闻。可以说，她们正在走向成功。

她不是因为希望某一天能去巡演，才开始玩音乐的。在2011年，她问了一些朋友是否愿意组建乐队。整个大学期间，佐伊非常勤奋，毕业后，她觉得有必要让生活更有趣。加入乐队的4位女成员中有两位甚至不会演奏乐器，但她们有一位经验丰富的鼓手，可以一起学习。她们录了几盘磁带，然后录制了首张迷你专辑。她们自己写歌，在她们还没意识到的时候，已经有人开始预订她们的表演。这种突如其来的成功完全是意料之外的事情，以至于每当外地有演出时，她们必须临时租一辆面包车，驱车前往。

2013年，美国国家电台（NPR）在《世界咖啡厅》（World Café）节目中播放了她们的音乐。主持人将乐队首次发布的完整专辑描述为"年度最佳摇滚专辑"之一，荣誉的大门正在打开。《纽约时报》、Pitchfork网站、《SPIN》杂志和《ELLE》杂志都发文赞美这支乐队。

面包车驶进科罗拉多州之前的几个月，佐伊必须决定她愿意为这个乐队付出多少。在那一刻之前，她一直在做自己打算做的事情，并且纯粹是为了开心。她可以做一份全职工作，在晚上和周末与乐队一起演奏。这支乐队从未雇过一个外部人员，既没有律师，也没有经纪人。她们在东海岸演出的演唱会是DIY的，但如果她们想挣钱，她们需要成为全国性的乐队，要登上加州和德州的舞台进行表演。这样，她就必须向公司请六个星期的假，放弃支付房租和其他账单的工资。至少在数月间，她的生活将会完全以乐队为中心。

乐队与日俱增的名气虽然不可思议，但给了佐伊足够的勇气全心投入长达2.2万千米，多达30场的巡演。"当我看到有那么多的人喜欢我们的音乐后，继续演下去似乎顺理成章。就像一种涟漪效应，每走一小步，迈出更大的步子变得更加容易。"佐伊说。然而，她一开始没想让乐队出名。佐伊将这种思维称作"有预谋的失望"，她不断地问自己，想不想走到下一步。

在那次谈话后，我在 2014 年 9 月再次与佐伊取得联系。持续六周的全国巡演十分成功，乐队又信心满满地回到了巡演的路上，而且轻松订到了大型场地。但这一次，没那么顺利。乐队中的一位女性成员，她们的主唱兼吉他手，突然退出乐队。她们尚未找到替补，因为她们每天下午都要驱车前往一个新的城市，所以找到人的可能性很小。"这次巡演不怎么样，"佐伊承认，"我很失望。"

很显然，这次谈话气氛大不相同。"乐队的变动，"她说，"让我长久以来第一次思考，玩儿乐队值不值呢？如果它不是我想要的那种长远的事业，该怎么办？"我能够理解佐伊的想法。当事情进展不顺利时，我们都会重新思考自己所做的决定。不过，她也说了些让我感到出乎意料的话："我觉得，当初要是选了研究生院，会很好。"

啊，研究生院。佐伊在回想她四年前做过的一个决定，那是组建乐队前很久做的一个选择。她在母校获得了一大笔奖学金，她可以用这笔钱支付任何一个录取她的博士项目。她的本科老师坚信她能被美国最好的博士项目录取，佐伊辛辛苦苦花了数月时间筛选既符合她的兴趣，又离她的父母较近的博士项目。但她也做了多数人在考虑研究生院时不会做的一些分析：她调查了所在领域的博士当前以及未来的就业市场，调查了她所考虑项目的毕业生的职业路径，计算出了她会背负的债务（即使有奖学金），阅读了劳累过度、缺少社交的师兄师姐对其学习生活的第一手描述。她所看到的不是她心目中的理想生活。基于她做的所有研究，她十分清楚，自己不想去研究生院读书，至少在她人生的这个节点上不想。于是她做出了前所未有之举，她将奖学金全数退了回去。

初次交谈时，佐伊告诉过我她的这个选择，那时她正在去丹佛演出的高速公路上。她在描述这件事时，很开心自己做了那个艰难的决定。她还记得，做出放弃那笔奖学金的决定时，感到如释重负。我个人对她很佩服，不是对她拒绝那个明显可能的选择时展现出的勇气，而是对她在决策时所做的大量调查和分析。在我认识的那些在研究生院读书的朋友中，我没听说有任何一位做过这样的功课。当佐伊解释给她的本科老师们听时，甚至连这些推荐她为奖学金获得者的人也都为她所做的决定鼓掌。他们中不止一个承认，佐伊列出了他们在研究生院读书时甚至没有考虑过的艰难的现实因素。

那么，佐伊为何后来又怀疑这个决定？在做出这个决定后的三年半里，她对此一直十分自信，她基于正确的理由做出了正确的选择，而这些理由都没有改变。她所学专业的就业市场并没有改善，在研究生院读书依然很艰苦。而且，并不是因为她那时一心想组建乐队，所以放弃了这个机会，那时候她还没想到要组建乐队。所以，仅仅因为乐队可能解散，仅仅因为全身心投入乐队的决定可能缺乏远见，不能让她在是否读研究生这个决定上所体现出的智慧大打折扣。

这并不是我第一次碰到这种情况。我为撰写此书采访的女性中有不少人取得了意想不到的成功，当机会出乎意料地从四面八方涌来时，她们对自己过去做的决定很满意，也很认可自己的决策过程。在她们回顾那些自己不顾风险、全身心投入的时候，她们很自信自己做出了最佳的选择，这种想法促使她们再次冒险。但是，在另一种情况下，当一种选择似乎会产生坏的结果，当事者在回望过去时，不会只怀疑那一个孤立的判断，有时她甚至怀疑自己是否具备判断的能力。她们在遇到挫折后，回顾自己做过的所有重大决定，然后注意到每一个选择都破绽百出。一位女性高管后悔自己在移居另一个城市的一年后决定跳槽，由此她开始质疑各类决定，包括她作为一位母亲、一位房主、一位妻子所做的决定。"一切都站不住脚了，不是吗？"她说。

这就好像是我们不断基于最新的进展来判断我们过往的决定，却忽略让我们做出选择的过程，我们所有痛苦的分析，以及做出决定之后我们生活的显著改善。我们很容易根据以往所做的选择在如今产生的后果来评判我们的选择，这让我们很难确信地说，"那个决定对我来说是正确的"。

我的男性朋友很快指出，这种情况不光发生在女性身上，我们都会以今天的视角来重新看待过去的决定。我相信这一点，但我也相信男性和女性并不完全相同。如果女性听到的唯一的怀疑声音是她自己发出的，那会是一回事。然而，这种声音事实上只是大片质疑声中的一种，正如我们在这本书中一直看到的那样。社会认为，有必要对女性的决定加以比男性更加严密的审视，尤其是在这些决定进展不顺利的时候。

记忆的误导性和谐

我们深信自己会记住在做艰难抉择时的想法和感受。我们怎么可能会忘？对于那些耗费了大量时间和精力做出的重大决定，那些人生的重大转折点，我们似乎会永远铭记。这些决定似乎在我们的私人记忆库里完整无缺地保存着。

但事实并非如此，记忆容易被改变。正如著名的记忆研究者伊丽莎白·洛夫特斯（Elizabeth Loftus）所说，记忆不像"展示柜里的博物馆藏品"。[1] 你不是仅仅从中间走过，远距离欣赏你的记忆。在你每次访问这些记忆时，会对它们进行重构，在此过程中将其打乱。这个过程更像是一节美术课。试想一位美术老师让班级学生先去观察奶牛，然后回来画那些奶牛。[2] 每个人的画作看起来都和其他人的不同，如果让一位学生再画一次那只奶牛和牧场，他或她会画出和第一张略微不同（或许可能非常不同）的图画。

正如你对一张画作的第二次、第三次或第十次描绘，记忆一般不会改善。你最新的那张画不一定是你最喜欢的那张。但是，无论你记住的是什么，它很可能会反映出你现在的看法。你不断修改自己的回忆，使其与你如今的想法和感受更加匹配，不论这些想法和感受是更好还是更坏。

对于那些其孩子刚学会走路的父母来说，在回忆三年前他们对婴儿哭泣所做的反应时，他们很可能会记错。不过，他们的记忆并非毫无规律。这些父母的记忆倾向于符合当今专家的建议，以及自己当前所认同的育儿经。如果专家说，让婴儿哭个够更好，父母们可能记得自己比当时实际汇报的更常坐在另一个房间，等待婴儿停止哭泣；如果专家说，立即抱起婴儿更好，父母们记得自己比实际上更常在听到一点点声音后就迅速起身。我们可以将其归因于睡眠不足，毕竟刚做父母的人总是睡不好，没人会指责他们有一年的记忆不够准确。但是，其他人也会为了让过去的记忆符合他们当下的观点而更新这些记忆。大学生更改他们对以往成绩的记忆，使其与他们目前在学校的表现相符；选民在选举后更改他们对一位候选人喜爱或厌恶程度的记忆；30多岁的人更改他们对青少年时代的性格特征的记忆，使其与他们成年后的自我相匹配。[3]我们更新记忆，使其与我们现在的想法和感受相符，我们不断改变我们的故事。正如社会心理学家卡罗尔·塔夫里斯和艾略特·阿伦森所说，人们让"他们过去的自我和他们当前的自我相和谐"。[4]

这能帮助解释为什么当你对自己的生活感到乐观，当事情比你想象中要进展得更好时，你过去所做的决定看起来十分睿智，甚至像命中注定。你的判断力会顶着这个光环，让你在处理下一个选择时自信满满。但当你感到绝望时，这些过去所做的决定看起来漏洞百出，你自己和你的推理过程亦是如此。处于这种怀疑时刻时，你很容易对自己所做的有明显冒险成分的决定百般挑剔。如果你是佐伊，乐队的主唱兼吉他手中途退出巡演，你发现自己甚至会质疑在遇到那个吉他手前很久所做的一个决定。

最实用的决策指南

正如我们在本书中所看到的，我们听到的许多关于女性决策的委婉或者直白的信息都与事实不符，但这些信息却能威胁到女性做明智选择的能力。我的最后一条建议对两种性别都适用，但对女性尤其重要。这是确保女性不断获得确切信息的另一个策略。

女性需要忠于自己所做的决定，不应该在情境每次有所变化时改写自己的选择。那么，我最后一条建议就是忠于你的故事。开始记录你在决策过程中的点点滴滴，这样当你回头看时，当你的情境和观点有所不同时，你能更精确地还原你当时的想法和感受。这样做有助于让你记起当时最重要的方面，以及你在那一刻所展现出的智慧。而且，这样做也有助于让你从自己的生活中学习。

如果借用技术的话，很可能会有几十种记录你的决策过程的富有创意的方法。我要推荐一种不需要技术的方法：开始记一句话的日记。每天记日记对有些人来说既费时间，又不现实。你可能会分辩说："我甚至连每天找到一双干净的袜子都做不到。"但请听我说完。你不用每天晚上空出20分钟记日记，也不用清理书桌或者重新安排你的生活。只要每天写一两句话，这最多需要5分钟，特别是当这已经成为你日常生活的一部分时，只要上床前粗略记一两点就行。

每天写几行日记能对你以后追溯自己的决定起到什么样的帮助呢？不要将这句话随便写在一个地方，买个一句话日记本，网上或书店里都有。这样的日记本有365页，每一页对应一年中的一天，但每一页上一般留出了5个条目的位置，分别是今年、明年……以此类推。这些条目其实就是快照，每天只需写一两句话。

普通的日记本是往前翻的，你很少会往后翻。你很少会回头看自己以往的想法、情感或决定，除非为了找到某一特定的记录。毕竟，前前后后地去翻寻很费时间，我们中的多数人既想不到也不会想做这件事。一句话日记本的结构能让你看到这些快照，就像是你的决策相册。第一年，你每天在新的一页上记录你的想法和经历，但到了第二年，在你记录当天事件时，你有机会回顾一年前的想法和情感。这个日记本的价值会随着你不断回顾自己真实的决策过程而日益增加。

你该记些什么？基于你一天的感受以及你真正在乎的东西，写一两句话。今天什么事情很顺利，什么事情不顺利？在你做决定时，最重要的因素是什么？或者最初阻碍你的因素是什么？

看看下面两个条目，这些是从我自己的日记本中摘录的（我现在才注意到，这两个条目其实是 3 句话，不过每句都很短）。

2013 年 4 月 11 日 我还是买了！我受不了，买了一把舒适的、符合人体工学的写字椅。不知道我为什么等了这么久，是因为费用吗？改善我每天要待七八个小时的地方，这钱花得值。

2013 年 8 月 17 日 在家的感觉真好。我喜欢旅行归来后的第一天，如果这一天我可以在家度过，更是如此。吃最喜欢的食物，在附近走走，喜欢这种生活带给我的感觉。

也许你只需要对你的生活进行一次观察，当你有所领悟后，从此你做的每一个决定都能反映出你对自己的那种新的有益认识。我却不行。我会因为对自己有了新的认识感到很开心，也许会和丈夫讨论一下，但是在我下一次考虑购买一样能让自己享受的办公用品，或者一位同事想把会议安排在旅行回来后的那一天时，我还是会落入常规。我忽略了曾经让我感到幸福或沮丧的事情，我忘记了自己许下的以后不再做如此决定的诺言。

但是，每天记日记的我更容易想起这些。对于这两条日记，一年后当我在同一页上做记录时，添了几笔，比如：**太对了，去年的领悟真棒**。因为我找到一个提醒自己的方法，我能做出更好的决定。我继续花钱改善办公室环境（我最近买了一个窗机空调），只要有可能，我会将长途旅行后的一天空出来。

自 2012 年以来，我坚持每天记一句话日记，这个习惯纠正了我对自己的决策的许多推断。我经历的最大变化大概是在自信心方面。我注意到，有时我对正在做的决定信心满满、目标明确，有时却觉得一片混乱。可是，当一个决定最终证明是个好决定，后来发现自己当时很疑惑，对正确的决定十分不确定时，我会感到很惊讶。如果是好的决定，疑惑会被清除。认识到这一点很重要，因为现在如果我对一个决定感到不自信，我知道这并非不祥之兆。现在我已经不再期待在做明智选择之前都信心满满，因而相对更容易下定决心。不是容易，而是相对来说更容易。

写给未来的自己

初次采访佐伊时，她告诉我："不用那笔奖学金，是我做的最勇敢、最成熟的决定。我不知道自己想做什么，但这样走进研究生院显然不对。"如果佐伊后来看到了这些话，会对她有所帮助吗？听到自己在做此决定时有多勇敢，是否能让她感到安慰？我不知道。但我不禁注意到，两个关键事件的时间存在某种巧合。她在 2010 年 9 月做出了放弃研究生院的决定。整整 4 年后，在 2014 年 9 月，她乐队的主唱退出了，而她遭遇信心危机。如果她记下了自己最初的勇敢决定，如果她描述了自己做出那个艰难的奖学金决定的心情，也许她会在自己碰巧需要听到这些话时，读到这些记录。

你需要听到的信息，正好在你需要它的那天出现，这种完美的巧合是无法保证的。但是，你会拥有一整套方法，让你去捕捉和梳理记忆，提醒自己什么让你最终做出这个而非其他选择。

我们女性需要自己给自己发送信息。世界向我们发出了许多怀疑的信息，我们可以利用自己的理解和细密的思维来进行对抗。我们的判断力经常比我们所意识到的、所记住的更好，我们只需要稍微自己提醒一下自己，我们有多明智、多勇敢。

致 谢

迈克尔·查邦（Michael Chabon）说："如果你想成为一名成功的小说家，你需要三样东西：天赋、运气和自制力。"[1] 如果你想成为一位成功的非虚构类作家，我认为你需要第四样东西：一个团队。一群聪慧的人不辞辛苦、坚持不懈地阅读着你杂乱无章的书稿，鼓励你想出更干脆的论据，告诉你他们在早餐时读到的有趣文章。

我很幸运，因为我有一个不可思议的团队。

我的文稿代理人是琳赛·埃奇库姆（Lindsay Edgecombe），如果你认为已经不需要文稿代理人了，那你是没见过琳赛。她很擅长反馈意见，每当我找不到要点时，琳赛会帮我找到。我是那种容易焦虑的人，琳赛知道这点，但仍愿意与我合作。我要感谢 Levine Greenberg Rostan 文学代理所整个娴熟的团队，包括吉姆·莱文（Jim Levine）、贝丝·费舍尔（Beth Fisher）和凯瑞·斯帕克斯（Kerry Sparks），在他们的帮助下，这本书得以面世。

我有幸与两位睿智的编辑合作，考特尼·扬（Courtney Young）和珍娜·约翰逊（Jenna Johnson）。考特尼费了不少时间和精力说服霍顿·米夫林·哈考特集团购买这本书的出版权，她阅读了最初过于冗长乏味的书稿，劝我不要使用社会科学家的口吻，让我在书中说出真正有用的话。珍娜加入这个项目时，她总是在合适的地方说"我不懂你这里的意思"，但她说"我喜欢这里"的次数也比较多，让我有动力继续努力。如果你发现自己引用了这本书中的内容，请感谢珍娜。

我在霍顿·米夫林·哈考特集团遇到了许多很好的人。皮拉·加西亚－布朗（Pilar Garcia-Brown）帮助我在截稿日期前交稿，并介绍我认识才华横溢的人。特蕾西·罗（Tracy Roe）确保我自始至终用的都是过去时态。特雷西还超越了她作为文字编辑的职责，如果我在弗吉尼亚州需要一名医生做紧急护理，我知道可以去找她。玛莎·肯尼迪（Martha Kennedy）为这本书设计了极棒的封面，洛伦·伊森伯格（Loren Isenberg）做了缜密的法律审查，金伯利·基弗（Kimberly Kiefer）负责了整个印刷过程。瑞切尔·德沙诺（Rachael DeShano）和艾米丽·安德鲁凯迪斯（Emily Andrukaitis）监督了编辑的过程，让截止日期变得愉悦。

在营销和宣传方面，凯瑟琳·玛丽·帕金斯（Kathleen Marie Perkins）一直是我从天而降的守护天使，她帮助我克服了自我宣传的障碍。如果你在一次采访中听到我的声音，或者看过一篇关于我的作品的文章，那不是两三个人发挥才华、不断坚持的结果，而是 7 个人：霍顿·米夫林·哈考特集团的罗瑞·格莱泽（Lori Glazer）、劳拉·贾尼诺（Laura Gianino）、朱丽安娜·弗里茨（Giuliana Fritz）、阿耶沙·米尔扎（Ayesha Mirza）、卡拉·格雷（Carla Gray），以及来自 February Media 的格蕾琴·克拉里（Gretchen Crary）和杰西卡·菲茨帕特里克（Jessica Fitzpatrick）。特别要感谢格蕾琴，在我感到需要鼓足勇气踏入社交媒体时，握住了我的手。凯丽·肖恩·麦科勒姆（Kayleigh Shawn McCollum）让我忘记她正在拍照，艾丽莎·王（Alyssa Wang）鼓励我设立一个比"我想要一个不会被我搞砸的网站"更高的目标。

丹·西蒙斯（Dan Simons）介绍我认识我的代理人，在我需要的时候帮助我指出不利之处，而且是他给了我写这本书的想法。如果你不熟悉丹的作品，请放下这本书，搜索他的大猩猩视频。丹让我们每个人变得更加聪明。

34 位慷慨无私的女性接受了我的采访，并向我回顾了她们做过的最艰难的决定。她们的故事很有影响力，她们不仅给了我有关女性的写作材料，还成了我在写作时心中的女性受众。另外还有 20 多位女性参与了我在项目研究阶段初期进行的决策对话。我希望我能写出她们的名字，表达我对每个人的谢意，但是为了让她们能坦率地讲述自己的经历，我承诺不会透露她们的真实姓名。我要对这些女性说声谢谢。

像这样的科学作品需要大量的研究。妮可·布洛斯（Nicole Brous）用行动证明她是一位非凡的研究助理，她处理的事务不仅包括我交给她的，还包括她看到我独自没有完成的内容。特丽莎·艾伦菲特（Theresa Earenfight）向我提供了历史上女性鼓舞人心的故事。卡罗·莱文（Carole Levin）对一些有关伊丽莎白的问题做出了及时的回答。然后是本书的读者——噢，读者。我想让这本书表述直白、语气恰当，要做到这两点意味着我要听取拥有不同爱好、来自不同专业领域的读者的意见。我要感谢杰米·阿达维（Jamie Adaway）、乔伊斯·艾伦（Joyce Allen）、斯文·阿维德森（Sven Arvidson）、马琳·贝尔曼（Marlene Behrmann）、维多利亚·布莱斯科（Victoria Brescoll）、马可·科汉（Mark Cohan）、艾丽斯·伊格利（Alice Eagly）、苏珊·菲斯克、卡蒂·福斯特（Katie Foster）、薇琪·赫尔格森（Vicki Helgeson）等许多人，他们对这本书的写作起到了很大帮助。对于每个提供反馈的人，你在本书中读到的内容可能与你曾经读过的内容几乎完全不同，但这只是意味着，我非常在意你的评论和建议。

在这本书拥有一个团队前，它背后还有一个俱乐部。蒂娜·萨莫拉（Tina Zamora）和马特·惠特洛克（Matt Whitlock）是一个规模很小但影响力却很大的写作俱乐部的成员。自2010年以来，我们3个人每个月在咖啡馆见一次，讨论我们各自的写作项目。我们一起交谈、写作，而且知道另外两个人会放在心上。

当我猛敲键盘时，有几个人保证了我的健康和效率。卡拉·布拉德肖（Carla Bradshaw）、詹尼弗·可萨卡（Jennifer Kosaka）、弗兰克·马林科维奇（Frank Marinkovich）、杰西·马尔斯（Jessie Marrs）、罗伯特·马丁内斯（Robert Martinez）、兰特普·辛格（Randip Singh）和安德烈·穆萨斯蒂科斯维利（Andrei Mousasticoshvily）知道完成这本书要付出的代价，他们确保我安然无恙。

尽管我们没法挑选家人，但我很幸运。在我家里，当女性在容易的选择上行不通时，会做出很少人做的艰难决定。我的祖母连续数月问我的祖父，是不是可以拓宽客厅和餐厅间的出入口，但没有得到回复。于是，有一天她拿起一把大锤，自己拓宽了那个出入口。我的姐姐在努力经营她的婚姻数年后，决定离婚。作为一位单亲职业母亲，她将两个女儿养育成努力工作、勇敢、有趣并且快乐的人。还有我的妈妈。当25年前我从宿舍打电话给我的母亲，边哭边说我要从大学退学时，她没有劝阻我。她说，如果这是我真正想要的，我可以这样做，但她要先来看看我，她会在挂掉电话后立刻去买机票。听了她的话，我久久没有回答。因为母亲来学校对我来说是一件很糟糕的事情，所以我说会留在大学，继续努力。多年后，她告诉我，那天晚上和我通话后，她很害怕，她祈祷我做的决定是正确的。是的，妈妈。

如果不是我的丈夫，乔纳森，我甚至不会开始撰写这本书。为了让我成为全职作家，他同意在几年内承担我的经济需求。如果我的丈夫赠予我的礼物主要是时间和金钱，那就已经十分丰厚了，但他还赠予我——不断地赠予我——无形的礼物。他激起了我的斗志，提醒我记住我给自己最好的建议。在他向别人介绍这本书时，脸上满是骄傲。与本书有关的团队中的每个人让我成为更好的作家，而他让我成为一个秉持信念的人。

附 录

推荐阅读

如果你想阅读更多有关女性和决策的书籍，不妨试一试：

·《向前一步：女性，工作及领导意志》(*Lean In: Women, Work, and the Will to Lead*)，谢丽尔·桑德伯格著。这本书掀起了全球对职场女性的讨论。如果你的同事们只看过一本关于性别的书，很可能就是这本。

·《走错路，也会到对岸》(*Mistakes I Made at Work: 25 Influential Women Reflect on What They Got Out of Getting It Wrong*)，杰西卡·巴卡尔（Jessica Bakar）著。此书作者采访了不同职业的成功女性，包括作家、企业家和美食评论家。这些女性描述了她们在职业生涯中所犯的大大小小的错误，以及她们如何从这些错误中走出来并成为更加睿智优秀的领导者。

·《对于工作中的女性什么才有用：女性需要知道的四种模式》(*What Works for Women at Work: Four Patterns Working Women*

Need to Know），琼安·威廉姆斯、蕾切尔·邓普西著。这本书通过深入的研究，指出了众多女性在职业生涯中所面临的四种偏见。此书的作者提出了多种女性在遭遇这些偏见时具体的应对策略。

·《活出感性：直面脆弱，拥抱不完美的自己》（*Daring Greatly: How the Courage to Be Vulnerable Transforms the Way We Live, Love, Parent, and Lead*），布琳·布朗（Brené Brown）著。虽然你很可能会在书店的心理自助区找到这本书，但对于所有希望在领导岗位上充分发挥作用的人来说，这本书都很有影响力。此书要传达的核心信息是"脆弱不是软弱"。

·《杰出女性如何领导：工作和生活的突破模式》（*How Remarkable Women Lead: The Breakthrough Model for Work and Life*），乔安娜·巴斯（Joanna Barsh）、苏西·克兰斯顿（Susie Cranston）著。这本书用强有力的理由，说明男性和女性都应该接受一直以来被贴上女性化标签的领导风格。

如果你想阅读更多有关决策和对我们的选择有潜在影响的偏见的书籍，不妨试一试：

·《决断力：如何在生活与工作中做出更好的选择》（*Decisive: How to Make Better Choices in Life and Work*），奇普·希思、丹·希思著。如果有朋友想学习如何做出更好的决定，我会推荐这本书。此书提供了清晰的建议和引人入胜的研究，风格轻松易懂。

·《错不在我：人们为什么会为自己的愚蠢看法、糟糕决策和伤害性行为辩护》[*Mistakes Were Made (but Not by Me): Why We Justify Foolish Beliefs, Bad Decisions, and Hurtful Acts*] 修订版，卡罗尔·塔夫里斯、艾略特·阿伦森著。想弄清楚我们为何免不了要进行自我辩解，可以读一下塔夫里斯和阿伦森的这本书，看一看为了将错误歪曲为明智的决定，你有多么不辞辛苦。

·《怪诞行为学 1：可预测的非理性》（*Predictably Irrational: The Hidden Forces That Shape Our Decisions*）和《怪诞行为学 2：非理性的积极力量》（*The Upside of Irrationality: The Unexpected Benefits of Defying Logic*），丹·艾瑞利著。在这两本书中，作者以一种机智有趣的方式让我们看到了人类的各种不理智行为，并回答了"我们为什么不做出理智的决定"和"我们的种种不理智有可能存在积极的方面吗"。

·《思考，快与慢》（*Thinking, Fast and Slow*），丹尼尔·卡尼曼著。作者探索了促成我们思考方式的两种系统：一种快速、情绪化、几乎难以控制；另一种缓慢、善于分析、细致缜密。我们希望由第二种系统来主导，但通常起主导作用的是第一种系统，我们因此常陷入麻烦。

·《看不见的大猩猩：无处不在的 6 大错觉》（*The Invisible Gorilla: And Other Ways Our Intuitions Deceive Us*），克里斯·查布利斯、丹尼尔·西蒙斯著。这是另一本关于我们如何欺骗自己的精彩书籍。查布利斯和西蒙斯戳破了我们对记忆、注意力和论证那种看似顺理成章但实则常常错误百出的臆断。并表明这样做虽然需要付出一些努力，但是会比从前聪明得多。

·《刻板印象：我们为什么那样看别人，这样看自己？》（*Whistling Vivaldi: How Stereotypes Affect Us and What We Can Do*），克劳德·斯蒂尔著。无论你乐意与否，我们都会受潜意识的偏见影响，这种刻板印象决定了我们对自己以及他人的看法。作者向我们展示，我们的种族和性别观念不知不觉中扰乱了我们的行为。

·《盲点：好人的潜意识偏见》（*Blindspot: Hidden Biases of Good People*），马扎林·贝纳基（Mahzarin Banaji）、安东尼·格林沃尔德（Anthony Greenwald）著。如果你曾纳闷，为什么我们对别人如此迅速地做出判断，或者为什么好人也会歧视别人，你会从这本书中找到答案。书内包含自我测试，能帮助你判定自己在哪些方面持有偏见。

如果你想知道人们的相似以及不同之处，不妨试一试：

·《内向性格的竞争力：发挥你的本来优势》（*Quiet: The Power of Introverts in a World That Can't Stop Talking*），苏珊·凯恩（Susan Cain）著。这本书和以上两个类别都不太相符，但关于内向者和外向者两个群体的相似及不同之处，这本书是最好的论著之一。此书思路缜密、思想丰富。

注 释

前言 如果决策者是女性，会怎样？

1. Hunter Stuart, "Best Buy Ends Work-from-Home Program Known As 'Results Only Work Environment,'" *Huffington Post*, March 6, 2013. 此次百思买事件没有被完全忽略，但它不像雅虎的宣布那样备受关注。《哈佛商业评论》上刊登了一篇文章，解释为什么百思买的决定对员工的影响要大得多，特别是鉴于乔利向调查者透露，他想让每一个员工"感到自己并非不可或缺"。然而，大众媒体继续审视的是梅耶，而非乔利。见 Monique Valcour, "The End of 'Results Only' at Best Buy Is Bad News," *Harvard Business Review*, March 8, 2013。

2. 在网上简单地搜索一下，就会看到成百上千的文章在分析梅耶是否做出了正确的决定。下面两篇文章发表于梅耶撤销雅虎在家办公政策的两年后：Nicholas Bloom and John Roberts, "A Working from Home Experiment Shows High Performers Like It Better," *Harvard Business Review*, January 23, 2015, hbr.org/2015/01/a-working-from-home-experiment-shows-high-performers-like-it-better; Akane Otani, "Richard Branson: Marissa Mayer's Yahoo Work Policy Is on the Wrong Side of History," *Bloomberg Business*, April 24, 2015. 英国维珍航空公司（Virgin Airlines）的 CEO 理查德·布兰森（Richard Branson）被问到了梅耶撤销在家办公政策是否错误之举。据我所知，他没有被问及休伯特·乔利的决策。

3. 有关雅虎公司在家办公政策变动所波及的职员人数，见 Rebecca Greenfield, "Marissa Mayer's Work-from-Home Ban Is Working for Yahoo, and That's That," *Atlantic*, March 6, 2013. 有关百思买公司在家办公政策变动所波及的职员人数，见 Julianne Pepitone, "Best Buy Ends Work-from-Home Program。" CNNMoney. com, March 5, 2013。

4. 梅耶在 2012 年 7 月成为雅虎公司的 CEO，乔利在同年 8 月份被任命为百思买公司的 CEO。的确，休伯特·乔利在去百思买之前担任过 CEO 职务，他在 2008 年～2012 年间是卡尔森嘉信力旅运（Carlson Wagonlit Travel）的 CEO，而梅耶之前在谷歌公司担任副董事长。所以，作为 CEO，乔利有更丰富的经验，但作为百思买公司的 CEO，乔利的经验并不是很多。

5.20 世纪 60 年代后期，不给女性机会查看她们的活组织检查结果属于乳腺癌的标准疗法。Barron H. Lerner, *The Breast Cancer Wars: Hope, Fear, and the Pursuit of a Cure in Twentieth-Century America* (New York: Oxford University Press, 2001).

6. 芭芭拉·温斯洛在 "Primary and Secondary Contradictions in Seattle: 1967–1969"（选自 *The Feminist Memoir Project: Voices from Women's Liberation*, New York: Three Rivers Press, 1998）一文中分享了她在医生办公室所经历的故事。此外，我在 2015 年 2 月 4 日通过电话和芭芭拉取得联系，她与我分享了更多细节和感想。有些人可能会认为也许只是芭芭拉的医生很差，但事实上他是一位非常好的医生，在当地家庭中很受欢迎。她的丈夫想到要在她的手术单上签字，很是恼怒，但和芭芭拉一样，他觉得自己别无他法。

7.Richard M. Hoffman et al., "Lack of Shared Decision Making in Cancer Screening Discussions: Results from a National Survey," *American Journal of Preventive Medicine* 47, no. 3 (2014): 251–59. 我和主导这项调查的理查德·霍夫曼取得了联系，以便我对他的研究有更多了解。霍夫曼和他的团队使用了另一个团体 the Knowledge Networks 搜集的调查数据。遗憾的是，由于这些数据里没有包含医生性别的信息，所以他无法分析医生的性别是否会对结果产生影响。他们的研究旨在理解决策过程，并确定在癌症筛检方面，什么时候会出现共同决策。患者的性别只是他们分析的变量之一，但这个变量相较其他变量极其重要。

8.U.S. Preventive Services Task Force, Recommendation Summary, May 2012. 被评为 B 级的乳房筛检针对的是年龄在 50～74 岁的女性，她们每两年要接受一次检查。而被评为 D 级的前列腺血检，被称作 PSA，全称 "前列腺特异性抗原"（prostate specific antigen），似乎是针对所有年龄的男性群体。

9. 一般说来，如果 PSA 值高于每毫升 5 纳克（ng/mL）（取决于男性的年龄），被视为偏高。然而，每 4 位 PSA 值偏高的男性中有 3 位没有患前列腺癌，也就是说，这项检查让很多男性和他们的家人白白担心。见 "Prostate Cancer Screening: Should You Get a PSA Test?," Mayo Clinic, www.mayoclinic.org/diseases -conditions/prostate-cancer/in-depth/prostate-cancer/art-20048087。PSA 检查问题重重，以至于美国预防服务工作组在 2008 年建议男性不要接受此项检测。见 Virginia Moyer, "Screening for Prostate Cancer: U.S. Preventive Services Task Force Recommendation Statement," *Annals of Internal Medicine* 157, no. 2 (2012): 120–34。

10. "Colorectal Cancer Screening: Recommendation Summary," U.S. Preventive Services Task Force (October 2008). 被评为 A 级的结肠镜检查针对 50～75 岁之间的成年人。

11. 有关不同性别的癌症死亡原因，见：Rebecca L. Siegel, Kimberly D. Miller, and Ahmedin Jemal, "Cancer Statistics, 2015," CA: *A Cancer Journal for Clinicians* 65, no. 1 (2015): 5‐29. 肺癌和支气管癌是男性和女性癌症死亡的首要原因；对于男性和女性来说，排第二的分别是前列腺癌和乳腺癌。

12. 有关男性和女性罹患结肠癌的概率，同上。

13. 有关除美国之外的其他国家女性获得选举权日期的信息，参见 "Women's Suffrage: A World Chronology of the Recognition of Women's Rights to Vote and to Stand for Election," Inter-Parliamentary Union，2015 年 6 月 1 日，www.ipu.org/wmn-e/suffrage.hlm。

14. 直到 1974 年，美国议会才废除了基于性别和婚姻状况的借贷歧视。这项法案被称作《平等信用机会法》（Equal Credit Opportunity Act，ECOA），福特总统于 1974 年 10 月 28 日签署此项法案，使其成为法律。从此女性的权利受到了保护，但说她们权利"平等"多少有些牵强。借贷机构仍然可以基于种族、肤色、族群、宗教、国籍或者性别来对贷款者进行区别对待。两年后的 1976 年，为了确保借贷方也无法基于这些理由进行歧视，ECOA 得到了修订。有关包括比莉·简·金在内的女性按揭和信用卡申请遭到拒绝的故事，在盖尔·科林斯（Gail Collins）引人入胜的作品 *When Everything Changed: The Amazing Journey of American Women from 1960 to the Present* (Boston: Little, Brown and Company, 2009) 中得到了呈现。

15.Selena Roberts, *A Necessary Spectacle* (New York: Crown, 2005), 66.《平等信用机会法》意味着，如果一位女性具备偿付的能力，银行必须像信任一位男性一样信任她。

16.Victoria Brescoll and Eric Luis Uhlmann, "Can an Angry Woman Get Ahead? Status Conferral, Gender, and Expression of Emotion in the Workplace," *Psychological Science* 19, no.3 (2008): 268-75.

17. 在第二项研究中，布里斯科和乌尔曼特意让参与者以 1~11 的等级评价应聘者是"能够自控"（1 分）还是"失去控制"（11 分）。愤怒的女性应聘者被认为明显比愤怒的男性应聘者失控程度高。例如，表现出愤怒的经验丰富、高职位的女性应聘者，在失控程度方面平均得分为 6.41，而经验丰富、高职位的男性应聘者平均得分却是 4.12。（有关详细分析，见引文第 271~271 页）。

18. 不过，有一点值得注意，布里斯科研究中的应聘者都是白种人。后来的研究表明，应聘者的种族背景也是独断、愤怒或好斗情绪对职位高低产生影响的一个重要因素。据我所知，没有人用黑人应聘者做过和布里斯科同样的研究，但西北大学凯洛格商学院的罗伯特·利文斯顿（Robert W. Livingston）做过一系列有趣的研究，表明种族和性别影响人们对一个人是应该成为领导，被给予更多权力，还是应该被剥夺权力的判断。在一项研究中，利文斯顿和他的同事们发现，人们会惩罚表现出支配和独断特征的白人女性领导和黑人男性领导者。他们认为这些领导者应该更少的薪酬，认为他们的工作效果不如表现出鼓励和关爱领导风格的白人女性和黑人男性领导者。有趣的是，白人男性领导者和黑人女性领导者在有支配和好斗的表现时，没有受到惩罚。见 Robert W. Livingston, Ashleigh Shelby Rosette, and Ella F. Washington, "Can an Agentic Black Woman Get Ahead? The Impact of Race and Interpersonal Dominance on Perceptions of Female Leaders," *Psychological Science* 23, no. 4 (2012): 354–58. 利文斯顿还创造了一个新的术语"泰迪熊效应"（the teddy-bear effect）。他和尼古拉斯·皮尔斯（Nicholas Pearce）发现，黑人男性 CEO 虽然很少见，但被认为比白人 CEO 有更多的"娃娃脸"（baby-faced）。有一张娃娃脸一直以来是希望职位晋升的白人男性所面临的一个问题，但是这个特征似乎对黑人男性有所帮助。为什么？现行的解释是，长着一张娃娃脸的黑人男性看起来更温暖，不会那么可怕，这对别人接受他的权威身份有所帮助。见 Robert W. Livingston and Nicholas A. Pearce, "The Teddy-Bear Effect: Does Having a Baby Face Benefit Black Chief Executive Officers?," *Psychological Science* 20, no. 10 (2009): 1229–33.

19. 美国 500 强公司（纽约证券交易所最大的 500 家公司）中只有 15% 的高管是女性。见 Catalyst's Quick Take, www.catalyst.org/knowledge/women-united-states。同样，富时 100 指数公司（伦敦证券交易所最大的 100 家公司）中也只有 15% 的高管是女性。见 Ruth Sealy and Susan Vinnicombe, *The Female FTSE Board Report* (Cranfield, UK: Cranfield University, 2013), 17。

20. Justin Wolfers, "Fewer Women Run Big Companies Than Men Named John," *New York Times*, March 2, 2015, www.nytimes.com/2015/03/03/upshot/fewer-women-run-big-companies-than-men-named-john.html?_r=0&abt=0002&abg=1.

21. 资深中级管理人员被问到是否希望成为公司的高级管理人员，其中 81% 的男性以及 79% 的女性说想成为高管，相关数据见 Sandrine Devillard et al., *Women Matter 2013: Gender Diversity in Top Management* (Paris: McKinsey and Company, 2013), 10。当资深女性管理者被问及她们是否想在所在的机构组织中得到更高的职位时，共有 83% 的女性表达了升职意愿，其中 51% 说有强烈意愿，32% 说有些许意愿。当资深男性管理者被问及同样的问题时，共有 74% 的男性表达了升职意愿，其中 37% 说有强烈意愿，37% 说有些许意愿。见 Sandrine Devillard and Sandra Sancier-Sultan, *Moving Mindsets on Gender Diversity* (Paris: McKinsey and Company, 2013), 2。

22. 有关 3345 名 MBA 毕业生的研究，见 Nancy M. Carter and Christine Silva, "The Myth of the Ideal Worker: Does Doing All the Right Things Really Get Women Ahead?," Catalyst, 2011, http://www.catalyst.org/knowledge/myth-ideal-worker-does-doing-all-right-things-really-get-women-ahead。有关人际网对华尔街男性有益，但对华尔街女性几乎没有益处的数据，见 Lily Fang and Sterling Huang, "Gender and Connections Among Wall Street Analysts," working paper, February 27, 2015, www.insead.edu/facultyresearch/research/doc.cfm?did=48816。

23. 在有些领域，高层中的女性很少，原因可能是一直以来在较低层次的女性就很少。以国际象棋为例。截至 2004 年，只有 1% 的象棋大师是女性。难道是体制偏见的原因？不太可能。象棋排名基于客观性的得分，所以不存在男性关系网阻碍女性脱颖而出的情况。Christopher Chabris 和 Mark Glickman 研究了包括超过 256000 名参赛选手的数据库，发现"在象棋最高级别中，男性居多，原因可能是更多男性参加最基础级别的象棋赛事"；见 see Christopher F. Chabris and Mark E. Glickman, "Sex Differences in Intellectual Performance," *Psychological Science* 17, no. 12 (2006): 1040。因此，当名次完全由成绩决定，又有很少年轻女性从事一个领域时，高层性别比例的差异可能源于人才输入过慢。但稍后我们将在本书中看到，可能有男性和女性在工作中表现相同，级别却大不相同。

24. 在 1995 年～2005 年间，占据美国 500 强公司董事会席位中的女性人数有较大增长，从 9.6% 升至 14.7%，以每年半个百分点的速度增长。随后在 2005 年～2014 年间，董事会女性成员的比例由 14.7% 缓慢增长到 16.9%，增长幅度不到上个 10 年的一半。有关 1995 年～2013 年的数据，见 "Statistical Overview of Women in the Workplace," Catalyst (March 3, 2014), www.catalyst.org/knowledge/statistical-overview-women-workplace。请特别参考"女性占据的美国 500 强席位"（"Fortune 500 Seats Held by Women"）标签下的内容。有关 2014 年的数据，见 Caroline Fairchild, "A Call to Action for Companies with No Female Directors," Fortune.com, November 14, 2014。2015 年，Catalyst 不再跟踪美国 500 强公司情况，开始发表标准普尔 500 强公司（S&P 500）的数据。截至 2014 年，标准普尔 500 强公司董事会女性人员人数所占比例为 19.2%，但因为公司有所不同，所以无法做直接比较。

25. 有关州长人数的数据，见 Pew Research Center, "Women and Leadership: Public Says Women Are Equally Qualified, but Barriers Persist" (January 2015), http://www.pewsocialtrends.org/2015/01/14/women-and-leadership/12。

26.Sylvia Ann Hewlett et al., *The Athena Factor: Reversing the Brain Drain in*

How Women Decide

Science, Engineering, and Technology (Watertown, MA: Harvard Business School, 2008).

27.Kieran Snyder, "Why Women Leave Tech: It's the Culture, Not Because 'Math Is Hard,' " Fortune.com, October 2, 2014, fortune.com/2014/10/02/women -leave-tech-culture/. Kieran Snyder provided this quote in an e-mail communication with the author on March 24, 2015.

28.Pew Research Center, "Women and Leadership," 17.

29.John Gerzema and Michael D'Antonio, *The Athena Doctrine* (San Francisco: Jossey-Bass, 2013).

30.Bureau of Labor Statistics, "Table 11: Employed Persons by Detailed Occupation, Sex, Race, and Hispanic or Latino Ethnicity," *Current Population Survey, Annual Averages 2014* (Washington, D.C: United States Department of Labor, 2014). 2014年，美国女性从事着51.6%的"管理性、专业性以及相关职业"。这个数据经常被引用，但这里的"专业性职业"包括教师和护士，这两种职业提高了比例。当我们只关注管理职业时，这个数字降到了38.6%。

31. "Women CEOs of the S&P 500," Catalyst, 2015, http://www.catalyst.org /knowledge/women-ceos-sp-500.

32.Seth J. Prins et al., "Anxious? Depressed? You Might Be Suffering from Capitalism: Contradictory Class Locations and the Prevalence of Depression and Anxiety in the USA," *Sociology of Health and Illness* 37, no. 8 (November 2015): 1352 - 72.

33. 有关男性和女性在电脑编程领域的有趣历程，详见 Isaacson's The Innovators as well as Laura Sydell, "The Forgotten Female Programmers Who Created Modern Tech," *All Things Considered*, NPR, October 6, 2014, www.npr.org/sections/alltechconsidered /2014/10/06/345799830/the-forgotten-female-programmers-who-created-modern-tech。Jean Jennings Bartik 是第一部通用电脑的六位女性程序员中的一位，她曾说，要是"男性管理人员当时知道编程对电脑运行的关键性以及编程的复杂性，他们不会这么毫不犹豫地将如此重要的角色丢给女性"。Jean Jennings Bartik, *Pioneer Programmer* (Kirksville, MO: Truman State University Press, 2013), 557.

34.Steve Henn, "When Women Stopped Coding," Planet Money, NPR, October 21, 2014, www.npr.org/sections/money/2014/10/21/357629765/when-women -stopped-coding.

35. 这个决策技能列表改编自奇普·希斯和丹·希斯的精彩书籍 Decisive: How to Make Better Decisions in Life and Work (New York: Crown Business, 2013)。

36. Joan C. Williams and Rachel Dempsey, What Works for Women at Work (New York: New York University Press, 2014).

37.Sarah Green Carmichael 在她的 "Why 'Network More' Is Bad Advice for Women," Harvard Business Review, February 26, 2015, hbr.org/2015/02/why-network-more-is-bad-advice-for-women 一文中完美地论证了这一点。

第一章　理解女性的直觉

1.Audrey Nelson, "What's Behind Women's Intuition?," Psychology Today, February 22, 2015, www.psychologytoday.com/blog/he-speaks-she-speaks/201502/what-s-behind-women-s-intuition.

2. 我所使用的大部分问题改编自"认知风格量表"（Cognitive Style Index）。许多学术研究者使用这个心理测试，判定个体在收集、加工、阐释信息时采用直觉性还是分析性手段。有关解释认知风格量表的原始论文，见 Christopher W. Allinson and John Hayes, "The Cognitive Style Index: A Measure of Intuition-Analysis for Organizational Research," Journal of Management Studies 33, no. 1 (1996): 119 – 35。有关认知风格量表的更多信息以及其中的样题，见 Christopher W. Allinson and John Hayes, The Cognitive Style Index: Technical Manual and User Guide (Harlow, UK: Pearson Education, 2012) 和 "Gender and Learning," AONTAS, 2003, www. aontas.com /pubsandlinks/publications/gender-and-learning-2003/。此外，我还改编了 MBTI 测试（Myers-Briggs test）所使用的直觉—感觉计量中的几个问题，有关这个测试的描述，见 Charles R. Martin, Looking at Type: The Fundamentals (Gainesville, FL: Center for Applications of Psychological Type, 2001)。有些读者可能在想，这个调查问卷不同于 MBTI 测试。确实如此，MBTI 是一项很受欢迎的性格测试，

经常被公司用来衡量员工如何看待并检验他们的工作和关系。MBTI 测试了四个维度，其中一个维度是直觉—感觉。如果比起外在世界，你更关注你脑中的规律、理论和可能性，MBTI 测试会得出结论，你具备直觉型风格；如果你更喜欢关注从周围世界获取的信息，MBTI 测试会得出结论，你具备感觉型风格。你可能在我的问卷上得到的测试结果是分析型，在 MBTI 上测出的结果是直觉性。请记住，我的问卷只是一组非正式的问题。但另一个重要区别是"直觉"的意义。我的问卷大部分使用了直觉风格索引，其中"直觉"的意思是相对自发，基于整体而形成的印象；而"分析"的意思是直线式、循序渐进、专注于细节。这和 MBTI 测试中的"直觉"的意思大不相同。在 MBTI 测试中，"直觉"意味着比起外在信息，你更相信自己的想法，你倾向于通过思考来学习。你可能是线性思考者，专注于细节，我的问卷表明你是分析型，但如果你更情愿通过思考而不是实践来学习，你的 MBTI 测试结果会是直觉型。研究心理学家对 MBTI 测试意见不一。行业以及机构心理学家倾向于对 MBTI 测试有较好的评价，但性格心理学家往往发现该测试漏洞百出、不可信赖。有关 MBTI 性格测试的一项分析，见 Robert R. McCrae and Paul T. Costa, "Reinterpreting the Myers-Briggs Type Indicator from the Perspective of the Five-Factor Model of Personality," *Journal of Personality* 57, no. 1 (1989): 17‑40。

3.引自 Sonia Choquette, The Time Has Come...to Accept Your Intuitive Gifts (London: Hay House, 2008), 93。

4.Oprah Winfrey, "What Oprah Knows for Sure About Trusting Her Intuition," O, *the Oprah Magazine*, August 2011, www.oprah.com/spirit/Oprah-on-Trusting-Her-Intuition-Oprahs-Advice-on-Trusting-Your-Gut.

5. 引自 Harvey A. Dorfman, Coaching the Mental Game (Lanham, MD: Taylor Trade, 2003), 146。

6.Martin Robson, "Feeling Our Way with Intuition," in *Bursting the Big Data Bubble: The Case for Intuition-Based Decision Making*, ed. Jay Liebowitz (Boca Raton, FL: Taylor and Francis, 2014), 23.

7.Erik Dane, Kevin W. Rockmann, and Michael G. Pratt, "When Should I Trust My Gut? Linking Domain Expertise to Intuitive Decision-Making Effectiveness," *Organizational Behavior and Human Decision Processes* 119, no. 2 (2012): 187‑94.

8.Gary Klein, *Seeing What Others Don't: The Remarkable Ways We Gain Insights* (New York: Public Affairs, 2013), 26.

9. 最初讲述这个故事的人是 Gary Klein，但 Daniel Kahneman 在他的作品中对这个故事进行了精彩的描述，*Thinking, Fast and Slow* (New York: Farrar, Straus and Giroux, 2011), 11‑12。

10. 有关直觉的四部分定义，见 Erik Dane and Michael G. Pratt, "Exploring Intuition and Its Role in Managerial Decision-Making," Academy of Management Review 32, no. 1 (2007): 33‑54，以及 Erik Dane and Michael G. Pratt, "Conceptualizing and Measuring Intuition: A Review of Recent Trends," *International Review of Industrial and Organizational Psychology* 24 (2009): 1‑40。

11. Allinson and Hayes, *The Cognitive Style Index*. 然而，至少有一项使用 MBTI 直觉计量的研究表明，女性管理者在这项计量中的得分比男性管理者高。见 Weston H. Agor, *The Logic of Intuitive Decision-Making: A Research-Based Approach for Top Management* (New York: Quorum Books, 1986)。MBTI 和认知风格量表之间的细节差异在本章注释 2 中有所说明。

12. Cecilia L. Ridgeway and Lynn Smith-Lovin, "The Gender System and Interaction," *Annual Review of Sociology* (1999): 191‑216.

13. 有关这项研究的概述，见 Christopher F. Karpowitz and Tali Mendelberg, *The Silent Sex: Gender, Deliberation, and Institutions* (Princeton, NJ: Princeton University Press, 2014), 72‑73。相关原始研究，见 see Meredith D. Pugh and Ralph Wahrman, "Neutralizing Sexism in Mixed-Sex Groups: Do Women Have to Be Better Than Men?," *American Journal of Sociology* (1983): 746‑62。另见 Cecilia L. Ridgeway, "Status in Groups: The Importance of Motivation," *American Sociological Review* (1982): 76‑88。

14. John, Hayes, Christopher W. Allinson, and Steven J. Armstrong, "Intuition, Women Managers and Gendered Stereotypes," *Personnel Review* 33, no. 4 (2004): 403‑17. 另见 W. M. Taggart et al., "Rational and Intuitive Styles: Commensurability Across Respondents' Characteristics," *Psychological Reports* 80, no. 1 (1997): 23‑33。

15. John Coates, *The Hour Between Dog and Wolf* (New York: Penguin, 2012).

16. 我对人际敏感度（interpersonal sensitivity）的定义源于 Sara D. Hodges, Sean M. Laurent, and Karyn L. Lewis, "Specially Motivated, Feminine, or Just Female: Do Women Have an Empathic Accuracy Advantage?," in *Managing Interpersonal*

Sensitivity: Knowing When —and When Not —to Understand Others, eds. J. L. Smith et al. (New York: Nova Science Publishers, 2011), 59‑74。

17.Cordelia Fine, *Delusions of Gender: How Our Minds, Society, and Neurosexism Create Difference* (New York: W. W. Norton, 2010), 17‑18. See also Carol Tavris, *The Mismeasure of Women* (New York: Simon and Schuster, 1992).

18.Cordelia Fine, *Delusions of Gender*.

19.Louann Brizendine, *The Female Brain* (London: Bantam, 2007), 161.

20.Judith A. Hall, "Gender Effects in Decoding Nonverbal Cues," *Psychological Bulletin* 85, no. 4) (1978): 845‑57; Judith A. Hall, *Nonverbal Sex Differences: Communication Accuracy and Expressive Style* (Baltimore: Johns Hopkins University Press, 1984).

21."从眼神中读懂心灵测试"由西蒙·鲍龙－科恩带领的剑桥大学教授团队所研发并推广。科恩和同事设计了一项和自闭症症状紧密相关的测试，发现成年自闭症患者在眼神测试中的表现非常糟糕。然而，是安妮塔·威廉姆斯·伍莉和她的同事首次使用这项测试评估团队的表现。有关剑桥团队的原始研究，见 Simon Baron-Cohen et al., "The 'Reading the Mind in the Eyes' Test, Revised Version: A Study with Normal Adults, and Adults with Asperger Syndrome or High-Functioning Autism," *Journal of Child Psychology and Psychiatry* 42, no. 2 (2001): 241‑51。

22.Anita Williams Woolley et al., "Evidence for a Collective Intelligence Factor in the Performance of Human Groups," *Science* 330, no. 6004 (2010): 686‑88. 另见 David Engel et al., "Reading the Mind in the Eyes or Reading Between the Lines? Theory of Mind Predicts Collective Intelligence Equally Well Online and Face-to-Face," *PLOS ONE* 9, no. 12 (2014), e115212。

23.Kristi J. K. Klein and Sara D. Hodges, "Gender Differences, Motivation, and Empathic Accuracy: When It Pays to Understand," *Personality and Social Psychology Bulletin* 27, no. 6 (2001): 720‑30. 调查者要求男性和女性受试者观看一段录像，然后完成一套问卷，指出录像中那个人当时的情绪。当受试者认为测试的是同理心时，女性表现出的人际敏感度比男性高得多，但当受试者认为测试的是认知能力时，男性和女性得分相当。据我所知，没有人试图鼓励男性在眼神测试中表现得更好些。

24.Geoff Thomas and Gregory R. Maio, "Man, I Feel Like a Woman: When and

How Gender-Role Motivation Helps Mind-Reading," *Journal of Personality and Social Psychology* 95, no. 5 (2008): 1165.

25. 有些研究者主张，经过鼓励的男性能和女性表现得同样好，然而，即使在受到强烈激励时，男性读懂他人的平均能力也没有超过女性。见 Judith A. Hall and Marianne Schmid Mast, "Are Women Always More Interpersonally Sensitive Than Men? Impact of Goals and Content Domain," *Personality and Social Psychology Bulletin* 34, no. 1 (2008): 144 - 55。

26.Hodges, Laurent, and Lewis, "Specially Motivated."

27. 有关同理心和睾丸素水平之间关系的研究，见 Jack Van Honk et al., "Testosterone Administration Impairs Cognitive Empathy in Women Depending on Second-to-Fourth Digit Ratio," *Proceedings of the National Academy of Sciences* 108, no. 8 (2011): 3448 - 52。有关睾丸素水平和"从眼神中读懂心灵测试"表现的关系的具体研究，见 Emma Chapman et al., "Fetal Testosterone and Empathy: Evidence from the Empathy Quotient (EQ) and the 'Reading the Mind in the Eyes' Test," *Social Neuroscience* 1, no. 2 (2006): 135 - 48。

28.Tavris, *The Mismeasure of Women*, 65.

29.Sara E. Snodgrass, "Women's Intuition: The Effect of Subordinate Role on Interpersonal Sensitivity," *Journal of Personality and Social Psychology* 49, no. 1 (1985): 146 - 55.

30. 莎拉·斯诺德格拉斯对于下属直觉的原始研究相继被其他的研究者复制。见 A. Galinsky et al., "Power and Perspectives Not Taken," *Psychological Science* 17, no. 12 (2006): 1068 - 74, 以及 David Kenny et al., "Interpersonal Sensitivity, Status, and Stereotype Accuracy," *Psychological Science* 21, no. 12 (2010): 1735 - 39。有关其他观点，见 Dario Bombari et al., "How Interpersonal Power Affects Empathic Accuracy: Differential Roles of Mentalizing vs. Mirroring," *Frontiers in Human Neuroscience* 7 (2013)。

31. 有关伍莉对集体智慧的系列研究的描述，见 Anita Woolley, Thomas Malone, and Christopher Chabris, "Why Some Teams Are Smarter Than Others," *New York Times*, January 8, 2015。有关原始研究，见 Woolley et al., "Evidence for a Collective Intelligence Factor"。另见 Engel et al., "Reading the Mind in the Eyes"。

32. 有关伍莉研究方法的细节，见她 2010 年研究的相关网络补充材料。有关女性的贡献被边缘化的作品，见 Karpowitz and Mendelberg, *The Silent Sex*, 143。有关集体多样性的怀疑性分析，见 Alice H. Eagly, "When Passionate Advocates Meet Research on Diversity: Does the Honest Broker Stand a Chance?", *Journal of Social Issues*。

33. 丹·艾瑞利在他的作品 *Predictably Irrational* (New York: HarperCollins, 2008), 26–29 中对这项研究进行了精彩的描述。有关原始研究，见 Dan Ariely, George Loewenstein, and Drazen Prelec, "'Coherent Arbitrariness': Stable Demand Curves Without Stable Preferences," *Quarterly Journal of Economics* 118, no. 1 (2003): 73–105。

34. 有关避免锚定效应的困难程度的研究，见 Joseph P. Simmons, Robyn A. LeBoeuf, and Leif D. Nelson, "The Effect of Accuracy Motivation on Anchoring and Adjustment: Do People Adjust from Provided Anchors?," *Journal of Personality and Social Psychology* 99, no. 6 (2010): 917–32。

35. R. M. Hogarth, *Educating Intuition* (Chicago: University of Chicago Press, 2001).

36. 奇普·希斯和丹·希斯给出了友好的环境的定义, *Decisive: How to Make Better Decisions in Life and Work* (New York: Crown Business, 2013), 277。

37. 幸运的是，投票器和教师反馈系统这样的科技使得在课堂上得到学生对哪些懂、哪些不懂的反馈成为可能。你可以讲某一内容，然后在 5 分钟后提出一个问题，测试学生是否理解。这极大地加快了反馈的速度，但并不意味着你能得到你讲的哪一部分学生懂了、哪一部分他们不懂的清晰反馈。

38. James Shanteau, "Competence in Experts: The Role of Task Characteristics," *Organizational Behavior and Human Decision Processes* 53, no. 2 (1992): 252–66. 有关股票经纪人如何培养熟练的直觉的一本有趣书籍，见 Coates, *The Hour Between Dog and Wolf*。

39. 这个友好和恶劣的医学环境的对比引自丹尼尔·卡尔曼和盖瑞·克莱恩的文章 "Conditions for Intuitive Expertise: A Failure to Disagree," *American Psychologist* 64, no. 6 (2009): 522。

40. Gary Klein interview, "Strategic Decisions: When Can You Trust Your Gut?,"

McKinsey Quarterly (March 2010): 58‑67。

41. "Ice Cream Sales and Trends," International Dairy Foods Association, 2015 年 8 月 7 日获取，www.idfa.org/news-views/media-kits/ice-cream/ice-cream -sales-trends。

42.Adam L. Alter et al., "Overcoming Intuition: Metacognitive Difficulty Activates Analytic Reasoning," *Journal of Experimental Psychology: General* 136, no. 4 (2007): 569.

43. 如果你想了解更多有关促使直觉型和分析型决策模式的不同方式，见 Nina Horstmann, Daniel Hausmann and Stefan Ryf, "Methods for Inducing Intuitive and Deliberate Processing Modes," in *Foundations for Tracing Intuition: Challenges and Methods*, eds. Andreas Glöckner and Cilia Witteman (New York: Psychology Press, 2009), 219‑37。

44.Adam K. Fetterman and Michael D. Robinson, "Do You Use Your Head or Follow Your Heart? Self-Location Predicts Personality, Emotion, Decision Making, and Performance," *Journal of Personality and Social Psychology* 105, no. 2 (2013): 316. 有趣的一点是，Fetterman 和 Robinson 确实发现，在谈及做选择时，58%～66% 的女性说她们倾向于"听从内心"，而 54%～78% 的男性说他们倾向于"听从大脑"。确切的百分比因实验不同而有所差异，但总的趋势是不变的，听从大脑的男性比女性多。因此，能否找到决策中的性别差异，似乎取决于如何问问题。如果问题是"你听从内心，还是听从大脑？"，那么你会看到一个很大的性别差异，这个差异和女性倾向于直觉型方式、男性倾向于更注重分析的方式的刻板印象相一致。但是，如果我们问的是有关具体行为的问题，比如"你不假思索就做出决定的频率如何？""你大致浏览一遍报告，而非细细阅读的频率如何？"，那么，我们发现男性和女性受访者的决策方式和刻板印象不相一致。也许模式化的并非决策方式，而是人们对自己决策方式的看法。

45. 有关具身认知理论的缺陷经常被引用的一篇论文，见 Bradford Z. Mahon and Alfonso Caramazza, "A Critical Look at the Embodied Cognition Hypothesis and a New Proposal for Grounding Conceptual Content," *Journal of Physiology—Paris* 102, no. 1 (2008): 59‑70。

46. 回望和第三章讨论的一个策略很像，即丹尼尔·卡尼曼提出的事前预测法。见 *Think, Fast and Slow*。

47.Heath and Heath, *Decisive*, 15.

48.Robert L. Dipboye, "Structured and Unstructured Selection Interviews: Beyond the Job-Fit Model," in *Research in Personnel and Human Resources Management*, ed. Gerald Ferris (Greenwich, CT: JAI Press, 1994), 79–123.

49.David G. Myers, *Intuition: Its Powers and Perils* (New Haven, CT: Yale University Press, 2002). 另见 Heath and Heath, *Decisive*。

50.Jason Dana, Robyn Dawes, and Nathanial Peterson, "Belief in the Unstructured Interview: The Persistence of an Illusion," *Judgment and Decision Making* 8, no. 5 (2013): 512–20.

51.Robyn M. Dawes, *House of Cards: Psychology and Psychotherapy Built on Myth* (New York: Free Press, 1994).

52. 面试问题改编自希斯兄弟的《决策力》一书。

第二章　决策力困境

1. 有关美国不同州及地方警局的规模大小，见 Bryan A. Reaves, "Census of State and Local Law Enforcement Agencies, 2008," U.S. Department of Justice, July 2011, 2015 年 10 月 23 日 获 取，http://www.bjs.gov/content/pub/pdf/csllea08.pdf。在美国超过 500 名警员的规模庞大的警局并不常见。截至 2013 年，几乎一半的（48%）地方警局警员人数不足 10 名。参见 Bryan A. Reaves, "Local Police Departments, 2013: Personnel, Policies, and Practices," U.S. Department of Justice, May 2015, 2015 年 6 月 21 日 获 取，www.bjs.gov/content/pub/pdf/lpd13ppp.pdf。

2.Lynn Langton, "Women in Law Enforcement: 1987–2008," Bureau of Justice Statistics, June 2010. 这个 15% 的数据取自报告第一页的图表 2。这份报告关注了各类不同的执法办公室，从国税局的刑事调查部门（多达 32% 是女性）一直到小的地方警局（平均只有 4% 是女性）。虽然并非所有情况皆如此，但总的规律似乎是部门越小，男性比例越高。

3.International Association of Chiefs of Police and National Association of Women Law Enforcement Executives, *Women in Law Enforcement Survey* (Lenexa, KS: NAWLEE, 2013).

4.George P. Monger, "Breach of Promise," in *Marriage Customs of the World: An Encyclopedia of Dating Customs and Wedding Traditions*, 2nd ed., vol. 2 (Santa Barbara, CA: ABC-CLIO, 2013), 85‐87. 这项契约是基于一旦一位男性求婚，这位女性就可能失去了她的处女之身的假定，有关对此观点的讨论，见 Margaret F. Brinig, "Rings and Promises," *Journal of Law, Economics, and Organization* 6, no. 1 (Spring 1990): 203‐15。

5. 有关 19 世纪 50 年代违背婚约的一般解决办法的数据，参见 Denise Bates, *Breach of Promise to Marry: A History of How Jilted Brides Settled Scores* (South Yorkshire, UK: Whamcliffe, 2014), 96。为了计算出在 2014 年要拥有与 19 世纪 50 年代的 390 英镑同等的购买力，你的收入要达到多少，我使用了一种十分简便的计算方法，"Purchasing Power of British Pounds from 1270 to Present," maintained by Measuring Worth, 2015 年 8 月 9 日获取 www.measuring worth.com/ppoweruk/。我得出的收入是 530700 英镑。然后，我使用 2014 年的平均汇率将英镑兑换成了美元。

6. 有关媒体将芭芭拉·布什的言论阐释为女性的特权的例子，见 Elisabeth Parker, "Whoops: Barbara Bush Changes Her Mind About Jeb," AddictingInfo.org, 2015 年 5 月 25 日获取，www.addictinginfo.org/2015/03/18/barbara-bush-endorses-jeb-bush-2016-run-video/。

7.Kurt Donaldson, "Matthews Asked: Is Hillary Clinton Unable to 'Admit a Mistake' on Iraq Vote Because She Would Be Criticized as a 'Fickle Woman'?," MediaMatters.org, March 17, 2006, mediamatters.org/research/2006/03/17/matthews-asked-is-hillary-clinton-unable-to-adm/135150.

8. 有关 2015 年的研究，见 Pew Research Center, "Women and Leadership: Public Says Women Are Equally Qualified, but Barriers Persist" (January 2015), http://www.pewsocialtrends.org/2015/01/14/women-and-leadership/12。

9. 有关"典型美国人"的研究，见 Deborah A. Prentice and Erica Carranza, "What Women and Men Should Be, Shouldn't Be, Are Allowed to Be, and Don't Have to Be: The Contents of Prescriptive Gender Stereotypes," *Psychology of Women Quarterly* 26, no. 4 (2002): 269‐81。对于女性，"富有决断力"排在描述典型女性的

43 个形容词的第 33 位。

10.Thomas J. Peters and Robert H. Waterman, *In Search of Excellence: Lessons from America's Best-Run Companies* (New York: Harper Business, 2006).

11. 同上，120。

12. 有关犹豫不决和缺乏决断力的区别，见 Annamaria Di Fabio et al.，"Career Indecision Versus Indecisiveness: Associations with Personality Traits and Emotional Intelligence," *Journal of Career Assessment* 21, no. 1 (2013): 42 – 56。

13. 同上，43。有关相似定义，见 Noa Saka, Itamar Gati, and Kevin R. Kelly, "Emotional and Personality-Related Aspects of Career-Decision-Making Difficulties," Journal of Career Assessment 19, no. 1 (February 2011): 3 – 20。

14.Mike Allen and David S. Broder, "Bush's Leadership Style: Decisive or Simplistic?," *Washington Post*, August 30, 2004.

15. 有关对决断力的看法和选举行为之间的关系，见 Ethlyn A. Williams et al.，"Crisis, Charisma, Values, and Voting Behavior in the 2004 Presidential Election," *Leadership Quarterly* 20 (2009): 70 – 86。有关对决断力对选举者影响的深受欢迎的描述，见 John Harwood, "Flip-Flops Are Looking Like a Hot Summer Trend," New York Times, June 23, 2008, www.nytimes.com/2008/06/23/us/politics/23caucus.html?

16.Felix C. Brodbeck et al., "Cultural Variation of Leadership Prototypes Across 22 European Countries," *Journal of Occupational and Organizational Psychology* 73 (2000): 1 – 29.

17.International Association of Chiefs of Police and National Association of Women Law Enforcement Executives, *Women in Law Enforcement Survey*.

18.Cathy Benko and Bill Pelster, "How Women Decide," Harvard Business Review (September 2013): 81.

19.David Bakan 是首位使用术语"能动倾向"和"关系倾向"反映人类两种可能的生存状态的人。见 David Bakan, *The Duality of Human Existence: An Essay on Psychology and Religion* (Chicago: Rand McNally, 1966)。性别研究者 Vicki Helgeson 描述道，

"能动倾向反映作为个体的存在，关系倾向反映个体参与更大的有机体，并成为其中一部分"。Bakan 提出，能动倾向是引导男性的原则，而关系倾向引导女性。参见 Vicki S. Helgeson and Dianne K. Palladino, "Implications of Psychosocial Factors for Diabetes Outcomes Among Children with Type 1 Diabetes: A Review," *Social and Personality Psychology Compass* 6, no. 3 (2012): 228 - 42; quote on page 228。Bakan 的研究发表以来，心理学家找出了与能动倾向形成联系的成就导向型特质，比如大胆、富有魄力、富有决断力，以及与关系倾向形成联系的关系导向型特质，比如善良、热心、怜悯心。有关这些特质以及这些特质如何被贴上男性化和女性化标签的研究，参见 Andrea E. Abele, "The Dynamics of Masculine-Agentic and Feminine-Communal Traits: Findings from a Prospective Study," *Journal of Personality and Social Psychology* 85, no. 4 (2003): 768 - 76。 另 见 Susan T. Fiske and Laura E. Stevens, "What's So Special About Sex? Gender Stereotyping and Discrimination," in *Gender Issues in Contemporary Society: Applied Social Psychology Annual*, eds. S. Oskamp and M. Costanzo (Newbury, CA: Sage Publications, 1993), 183 - 96。

20. Jeanine L. Prime, Nancy M. Carter, and Theresa M. Welbourne, "Women 'Take Care,' Men 'Take Charge': Managers' Stereotypic Perceptions of Women and Men Leaders," *Psychologist-Manager Journal* 12 (2009): 25 - 49.

21. 这些是从一般决策风格量表（General Decision-Making Style Inventory）中抽取的问题，当今许多研究者用此项调查衡量一个人的决策风格。参见 Suzanne Scott and Reginald Bruce, "Decision- Making Style: The Development and Assessment of a New Measure," *Educational and Psychological Measurement* 55, no. 5 (1995): 818 - 31。

22. 有关男性和女性同样缺乏决断力的研究，参见 Robert Loo, "A Psychometric Evaluation of the General Decision-Making Style Inventory," *Personality and Individual Differences* 29 (2000): 895 - 905； 另见下面所列不同国家的研究。

23. 有关土耳其的研究，见 Enver Sari, "The Relations Between Decision-Making in Social Relationships and Decision-Making Styles," *World Applied Sciences Journal* 3, no. 3 (2008): 369 - 81。有关加拿大的研究，见 Lia M. Daniels et al., "Relieving Career Anxiety and Indecision: The Role of Undergraduate Students' Perceived Control and Faculty Affiliations," *Social Psychology Education* 14 (2011): 409 - 29。中国、日本和美国的比较研究，见 J. Frank Yates et al., "Indecisiveness and Culture: Incidence, Values, and Thoroughness," *Journal of Cross-Cultural Psychology* 41, no. 3 (2010): 428 - 44。有关中美比较的研究，见 Andrea L. Patalano, and Steven M. Wengrovitz, "Cross-Cultural Exploration

of the Indecisiveness Scale: A Comparison of Chinese and American Men and Women," *Personality and Individual Differences* 45 (2006): 813－24。有关澳大利亚的研究，见 G. Beswick, E. D. Rothblum, and L. Mann, "Psychological Antecedents of Student Procrastination," *Australian Psychologist* 23 (1988): 207－17。有关新西兰的研究，见 see A. L. Guerra and J. M. Braungart-Rieker, "Predicting Career Indecision in College Students: The Roles of Identity Formation and Parental Relationship Factors," *Career Development Quarterly* 47, no. 3 (1999): 255－66。

24.Yates 和他的同事想弄明白，为什么成年日本人的决断力低于成年中国人或成年美国人。他们要求参与者在决策的过程中，分享自己的思路。一个显著差异是参与者思维的缜密性。成年日本人在下决定前考虑更多问题，他们仔细斟酌的想法平均为 7.5 个，相较之下，每位成年中国人想出 3.3 个想法，每位成年美国人想出 4.5 个想法。见 Yates, "Indecisiveness and Culture"。

25. 有关青少年决断力性别差异的研究，见 Veerle Germeijs and Karine Verschueren, "Indecisiveness and Big Five Personality Factors: Relationship and Specificity," *Personality and Individual Differences* 50, no. 7 (2011): 1023－28。并非人人皆认为女性青少年的决断力不如男性青少年，John W. Lounsbury, Teresa Hutchens, and James M. Loveland, "An Investigation of Big Five Personality Traits and Career Decidedness Among Early and Middle Adolescents," *Journal of Career Assessment* 13, no. 1 (2005): 25－39 讨论了这点。原因之一可能是，十几岁的男孩感觉到了行为举止要像男人的压力，也就是他们感到必须具有能动倾向、果断、有把控力、自信等，而年轻女孩感受到具有关系倾向、对他人积极反应的压力。所以，当男性青少年和女性青少年被问及他们对各自的未来有多少把握时，年轻男孩即使心存疑惑，也会给出极为肯定的确定答案，符合男性化的形象，而年轻女孩不需要表现得如此肯定，因此男孩会比真实情况表现得更果断。有关女性强迫症患者一般比男性强迫症患者更缺乏决断的研究，见 Eric Rassin and Peter Muris, "To Be or Not to Be . . . Indecisive: Gender Differences, Correlations with Obsessive－Compulsive Complaints, and Behavioural Manifestation," *Personality and Individual Differences* 38, no. 5, (2005): 1175－81。通常，神经质和缺乏决断紧密关联，见 Germeijs and Verschueren, "Indecisiveness and Big Five Personality Factors"。

26. 由于维修的缘故，阿巴拉契亚国家步道的确切长度每年都会发生变化。2011 年，也就是 Pharr 打破世界纪录的那一年，步道长约 3500 千米。

27.Sandrine Devillard et al., *Women Matter 2013—Gender Diversity in Top Management: Moving Corporate Culture, Moving Boundaries* (Paris: McKinsey and Company, 2013), 14.

28. 有关领导风格方面的性别差异，参见 Alice H. Eagly and Blair T. Johnson, "Gender and Leadership Style: A Meta-Analysis," *Psychological Bulletin* 108, no. 2 (1990): 233–56。近期又有一些研究发现了同样的规律：女性在领导风格方面倾向于比男性更加民主，更专注于人际关系。见 Marloes L. van Engen and Tineke M. Willemsen, "Sex and Leadership Styles: A Meta-Analysis of Research Published in the 1990s," *Psychological Reports* 94, no. 1 (2004): 3–18。

29. 有关市长让市民和市议会参与预算制定过程的研究，见 Lynne A. Weikart et al., "The Democratic Sex: Gender Differences and the Exercise of Power," *Journal of Women, Politics and Policy* 28, no. 1 (2007): 119–40。有关会议中员工反馈时间的数据，见 Eduardo Melero, "Are Workplaces with Many Women in Management Run Differently?," *Journal of Business Research* 64, no. 4 (2011): 385–93。

30. 有关女性被期待比男性更专注于团队的数据，见 Herminia Ibarra and Otilia Obodaru, "Women and the Vision Thing," *Harvard Business Review* 87, no. 1 (2009): 67。有关人们期待女性更具怜悯心的最新数据，见 Pew Research Center, "Women and Leadership," 17。

31. Pew Research Center, "Women and Leadership," 21. 在参与调查的 1835 人中，34% 的人认为居于高政治职位的女性比男性更擅长制订妥协方案，而认为男性更擅长这个方面的只有 9%。此外，55% 的人认为男女在这一方面没有区别，2% 没有作答。

32. 有关对女性领导的歧视，以及女性领导在违背女性化特征时受到惩罚的概述，见 Alice H. Eagly and Steven J. Karau, "Role Congruity Theory of Prejudice Toward Female Leaders," *Psychological Review* 109, no. 3 (2002): 573–98。有关独断专行的女性获得负面评估的其他研究，见 Madeline E. Heilman, Caryn J. Block, and Richard F. Martell, "Sex Stereotypes: Do They Influence Perceptions of Managers?," *Journal of Social Behavior and Personality* 10 (1995): 237–52。另见 Karen Korabik, Galen L. Baril, and Carol Watson, "Managers' Conflict Management Style and Leadership Effectiveness: The Moderating Effects of Gender," *Sex Roles* 29, nos. 5–6 (1993): 405–20。

33. Edward. S. Lopez and Nurcan Ensari, "The Effects of Leadership Style, Organizational Outcome, and Gender on Attributional Bias Toward Leaders," *Journal of Leadership Studies* 8, no. 2 (2014): 19–37.

34.Eagly and Karau, "Role Congruity Theory."

35.Anit Somech, "The Effects of Leadership Style and Team Process on Performance and Innovation in Functionally Heterogeneous Teams," *Journal of Management* 32, no. 1 (2006): 132 - 57.

36.James R. Larson, Pennie G. Foster-Fishman, and Timothy M. Franz, "Leadership Style and the Discussion of Shared and Unshared Information in Decision-Making Groups," *Personality and Social Psychology Bulletin* 24, no. 5 (1998): 482 - 95.

37. 研究还显示，女性会比男性征询的建议更多。见 Michael E. Addis and James R. Mahalik, "Men, Masculinity, and the Contexts of Help Seeking," American Psychologist 58, no. 1 (2003): 5 - 14。两性求助行为差异的研究中有很多是专注于健康问题方面，也有一些研究专注于询问驾驶路线。一项研究发现，26% 的男驾驶员至少等半个小时才开始求助，但研究者们没有公布等那么久的女性驾驶员的比例。见 Scott Mayerowitz, "Male Drivers Lost Longer Than Women," ABC News, October 26, 2010, abcnews .go.com/。

38. 该研究团队关注了 1997 年～ 2010 年间超过 2500 起企业合并和收购案例。见 Maurice Levi, Kai Li, and Feng Zhang, "Are Women More Likely to Seek Advice Than Men? Evidence from the Boardroom," *Journal of Risk and Financial Management* 8, no. 1 (2015): 127 - 49。

39.Francesca Gino, "Do We Listen to Advice Just Because We Paid for It? The Impact of Advice Cost on Its Use," *Organizational Behavior and Human Decision Processes* 107, no. 2 (2008): 234 - 45.

40.Andrew Prahl et al., "Review of Experimental Studies in Social Psychology of Small Groups When an Optimal Choice Exists and Application to Operating Room Management Decision-Making," *Anesthesia and Analgesia* 117, no. 5 (2013): 1221 - 29.

41.Julie Hirschfield Davis and Matt Apuzzo, "Loretta Lynch, Federal Prosecutor, Will Be Nominated for Attorney General," *New York Times*, November 8, 2014.

42.Nick Tasler, "Just Make a Decision Already," *Harvard Business Review*, October 4, 2013, hbr.org/2013/10/just-make-a-decision-already/.

43.Rachel Croson and Uri Gneezy, "Gender Differences in Preferences," *Journal of Economic Literature* (2009): 448‐74.

44.Angela Rollins, "Consultant Gives Tips for Interpreting Gender-Linked Communications Styles," *Catalyst* 16, no. 4 (April 2011), www.isba.org/committees/women/newsletter/2011/04/consultantgivestipsforinterpretinggenderlinkedcommunic.

45.Diane M. Bergeron, Caryn J. Bloc, and B. Alan Echtenkamp, "Disabling the Able: Stereotype Threat and Women's Work Performance," *Human Performance* 19, no. 2 (2006): 133‐58.

46. 在一项询问男性和女性在决策方式差异方面的研究中，假定了女性是直觉型，男性富有决断力，我认为这很有趣，可能还有些许讽刺。研究者之前测试过这些形容词，所以他们知道每个词会分别符合男性和女性领导者的模式。这个发现只不过重申了无论领导人事实上如何作为，人们还是期待男性和女性的决策方式有所不同。

47.Michael Inzlicht and Toni Schmader, eds., *Stereotype Threat: Theory, Process and Application* (New York: Oxford University Press, 2012), 3‐14.

48. 刻板印象威胁更正式的定义是，一个群体成员"在面临应验所在群体承受的负面刻板印象的风险时"感受到的不安以及表现焦虑，见 Joshua Aronson, Diane M. Quinn, and Steven J. Spencer, "Stereotype Threat and the Academic Underperformance of Minorities and Women," in *Prejudice: The Target's Perspective, eds. J. K. Swim and C. Strangor* (San Diego: Academic Press, 1998), 83‐103。引文在第85页。"对失败的恐惧"这一酸楚的表达在 Ed Yong 的"Armor Against Prejudice," *Scientific American* (2013) 一文中得到推广。

49. 根据美国高速公路安全保险协会（Insurance Institute for Highway Safety）所发布的一项研究的数据，www.statisticbrain.com/male-and-female-driving-statistics/，2013 年 1 月 15 日获取。70 岁以上的男性和女性的车祸死亡率几乎相同，在 17 ~ 65 岁之间的驾驶员中，男性的车祸死亡率更高。

50. 有关刻板印象威胁的经典研究，见 Claude Steele and Joshua Aronson, "Stereotype Threat and the Intellectual Test Performance of African- Americans," *Journal of Personality and Social Psychology* 69 (1995): 797‐811。那项关于非裔以及白人斯坦福学生的实验摘自此文。

51. 在美国，非裔美国学生的成绩正在上升，在过去的 10 年中，四年级和八年级非裔美国学生与白人美国学生成绩差距有所缩小，但截至 2007 年，在满分为 500 分的测试中，白人学生每个科目的得分仍然至少高出 26 分。A. Vanneman et al., *Achievement Gaps: How Black and White Students in Public Schools Perform in Mathematics and Reading on the National Assessment of Educational Progress* (Washington, DC: NCES, 2009).

52. 有关刻板印象威胁对有色人种以及女性的影响的元分析，见 H. H. D. Nguyen and A. M. Ryan, "Does Stereotype Threat Affect Test Performance of Minorities and Women? A Meta-Analysis of Experimental Evidence," *Journal of Applied Psychology* 93 (2008): 1314‐34。

53.Von Bakanic, *Prejudice: Attitudes About Race, Class, and Gender* (New York: Pearson, 2008).

54. 有关女性数学成绩的详细研究，见 M. Inzlicht and T. Ben-Zeev, "A Threatening Intellectual Environment: Why Females Are Susceptible to Experiencing Problem-Solving Deficits in the Presence of Males," *Psychological Science* 11 (2000): 365‐71; 另见 S. J. Spencer, C. M. Steele, and D. M. Quinn, "Stereotype Threat and Women's Math Performance," *Journal of Experimental Social Psychology* 35 (1999): 4‐28。

55. 有关对美国女小学生所遭受的与数学相关刻板印象的研究，见 Nalini Ambady et al., "Stereotype Susceptibility in Children: Effects of Identity Activation on Quantitative Performance," *Psychological Science* 12, no. 5 (2001): 385‐90。有关法国 11～12 岁女孩所遭受的与数学相关刻板印象的研究，见 Pascal Huguet and Isabelle Regner, "Stereotype Threat Among Schoolgirls in Quasi-Ordinary Classroom Circumstances," *Journal of Educational Psychology* 99, no. 3 (2007): 545‐60。

56. 这些研究发现引自关于刻板印象和数学考试成绩性别差异方面的一本最常被引用的经典作品，Spencer, Steele, and Quinn, "Stereotype Threat and Women's Math Performance"。我所描述的特定结果摘自实验 3。女性的平均测试成绩实际上从 17 下降至 7，下降了 58.8%。但为了让研究结果更易于理解，我将分数下降描述为从 10 到 4（同样是下降 58.8%）。相较之下，男性的平均测试成绩没有大的改变，在同一测试中从 18 上升至 21。（虽然看起来好像是当男性考虑他们可能获得的评价时，他们的分数实际上提高了，但男性分数的差异不具备统计上的显著性。）

57.Joshua Aronson et al., "When White Men Can't Do Math: Necessary and Sufficient Factors in Stereotype Threat," *Journal of Experimental Social Psychology* 35, no. 1 (1999): 29‑46.

58. 数学测试中的刻板印象威胁对积极性高的女性影响最大，见 Catherine Good, Joshua Aronson, and Jayne Ann Harder, "Problems in the Pipeline: Stereotype Threat and Women's Achievement in High-Level Math Courses," *Journal of Applied Developmental Psychology* 29, no. 1 (2008): 17‑28。研究者们在工作场合得到了同样的发现，积极性高的女性雇员更可能受刻板印象威胁影响，见 Loriann Roberson and Carol T. Kulik, "Stereotype Threat at Work," *Academy of Management Perspectives* 21 (2007): 24‑40。

59. 有关卡皮拉诺吊桥的原始研究，见 Donald Dutton and Arthur P. Aron, "Some Evidence for Heightened Sexual Attraction Under Conditions of High Anxiety," *Journal of Personality and Social Psychology* 30 (1974): 510‑17。有关我们对自己情绪的错误判断更新的概述，见 B. Keith Payne et al., "An Inkblot for Attitudes: Affect Misattribution As Implicit Measurement," *Journal of Personality and Social Psychology* 89, no. 3 (2005): 277‑93。

60. D. L. Oswald and R. D. Harvey, "Hostile Environments, Stereotype Threat, and Math Performance Among Undergraduate Women," *Current Psychology* 19 (2001): 338‑56.

61. 有关人体对刻板印象威胁多种形式压力反应的具体概述，包括心跳加快、瞳孔放大，以及前扣带皮质等大脑区域活动的加剧（所引起的大脑反应和身体疼痛的人相似），见 Wendy Berry Mendes and Jeremy Jamieson, "Embodied *Stereotype Threat*: Exploring Brain and Body Mechanisms Underlying Performance Impairments," in Stereotype Threat, 51‑68。

62. M. C. Murphy, C. M., Steele, and J. J. Gross, "Signaling Threat: How Situational Cues Affect Women in Math, Science, and Engineering Settings," *Psychological Science* 18, no. 10 (2007): 879‑85.

63. 见 Inzlicht and Ben-Zeev, "A Threatening Intellectual Environment"。你可能在想，基于当时参加测试者的构成，男性表现如何？他们的表现没有差异？事实上，无论周围是男性还是女性，男性平均得分保持在67%。因为他们没有感觉到任何负面标签的威胁，他们的思路没有受到干扰。

64. Nina Totenberg, "Sandra Day O'Connor's Supreme Legacy: First Female

High Court Justice Reflects on 22 Years on Bench," *All Things Considered*, NPR, May 14, 2003, www.npr.org/templates/story/story.php?storyId=1261400.

65. 这里使用的术语临界质量来自 Claude Steele, *Whistling Vivaldi: How Stereotypes Affect Us and What We Can Do* (New York: W. W. Norton, 2010), 136。

66. 我设计的这些问题基于对刻板印象威胁的实证研究。多数问题运用了 Courtney von Hippel 的研究成果，Courtney von Hippel 是澳大利亚昆士兰大学的一名心理学家，她研究工作场合中的刻板印象威胁，研发了一种衡量工作女性所面临的刻板印象威胁的方式。见 Courtney von Hippel, Denise Sekaquaptewa, and Matthew McFarlane, "Stereotype Threat Among Women in Finance: Negative Effects on Identity, Workplace Well-Being, and Recruiting," *Psychology of Women Quarterly* 39, no. 3 (September 2015): 405‑14, 以及 Courtney von Hippel et al., "Stereotype Threat: Antecedents and Consequences for Working Women," *European Journal of Social Psychology* 41, no. 2 (2011): 151‑61. See also Roberson and Kulik, "Stereotype Threat at Work"。

67.Crystal L. Hoyt et al., "The Impact of Blatant Stereotype Activation and Group Sex-Composition on Female Leaders," *Leadership Quarterly* 21, no. 5 (2010): 716‑32.

68. 如果你想阅读一篇关于刻板印象如何在工作场所发挥作用并相对容易获取的文章，见 Roberson and Kulik, "Stereotype Threat at Work"。有关更专业的叙述以及大量复杂细节，见 Inzlicht and Schmader, *Stereotype Threat*。

69. 有关工作记忆的普遍定义，见 Scott Barry Kaufman, "In Defense of Working Memory Training," ScientificAmerican.com, April 15, 2013, blogs.scientificamerican.com/beautiful-minds/in-defense-of-working-memory-training/. 有关这一经典定义及其不同构成，见 A. D. Baddeley and G. Hitch, "Working Memory," in *The Psychology of Learning and Motivation*, ed. G. A. Bower (New York: Academic Press, 1974), 47‑89。

70. 对于人们在受到刻板印象威胁影响时所经历的反刍思维，克劳德·斯蒂尔在他广受欢迎的《吹口哨的维瓦尔第》（*Whistling Vivaldi*）一书中进行了描述。有关反刍思维更专业的解释，见 Toni Schmader and Sian Beilock, "An Integration of Processes That Underlie *Stereotype Threat*," in Stereotype Threat, 34‑50。

71. 有关表明刻板印象威胁占用工作记忆的实证研究，见 Toni Schmader and Michael

Johns, "Converging Evidence That Stereotype Threat Reduces Working Memory Capacity," *Journal of Personality and Social Psychology* 85, no. 3 (2003): 440‑52 以及 Sian Beilock, Robert J. Rydell, and Allen R. McConnell, "Stereotype Threat and Working Memory: Mechanisms, Alleviation, and Spillover," *Journal of Experimental Psychology: General* 136, no. 2 (2007): 256‑76。有关刻板印象对工作记忆、问题解决以及推理能力所产生影响的更多观点，见 Toni Schmader, Michael Johns, and Chad Forbes, "An Integrated Process Model of Stereotype Threat Effects on Performance," *Psychological Review* 115, no. 2 (2008): 336‑56。

72. 消炎药这个类比很贴切，最初做出这个类比的是 Geoffrey Cohen and his colleagues in G. L. Cohen, V. Purdie-Vaughns, and J. Garcia, "An Identity Threat Perspective on Intervention," in *Stereotype Threat*, 280‑96。

73. 事实上，"知道是成功的一半"是最初探索了解刻板印象威胁对女性会有所帮助还是有所阻碍这一问题的那篇文章的标题。见 Michael Johns, Toni Schmader, and Andy Martens, "Knowing Is Half the Battle: Teaching Stereotype Threat As a Means of Improving Women's Math Performance," *Psychological Science* 16, no. 3 (2005): 175‑79。

74. 有关表明了解刻板印象威胁让女性免受其影响的研究，同上。

75. Joanne Wood et al., "Positive Self-Statements: Power for Some, Peril for Others," *Psychological Science* 20, no. 7 (2009): 860‑66.

76. 克劳德·斯蒂尔现在因为刻板印象威胁的作品而闻名，他初次采用自我价值肯定活动提升吸烟者的自我形象，以此帮助他们做出健康选择。见 Claude M. Steele, "The Psychology of Self-Affirmation: Sustaining the Integrity of the Self," in *Advances in Experimental Social Psychology*, vol. 21, ed. L. Berkowitz (San Diego: Academic Press, 1988), 261‑302。此后，在实验室以及真实的生活情境中，不同种类自我肯定活动的影响受到严格的测试和记载。有关自我肯定的全面回顾，见 A. McQueen and W.M.P. Klein, "Experimental Manipulations of Self-Affirmation: A Systematic Review," *Self and Identity* 5 (2006): 289‑354。

77. 这里列出的可能的核心价值来自一项自我肯定训练研究，Gregory M. Walton et al., "Two Brief Interventions to Mitigate a 'Chilly Climate' Transform Women's Experience, Relationships, and Achievement in Engineering," *Journal of Educational Psychology* 107, no. 2 (May 2015): 468‑85。

78. 这里对自我肯定活动成效的解释来自 David S. Yeager and Gregory M. Walton, "Social-Psychological Interventions in Education: They're Not Magic," *Review of Educational Research* 81, no. 2 (2011): 267–301，所引内容在第 280 页。

79. 数位研究者已写出文章，阐述社会归属感对自我价值肯定活动的关键性。有关对这方面的最新全面解释，见 Nurit Shnabel et al., "Demystifying Values-Affirmation Interventions: Writing About Social Belonging Is Key to Buffering Against Identity Threat," *Personality and Social Psychology Bulletin* 39, no. 5 (2013): 663–76。研究者对自我肯定发挥作用的方式提出了其他的解释。一些研究者指出，自我肯定帮助人们专注而非躲避问题。还有一些研究者认为，自我肯定之所以有效，是因为它帮助人们认识到通常威胁对于生活的相关性较小。对自我肯定发挥作用原因的不同理论的比较，见 Geoffrey L. Cohen and David K. Sherman, "The Psychology of Change: Self-Affirmation and Social Psychological Intervention," *Annual Review of Psychology* 65 (2014): 333–71。

80. Gregory M. Walton and Geoffrey L. Cohen, "A Brief Social-Belonging Intervention Improves Academic and Health Outcomes of Minority Students," *Science* 331 (2011): 1447–51. "说出即相信"的观点在此文中有所探讨。

81. 在多数使用自我肯定对抗刻板印象威胁的研究中，人们写出的价值和他们即将面临的挑战几乎毫无关系。一位即将参加数学测试的女性可以写她重视友情的原因，从而提升自己的发挥。一位非裔美国上班族可以写他看重亲近大自然的原因，从而提升他得到老板反馈的能力。

82. 多数关于自我肯定益处的研究，旨在消除不同种族的学业成绩差距或者不同性别的数学成绩差距。有关种族问题，见 G. L. Cohen et al., "Reducing the Racial Achievement Gap: A Social-Psychological Intervention," *Science* 313 (2006): 1307–10。 有关自我肯定提升女性数学成绩的研究，见 A. Martens et al., "Combating Stereotype Threat: The Effect of Self-Affirmation on Women's Intellectual Performance," *Journal of Experimental Social Psychology* 42 (2006): 236–43。

83. 自我肯定对许多智力技能的益处已有文献记载。有关自我肯定提升问题解决能力的研究，见 J. David Creswell et al., "Self-Affirmation Improves Problem-Solving Under Stress," *PLOS ONE* 8, no. 5 (2013): e62593, doi:10.1371/journal.pone.0062593。有关自我肯定提升人们对决策时通常忽略信息的兴趣的研究，见 J. L. Howell and J. A. Shepperd, "Reducing Information Avoidance Through Affirmation," *Psychological Science* 23, no. 2 (2012): 141–45。

84.Niro Sivanathan et al., "The Promise and Peril of Self-Affirmation in De-Escalation of Commitment," *Organizational Behavior and Human Decision Processes* 107, no. 1 (2008): 1–14.

第三章　你好，冒险家

1.David A. Kaplan, *The Silicon Boys: And Their Valley of Dreams* (New York: William Morrow Paperbacks, 2000), 193.

2. 薇薇安不喜欢"变性人"这种称法，即使这个术语被广泛接受。她喜欢说自己经过了性别转换，就像癌症患者幸存下来一样。她将自己定义为女性、女人，而非变性者或一个变性女人。

3. 我还应该说明超过 90% 的风险投资者是男性。美国百森商学院（Babson College）的一项研究发现，2014 年所有风险投资者中女性所占比例为 6%，和 1999 年的 10% 相比有所下降。见 Candida Brush et al., *Women Entrepreneurs 2014: Bridging the Gender Gap in Venture Capital* (Babson Park, MA: Babson College, 2014)。《财富》杂志一项 2014 年的研究发现，做重大决定的高级合伙人中，只有 4.2% 的管理者是女性。见 Dan Primack, "Venture Capital's Stunning Lack of Female Decision-Makers," *Fortune*, February 6, 2014。

4.Alison W. Brooks et al., "Investors Prefer Entrepreneurial Ventures Pitched by Attractive Men," *Proceedings of the National Academy of Sciences* 111, no. 12 (2014): 4427–31.

5. 布鲁克斯不是唯一指出投资者更喜欢投钱支持男性的人。加利福尼亚大学圣芭芭拉分校 Sarah Thébaud 教授的研究得出了相似的结论，她让参与者根据两位不同性别创业者所做的相同陈述，评估该项投资的利润率以及可行性。见 Sarah Thébaud, "Status Beliefs and the Spirit of Capitalism: Accounting for Gender Biases in Entrepreneurship and Innovation," *Social Forces* (2015), doi:10.1093/sf/sov042。和布鲁克斯的发现相同，当提议的创意不足时，投资者对男性所做的陈述要感兴趣得多。但当所提创业项目足够有创意，是投资者此前从未听说过的，似乎说明这些女性很杰出，她们与刻板印象不符，投资者在这些女性身上冒险的意愿加强。所以，还是有希望的。但如果女性要提出比男性更富创意的想法，这个标准可不低。

6. 这些是艾莉森·布鲁克斯和同事另一项研究的结果，在这项研究中，参与者扮演投资者，从两项兽医技术项目中挑选一项投资。投资者看不见创业者，但他们会看到一个图像和所陈述想法相关的视频，并听到陈述的旁白。这些旁白要么是一位男性，要么一位是女性，但内容和音调在最大程度上相似，68.33% 的参与者选择投资男性陈述的项目，只有31.7% 选择投资女性陈述的项目。

7.Brush et al., *Women Entrepreneurs 2014*. 在所谓的 2014 年戴安娜项目（2014 Diana Project）中，研究者关注的数据库涵盖 6793 家在 2011 年～ 2013 年间得到创投基金的美国公司。

8.Bernd Figner and Elke U. Weber, "Who Takes Risks When and Why? Determinants of Risk Taking," *Current Directions in Psychological Science* 20, no. 4 (2011): 211‐16.

9.Yaniv Hanoch, Joseph G. Johnson, and Andreas Wilke, "Domain Specificity in Experimental Measures and Participant Recruitment: An Application to Risk-Taking Behavior," *Psychological Science* 17, no. 4 (2006): 300‐304.

10. "wuss" 一词的确切来源不详，不过语言学者推测该词在 20 世纪 80 年代的美国首次出现，混合了两个侮辱性单词。见 David Crystal, "Keep Your English Up-to-Date: Wuss," BBC Learning English, 2005, 2014 年 10 月 21 日获取，downloads. bbc.co.uk/worldservice/learningenglish/uptodate/pdf/uptodate2_wuss_transcript_070316.pdf。

11.Barbara A. Morrongiello and Theresa Dawber, "Parental Influences on Toddlers' Injury-Risk Behaviors: Are Sons and Daughters Socialized Differently?," *Journal of Applied Developmental Psychology* 20, no. 2 (1999): 227‐51. 另见 B. A. Morrongiello, D. Zdzieborski, and J. Norman, "Understanding Gender Differences in Children's Risk-Taking and Injury: A Comparison of Mothers' and Fathers' Reactions to Sons and Daughters Misbehaving in Ways That Lead to Injury," *Journal of Applied Developmental Psychology* 31 (2010): 322‐29。

12.Sheryl Ball, Catherine C. Eckel, and Maria Heracleous, "Risk Aversion and Physical Prowess: Prediction, Choice and Bias," *Journal of Risk and Uncertainty* 41, no. 3 (2010): 167‐93.

13. 有关男性眼中的女性比她们实际上规避的风险更多的研究，见 Catherine C. Eckel and Philip J. Grossman, "Sex Differences and Statistical Stereotyping in Attitudes Toward Financial Risk," *Evolution and Human Behavior* 23, no. 4 (2002): 281‑95; Dinky Daruvala, "Gender, Risk and Stereotypes," *Journal of Risk and Uncertainty* 35, no. 3 (2007): 265‑83; 以及 Catherine C. Eckel and Philip J. Grossman, "Forecasting Risk Attitudes: An Experimental Study Using Actual and Forecast Gamble Choices," *Journal of Economic Behavior and Organization* 68, no. 1 (2008): 1‑17。

14.Philip J. Grossman, "Holding Fast: The Persistence and Dominance of Gender Stereotypes," *Economic Inquiry* 51, no. 1 (2013): 747‑63.

15.Deborah A. Prentice and Erica Carranza, "What Women and Men Should Be, Shouldn't Be, Are Allowed to Be, and Don't Have to Be: The Contents of Prescriptive Gender Stereotypes," *Psychology of Women Quarterly* 26, no. 4 (2002): 269‑81. 我使用表2计算女性的排名，使用表3计算男性的排名。每个表格的排列顺序都是从最好到最不好。为了找出"愿意冒险"对于男性的排名，我从男性表格的最上方开始往下数，一直找到找到那个特征，它排在了第14名。我使用同样的方法找"愿意冒险"对于女性的排名。

16.Deborah Perry Piscione 在她关于冒险的书中刊登了这个冒险者的列表，*The Risk Factor* (New York: Macmillan, 2014)。她将这些冒险者描述为"明白愿意冒险是他们作为领导者的核心素质"的"新一批领导者"（第45页）。Piscione 是 CNN, CNBC, MNNBC, ABC, Fox News, and PBS 的媒体评论人，虽然她只是一个例子，但她是将这些男性刻画为冒险家放在聚光灯下，让剩下的商业世界争相效仿的众多记者之一。

17. 不是所有的沃尔格林药店都有 Theranos 实验室。截至撰稿之时，在亚利桑那州菲尼克斯市，Theranos 实验室在沃尔格林药店很常见。见 Ron Leuty, "Theranos Sticks It to Critics, Plans Expansion of Lab Services," *San Francisco Business Times*, May 5, 2015。

18. 伊丽莎白·霍姆斯及其非凡故事的细节多取自一篇关于霍姆斯和 Theranos 公司的全面而有趣的文章，Roger Parloff, "This CEO Is Out for Blood," *Fortune*, June 12, 2014, fortune. com/2014/06/12/theranos-blood-holmes/。其他细节源自 Rachel Crane, "She's America's Youngest Female Billionaire—and a Dropout," *CNN Money*, October 16, 2014, money.cnn.com/2014/10/16/technology/theranos -elizabeth-holmes/。

19.Victoria L. Brescoll, Erica Dawson, and Eric L. Uhlmann, "Hard Won and Easily Lost: The Fragile Status of Leaders in Gender-Stereotype-Incongruent Occupations," *Psychological Science* 21, no. 11 (2010): 1640‑42.

20. 布里斯科和她的团队进行了另外一项研究，找出和女性紧密关联的职业以及另一组和男性紧密关联的职业。女子学校的校长和警察局长这两个职位被认为地位相当，但都具备很强的性别特色。

21. 维多利亚·布里斯科和作者的私人交谈，2015 年 6 月 17 日。

22. 这些只是女性主义多数人基金会（Feminist Majority Foundation）在"Empowering Women in Business," www.feminist.org/research/business/ewb_glass.html 一文中列举的造成玻璃天花板的部分原因。

23.Denise R. Beike and Travis S. Crone, "When Experienced Regret Refuses to Fade: Regrets of Action and Attempting to Forget Open Life Regrets," *Journal of Experimental Social Psychology* 44, no. 6 (2008): 1545‑50.

24.Nina Hattiangadi, Victoria Husted Medvec, and Thomas Gilovich, "Failing to Act: Regrets of Terman's Geniuses," *International Journal of Aging and Human Development* 40, no. 3 (1995): 175‑85. 在研究后悔的文献中，人们更后悔没有行动的发现很常见。有关我们因为没有冒某些风险而感到后悔的有趣概述，见 Daniel Gilbert, *Stumbling on Happiness* (New York: Vintage Books, 2006)。

25.Herminia Ibarra and Otilia Obodaru, "Women and the Vision Thing," *Harvard Business Review* 87, no. 1 (2009): 65.

26.*Women Leaders: Research Paper* (Princeton, NJ: Caliper Corporation, December 2014), https://www.calipercorp.com/home-3/banner-women -leaders-white-paper/.

27.Raymond S. Nickerson, "Confirmation Bias: A Ubiquitous Phenomenon in Many Guises," *Review of General Psychology* 2, no. 2 (June 1998): 175‑220.

28.Julie A. Nelson, "The Power of Stereotyping and Confirmation Bias to Overwhelm Accurate Assessment: The Case of Economics, Gender, and Risk Aversion," *Journal of Economic Methodology* 21, no. 3 (2014): 211‑31. 另见 Julie A. Nelson, "Not-So-Strong Evidence for Gender Differences in Risk- Taking,"

Feminist Economics (July 2015)。

29. 朱莉·尼尔森和作者的私人交谈，2014 年 9 月 18 日。

30.Nancy M. Carter and Christine Silva, "The Myth of the Ideal Worker: Does Doing All the Right Things Really Get Women Ahead?," Catalyst, 2011, http://www.catalyst.org/knowledge/myth-ideal-worker-does-doing-all-right-things-really-get-women-ahead.

31.Joan C. Williams and Rachel Dempsey, *What Works for Women at Work* (New York: New York University Press, 2014).

32. 有关女性 CEO 比男性 CEO 年龄更大、受教育程度更高、工作经验更丰富的数据，参见 Jeremy Donovan, *Women Fortune 500 CEOs: Held to Higher Standards* (New York: American Management Association, 2015)。有关女性在公司工作多年才会成为 CEO 的数据，参见 Sarah Dillard and Valerie Lipschitz, "Research: How Female CEOs Actually Get to the Top," *Harvard Business Review*, November 6, 2014。

33.Kimberly A. Daubman and Harold Sigall, "Gender Differences in Perceptions of How Others Are Affected by Self-Disclosure of Achievement," *Sex Roles* 37, nos. 1 - 2 (1997): 73 - 89.

34.Laurie A. Rudman, "Self-Promotion As a Risk Factor for Women: The Costs and Benefits of Counterstereotypical Impression Management," *Journal of Personality and Social Psychology* 74, no. 3 (1998): 629 - 45. 另见 Laurie A. Rudman and Peter Glick, "Feminized Management and Backlash Toward Agentic Women: The Hidden Costs to Women of a Kinder, Gentler Image of Middle Managers," *Journal of Personality and Social Psychology* 77, no. 5 (1999): 1004 - 10。

35.James P. Byrnes, David C. Miller, and William D. Schafer, "Gender Differences in Risk Taking: A Meta-Analysis," *Psychological Bulletin* 125, no. 3 (1999): 367. 截至 2016 年 1 月，根据谷歌学术（Google Scholar），这篇文章已经被 1688 个资料来源引用，我想这算是迄今为止在性别和冒险方面被引用次数最多的作品。

36. 朱莉·尼尔森在她 2014 年发表的论文 "Are Women Really More Risk-Averse Than Men? A Re-Analysis of the Literature Using Expanded Methods," *Journal of Economic Surveys* 29, no. 3 (May 2014): 566 - 85 中做出了这个简单但了不起的

发现，只有六成的研究显示男性冒更多风险。

37.Christine R. Harris, Michael Jenkins, and Dale Glaser, "Gender Differences in Risk Assessment: Why Do Women Take Fewer Risks Than Men?," *Judgment and Decision Making* 1, no. 1 (2006): 48 - 63.

38.Elke U. Weber, Ann-Renee Blais, and Nancy E. Betz, "A Domain-Specific Risk- Attitude Scale: Measuring Risk Perceptions and Risk Behaviors," *Journal of Behavioral Decision Making* 15, no. 4 (2002): 263 - 90. 我所列内容来自该文的附录。

39. 有关女性重新开始她们的事业的研究，见 Figner and Weber, "Who Takes Risks When and Why?" For research on self-disclosure, see Kathryn Dindia and Mike Allen, "Sex Differences in Self-Disclosure: A Meta-Analysis," *Psychological Bulletin* 112, no. 1 (1992): 106. 另见 A. J. Rose and K. D. Rudolph, "A Review of Sex Differences in Peer Relationship Processes: Potential Trade-Offs for the Emotional and Behavioral Development of Girls and Boys," *Psychological Bulletin* 132 (2006): 89 - 131。

40.Christopher F. Karpowitz and Tali Mendelberg, *The Silent Sex: Gender, Deliberation, and Institutions* (Princeton, NJ: Princeton University Press, 2014), 143.

41.2013 年，美国 77% 的单亲家长是女性。见 U.S. Census Bureau, table f1: Family Households, by Type, Age of Own Children, Age of Family Members, and Age, Race and Hispanic Origin of Householder, www.census.gov/hhes/families/data/cps2013F.html. 说明单亲家长比正常家长受教育程度更低的数据可以在皮尤研究中心的网站找到，见 Gretchen Livingston, "The Links Between Education, Marriage and Parenting," Pew Research Center, November 27, 2013, www.pewresearch.org/fact-tank/2013/11/27/the-links-between-education-marriage-and-parenting/。

42.Catherine Rampell 写了一篇有趣的文章，探讨一些国家单亲家庭的状况，"Single Parents, Around the World," *New York Times*, March 10, 2010。如果你对单亲家庭方面的源数据感兴趣，你可以通过 OECD Family Database 找到这些数据，www.oecd.org /social/family/41919559.pdf。

43. 有关酒精、烟草、毒品使用方面的性别差异，见 Louisa Degenhardt et al., "Toward a Global View of Alcohol, Tobacco, Cannabis, and Cocaine Use: Findings from the

WHO World Mental Health Surveys," *PLoS Medicine* 5, no. 7 (2008): e141。有关溺水以及其他事故的性别差异，见 I. Waldron, C. McCloskey, and I. Earle, "Trends in Gender Differences in Accident Mortality: Relationships to Changing Gender Roles and Other Societal Trends," *Demographic Research* 13 (2005): 415 - 54。有关违章驾驶方面的性别差异，见 G. Beattie, "Sex Differences in Driving and Insurance Risk: Understanding the Neurobiological and Evolutionary Foundations of the Differences," Social Issues Research Centre (Manchester, UK: University of Manchester, 2008)。有关极限运动方面的性别差异，见 Victoria Robinson, *Everyday Masculinities and Extreme Sport: Male Identity and Rock Climbing* (London: Bloomsbury Academic, 2008), and Harris, Jenkins, and Glaser, "Gender Differences in Risk Assessment"。

44.Figner and Weber, "Who Takes Risks When and Why?"

45.Gary Charness and Uri Gneezy, "Strong Evidence for Gender Differences in Risk Taking," *Journal of Economic Behavior and Organization* 83, no. 1 (2012): 50 - 58. 另一篇经常被引用的显示女性更倾向于规避风险，男性更倾向于追求风险的文献回顾是 Rachel Croson and Uri Gneezy, "Gender Differences in Preferences," *Journal of Economic Literature* (2009): 448 - 74。

46.Nelson, "Are Women Really More Risk-Averse Than Men?"

47. 朱莉·尼尔森在 2014 年 9 月 18 日的一次私人电话，以及同年 9 月 21 日的一封私人邮件中耐心地为我详细说明了这些数据。

48. 男性所下赌注多了 2.2 倍，Alice Wieland 和 Rakesh Sarin 在她们未发表的作品 "Gender Differences in Risk Aversion: A Theory of When and Why," 2012 中说明了这项发现。不过，经济学和数据研究中任务本身的变化很常见。参见 Norman Lloyd Johnson and Samuel Kotz, *Urn Models and Their Application: An Approach to Modern Discrete Probability Theory* (New York: Wiley, 1977), 402, 或者一篇更新的文章，Lex Borghans et al., "Gender Differences in Risk Aversion and Ambiguity Aversion," *Journal of the European Economic Association* 7, nos. 2 - 3 (2009): 649 - 58。

49.Johnnie E. V. Johnson and Philip L. Powell, "Decision Making, Risk and Gender: Are Managers Different?," *British Journal of Management* 5, no. 2 (1994): 123 - 38.

50.Peggy D. Dwyer, James H. Gilkeson, and John A. List, "Gender Differences in Revealed Risk Taking: Evidence from Mutual Fund Investors," *Economics Letters* 76, no. 2 (2002): 151‑58.

51.Anna Dreber et al., "Dopamine and Risk Choices in Different Domains: Findings Among Serious Tournament Bridge Players," *Journal of Risk and Uncertainty* 43, no. 1 (2011): 19‑38.

52.Carol Tavris and Elliot Aronson, *Mistakes Were Made (but Not by Me)*, rev. ed. (Boston: Houghton Mifflin Harcourt, 2015).

53.Allison E. Seitchik, Jeremy Jamieson, and Stephen G. Harkins, "Reading Between the Lines: Subtle Stereotype Threat Cues Can Motivate Performance," *Social Influence* 9, no. 1 (2014): 52‑68.

54.Priyanka B. Carr and Claude M. Steele, "Stereotype Threat Affects Financial Decision Making," *Psychological Science* 21, no. 10 (2010): 1411‑16. 此处列举的发现是实验 2 得出的。卡尔和斯蒂尔所有的研究发现都是用受试者选择低风险选项的次数来说明的。在数学组中，男性在 14 次中大约有 3.8 次（27%）选择低风险、相对确定的赌博，女性在 14 次中约有 8.5 次（61%）选择低风险、相对确定的赌博，所以女性选择相对确定事物的频率是男性的两倍。这种数学情境中的差异具备统计上的显著性。在解谜小组中，男性在 14 次中约有 6.5 次选择低风险选项（46%），女性在 14 次中约有 6 次选择低风险选项（43%），这种差异并不具备统计上的显著性。

55. 至少多数有关性别的决策测试是这样开始的。如果研究者对性别差异不感兴趣，他们可能会跳过"告诉我们你的性别"这一部分。

56.Jonathan R. Weaver, Joseph A. Vandello, and Jennifer K. Bosson, "Intrepid, Imprudent, or Impetuous? The Effects of Gender Threats on Men's Financial Decisions," *Psychology of Men and Masculinity* 14, no. 2 (2013): 184.

57. 乔纳森·韦弗和作者的私人交谈，2015 年 6 月 12 日。

58. 尽管这些男性都是异性恋，但值得注意的是韦弗和同事测试的这组男性在其他方面相对多样，年龄从 18～40 岁，来自几个不同种族或族裔群体（39.5% 白人，28.9% 黑人，15.8% 西班牙裔或拉丁裔，7.9% 双民族混血，2.6% 阿拉伯裔或中东裔，2.6% 亚裔，2.4% 其他）。

59. 乔纳森·韦弗和作者的私人交谈，2015 年 6 月 11 日。但 20 多年来，社会科学家仍在讨论，男性的特质与男性气概必须不断被肯定，男性感到自己一直处于被揭露并非"真正的男人"的威胁之下。参见 John Stoltenberg, *The End of Manhood: A Book for Men of Conscience* (New York: Penguin, 1994), 以及 Michael Kimmel, "Masculinity as Homophobia: Fear, Shame, and Silence in the Construction of Gender Identity," in *Theorizing Masculinities*, eds. Harry Broad and Michael Kaufman (Thousand Oaks, CA: Sage, 1994), 119‑41。

60. Joseph A. Vandello et al., "Precarious Manhood," *Journal of Personality and Social Psychology* 95, no. 6 (2008): 1325‑39.

61. 乔艾尔·艾默森和作者的私人交谈，2015 年 2 月 10 日。

62. 基兰·斯奈德发给作者的电子邮件，2015 年 3 月 24 日。

63. Kaplan, *The Silicon Boys*.

64. 这些发现源自 3 个不同的研究：James Flynn, Paul Slovic, and Chris K. Mertz, "Gender, Race, and Perception of Environmental Health Risks," *Risk Analysis* 14, no. 6. (1994): 1101‑8; Melissa L. Finucane et al., "Gender, Race, and Perceived Risk: The 'White Male' Effect," *Health, Risk and Society* 2, no. 2 (2000): 159‑72; 以及 Dan M. Kahan et al., "Culture and Identity- Protective Cognition: Explaining the White-Male Effect in Risk Perception," *Journal of Empirical Legal Studies* 4, no. 3 (2007): 465‑505。

65. Flynn, Slovic, and Mertz, "Gender, Race, and Perception."

66. Finucane et al., "Gender, Race, and Perceived Risk." 你可能会想到在女性中间的种族或族裔差异。Finucane 的同事在 1997 年和 1998 年进行的电话调查中发现，美国西班牙裔女性眼中的世界比任何她们所处的其他人群还要更危险一些。第 133 页上的图表展示白人男性的风险评级在图表的最左侧，而西班牙裔女性的风险评级在图表的最后侧，白人男性认为输血、手枪、核电站几乎不会或根本不会造成风险，而西班牙裔女性认为这些实体会造成中度或高度的风险。然而，当西班牙裔、亚裔和非裔美国女性同时处于"非白人"女性群体时，她们对风险的看法与白人女性和非白人男性十分接近。唯独认为这个世界更安全的群体是白人男性。

67. 耶鲁法学院的 Dan Kahan 和他的同事对白人效应的来源做出了深入的分析。他们认为风险观是一种世界观。如果你认为社会是有层级的，只有个别优等个体可以出人头地，而且你认为每个人都要自力更生，争取上层优质的位置，那么你有充足的理由怀疑风险。同时你需要相信世界属于你，如果你足够努力，这个世界会充满你能够把控的事物。见 Kahan et al.，"Culture and Identity-Protective Cognition"。

68.Flynn, Slovic, and Mertz，"Gender, Race, and Perception，" 1107. 我很感谢朱莉·尼尔森让我注意到这个引文。

69.这些是从交友网站获取的真实问题。截至2015年3月，Match.com 会询问用户的收入，eHarmony 会让用户评价"我感到无法处理事情"对他们的合适程度，OkCupid 问的问题有关饥饿动物或儿童。用户可以跳过这些问题，但它们确实存在。

70.Aaron Smith and Maeve Duggan，"Online Dating and Relationships，" Pew Research Center (October 21, 2013), pewinternet.org/Reports/2013/Online-Dating.aspx. 引文在第 5 页。

71.Siren 没有骚扰举报的数据基于 CEO 和创始者 Susie J. Lee 在 2015 年 7 月 30 日发给作者的邮件。

72. 我和苏西交谈时，Siren 只针对西雅图的用户。他们打算面向全美，但在美国其他区域，也有这种给女性更多使用控制权的应用软件，比如 Wyldfire 和 Bumble。约会网站和软件用户的男女比例有所不同。截至 2012 年，Chemistry.com 女性用户比例是 71.8%，on eHarmony 女性约会资料的比例是 68.6%。一些像 Match.com 这样的网站用户的性别比例更加均衡，女性用户比例是 55%。见 Online Dating Demographics, WebPersonalsOnline.com, 2012, 2015 年 8 月 24 日获取，www.webpersonalsonline.com/demographics_online_dating.html。

73.Susan R. Fisk，"Risky Spaces, Gendered Places: How Intersecting Beliefs About Gender and Risk Reinforce and Recreate Gender Inequality"（斯坦福大学2015年博士论文）。熟悉性别相关文献的读者可能在想：我是不是拼错了 Susan 的姓氏。知道 Susan Fiske 的人更多，她是普林斯顿大学的一位著名心理学教授，从事刻板印象和歧视在社交情境中的增多与减少的研究，但在美国肯特州立大学也有一位 Susan Fisk（不带 e），她的事业刚刚起步。Fisk 也研究性别和刻板印象，所以容易混淆，但她专门关注社会压力对男性和女性风险经历的印象。两位研究者做的研究都很重要，但我这里描述的是年纪较轻的 Susan 的研究。

74. 苏珊·菲斯克和作者的私人交谈，2015 年 8 月 2 日。

75.Suzy Welch, *10-10-10: 10 Minutes, 10 Months, 10 Years* (New York: Scribner,

2009).

76. 这些事前预测法的指令摘自 Daniel Kahneman, *Thinking, Fast and Slow* (New York: Farrar, Straus and Giroux, 2011), 264。

77. 有关原始研究，见 Deborah J. Mitchell, J. Edward Russo, and Nancy Pennington, "Back to the Future: Temporal Perspective in the Explanation of Events," *Journal of Behavioral Decision Making* 2, no. 1 (1989): 25 - 38。此处提到的总统场景是 J. Edward Russo 和 Paul J. H. Schoemaker 在 *Winning Decisions: Getting It Right the First Time* (New York: Crown Business, 2002), 111 - 12 中所给的一个场景的变体。

78.Jeremy A. Yip and Stéphane Côté, "The Emotionally Intelligent Decision-Maker: Emotion-Understanding Ability Reduces the Effect of Incidental Anxiety on Risk-Taking," *Psychological Science* 24, no. 1 (2013): 48 - 55.

79. 希斯兄弟在《决断力》一书中以一种极有趣的方式讨论了绊线。

第四章　女性的信心优势

1.Jodi Kantor, "Harvard Business School Case Study: Gender Equity," *New York Times*, September 7, 2013, www.nytimes.com/2013/09/08/education/harvard-case-study-gender-equity.html? pagewanted=alland_r=0.

2.2010 年哈佛商学院 MBA 项目中的女性占 40%，而获得贝克学者奖的女性只有 20%。见 Laura Ratcliff, "Next Generation of Female Leaders Needs Strong Mentors," *Glass Hammer*, www.theglasshammer.com/news/2011/05/25/next-generation-of-female-leaders-need-strong-mentors/。

3.Nanette Fondas, "First Step to Fixing Gender Bias in Business School: Admit the Problem," *Atlantic*, September 17, 2013, www.theatlantic.com/education/archive/2013/09/first-step-to-fixing-gender-bias-in-business-school-admit-the-problem/279740/.

4. 诺利亚院长于 2014 年在旧金山对哈佛校友发表的演讲中说，"女性感到学院不够尊重她们，忽视她们的存在，不爱她们。我代表商学院表示歉意……学院应该给你们一个更好的环境，我保证学院环境会改善"。见 John Byrne, "Harvard B-School Dean Offers Unusual Apology," Fortune.com, January 29, 2014, fortune.com/2014/01/29/harvard-b-school-dean-offers-unusual-apology/。

5. 我采访了三位就读哈佛商学院的女性。她们毕业于不同年份，由于保密原因，我没有使用她们的真名。

6.Kantor, "Harvard Business School Case Study." 另见 *Annual 2013: A Year in Review* (Cambridge, MA: Harvard Business School, 2013), 11。

7.J. Edward Russo and Paul J. H. Schoemaker, "Managing Overconfidence," *Sloan Management Review* 33, no. 2 (1992): 7‑17.

8.Pascal Mamassian, "Overconfidence in an Objective Anticipatory Motor Task," *Psychological Science* 19, no. 6 (2008): 601‑6. 有关过度自信的一项早期研究定义，见 S. Oskamp, "Overconfidence in Case-Study Judgments," *Journal of Consulting Psychology* 29 (1965): 261‑65。

9.Jonathon D. Brown, "Understanding the Better Than Average Effect: Motives (Still) Matter," *Personality and Social Psychology Bulletin* 38, no. 2 (2012): 209‑19.

10. 多数人在不喝水的情况下，一分钟内能吃下两袋苏打饼干。苏打饼干虽然不大，但不易吞咽，两袋饼干一般能吸干你口内的所有唾液，所以超过两袋后，我们多数人开始难以吞咽。人们经常挑战一分钟内吃 4 袋或 5 袋饼干，但他们经常吃惊地发现，这个任务没有看起来那么简单。见 Philippa Wingate and David Woodroffe, *The Family Book: Amazing Things to Do Together* (New York: Scholastic, 2008), 160。有关人们对自行车一类熟悉物品的了解的研究，见 Rebecca Lawson, "The Science of Cycology: Failures to Understand How Everyday Objects Work," *Memory and Cognition* 34, no. 8 (2006): 1667‑75。

11.Mark D. Alicke and Olesya Govorun, "The Better-Than-Average Effect," in *The Self in Social Judgment*, eds. M. D. Alicke, D. A. Dunning, and J. I. Krueger (New York: Psychology Press, 2005).

12.Mary A. Lundeberg, Paul W. Fox, and Judith Punćcohaŕ, "Highly Confident but

Wrong: Gender Differences and Similarities in Confidence Judgments," *Journal of Educational Psychology* 86, no. 1 (1994): 114‑21.

13. 过度自信的性别差异在多个领域得到证实。最常被引用的一项经典研究显示，男性买卖的股票比女性多 45%。见 B. M. Barber and T. Odean, "Boys Will Be Boys: Gender, Overconfidence, and Common Stock Investment," *Quarterly Journal of Economics* 116, no. 1 (2001): 261‑92。有关心理课程考试中学生对每道题目信心的性别差异的研究，见 Lundeberg, Fox, and Punc'cohar, "Highly Confident but Wrong," 114。在后一项研究中，男性和女性都过度自信，但男性的过度自信在他们答错的题目上有特别明显的表现。

14. 中等智商被定义为 IQ 值在 90 和 110 之间。超过 110 是高于平均水平，低于 90 是低于平均水平。

15. Christopher Chabris and Daniel Simons, *The Invisible Gorilla* (New York: Crown, 2010). 另见 Sophie Von Stumm, Tomas Chamorro-Premuzic, and Adrian Furnham, "Decomposing Self-Estimates of Intelligence: Structure and Sex Differences Across 12 Nations," *British Journal of Psychology* 100, no. 2 (2009): 429‑42。

16. 有关男性和女性对智力的自我评估的不同文献回顾，见 Adrian Furnham, "Self-Estimates of Intelligence: Culture and Gender Difference in Self and Other Estimates of Both General (g) and Multiple Intelligences," *Personality and Individual Differences* 31 (2001): 1381‑405。有关对 12 个国家的更新的分析，见 Von Stumm, Chamorro-Premuzic, and Furnham, "Decomposing Self‑Estimates of Intelligence"。当男性和女性被问及他们具体智力的组成部分时，女性倾向于对她们的情商（EQ）给出更高的分数，而男性倾向于对他们方位和表达能力测试出的总体智商（IQ）给出更高的分数。有关智商和情商的比较，见 K. V. Petrides, Adrian Furnham, and G. Neil Matin, "Estimates of Emotional and Psychometric Intelligence: Evidence for Gender-Based Stereotypes," *Journal of Social Psychology* 144, no. 2 (2004): 149‑62。

17. Kevin V. Petrides and Adrian Furnham, "Gender Differences in Measured and Self-Estimated Trait Emotional Intelligence," *Sex Roles* 42, nos. 5‑6 (2000): 449‑61.

18. Sylvia Beyer and Edwin M. Bowden, "Gender Differences in Self-Perceptions: Convergent Evidence from Three Measures of Accuracy and Bias," *Personality*

and Social Psychology Bulletin 23, no. 2 (1997): 157－72.

19. 有关金融知识极其丰富的女性低估自己能力的研究，见 Matthias Gysler and Jamie Brown Kruse, *Ambiguity and Gender Differences in Financial Decision Making: An Experimental Examination of Competence and Confidence Effects* (Swiss Federal Institute of Technology, Center for Economic Research, 2002)。

20.Marc A. Brackett et al., "Relating Emotional Abilities to Social Functioning: A Comparison of Self-Report and Performance Measures of Emotional Intelligence," *Journal of Personality and Social Psychology* 91, no. 4 (2006): 780－95.

21. 有关概率性游戏方面的研究发现，见 Anthony Patt, "Understanding Uncertainty: Forecasting Seasonal Climate Change for Farmers in Zimbabwe," *Risk Decision and Policy* 6, no. 2 (2001): 105－19。有关股票交易方面的研究发现，见 Barber and Odean, "Boys Will Be Boys"。有关夜晚驾驶过度自信的研究，见 John A. Brabyn et al., "Night Driving Self-Restriction: Vision Function and Gender Differences," *Optometry and Vision Science* 82, no. 8 (2005): 755－64。

22.Albert E. Mannes and Don A. Moore, "A Behavioral Demonstration of Overconfidence in Judgment," *Psychological Science* 24, no. 7 (2013): 1190－97. 匹兹堡夏天炎热潮湿，冬天多雨雪，所以气温差别很大。

23. 有关工作场合性别刻板印象的综述，见 Madeline E. Heilman, "Gender Stereotypes and Workplace Bias," *Research in Organizational Behavior* 32 (2012): 113－35。

24.Samantha C. Paustian-Underdahl, Lisa S. Walker, and David J. Woehr, "Gender and Perceptions of Leadership Effectiveness: A Meta-Analysis of Contextual Moderators," *Journal of Applied Psychology* 99, no. 6 (November 2014): 1129－45.

25.Anne M. Koenig et al., "Are Leader Stereotypes Masculine? A Meta-Analysis of Three Research Paradigms," *Psychological Bulletin* 137, no. 4 (2011): 616－42.

26.Linda Babcock and Sara Laschever, *Women Don' t Ask: The High Cost of Avoiding Negotiation—and Positive Strategies for Change* (New York: Bantam Books, 2007).

27.Georges Desvaux, Sandrine Devillard-Hoellinger, and Mary C. Meaney, "A Business Case for Women," McKinsey Quarterly (September 2008), www. talentnaardetop.nl/uploaded_files/document/2008_A_business_case_for _ women.pdf.

28.Michael Roberto, "Lessons from Everest: The Interaction of Cognitive Bias, Psychological Safety, and System Complexity," California Management Review 45, no. 1 (2002): 136‑58. 引文在第 142 页。有趣的一点是，在 1996 年攀登中丧命的两位领队都是男性。不过，登山探险一般都是由男性领队。

29. "The Day the Sky Fell on Everest," New Scientist 2449 (May 29, 2004): 15, www.newscientist.com/article/mg18224492.200-the-day-the-sky-fell-on-everest.html.

30.Peter Goodspeed, "Nuclear Hubris Played a Role in Japanese Disaster," National Post, March 14, 2011, news.nationalpost.com/full-comment/peter-goodspeed-nuclear-hubris-played-a-role-in-japanese-disaster; Peter Elkind, David Whitford, and Doris Burke, "BP: 'An Accident Waiting to Happen,' " Fortune, January 24, 2011, fortune.com/2011/01/24/bp-an-accident-waiting-to-happen/.

31.Michael Corkery, "Meet a Citigroup Whistleblower: Richard M. Bowen III," Deal Journal, April 7, 2010, http://blogs.wsj.com/deals/2010/04/07/meet-a-citigroup-whistleblower-richard-m-bowen-iii/.

32. "Prosecuting Wall Street," 60 Minutes, CBS. 有关让鲍恩保持安静的举措，见 William D. Cohan, "Was This Whistle-Blower Muzzled?" New York Times, September 21, 2013。

33. 最早探讨 CEO 支付额外费用的原始研究的是 Mathew L. A. Hayward and Donald C. Hambrick, "Explaining the Premiums Paid for Large Acquisitions: Evidence of CEO Hubris," Administrative Science Quarterly 42 (1997): 103‑27。奇普和丹·希斯在他们的作品《决断力》一书中对此做了生动描述。

34.Michael G. Aamodt and Heather Custer, "Who Can Best Catch a Liar? A Meta-Analysis of Individual Differences in Detecting Deception," Forensic Examiner 15, no. 1 (2006): 6‑11.

35.B. L. Cutler and S. D. Penrod, "Forensically Relevant Moderators of the Relation Between Eyewitness Identification Accuracy and Confidence," *Journal of Applied Psychology* 74, no. 4 (1989): 650. 有关信心和目击证人、证词之间联系的出色探讨，见 Chabris and Simons, *The Invisible Gorilla*。第三章对自信心的错觉做了重要探讨。

36.Philip E. Tetlock, *Expert Political Judgment: How Good Is It? How Can We Know?* (Princeton, NJ: Princeton University Press, 2005), 233.

37.Daniel Kahneman, *Thinking, Fast and Slow* (New York: Farrar, Straus and Giroux, 2011), 87.

38.Helen Lerner, *The Confidence Myth* (Oakland, CA: Berrett-Koehler, 2015). 数字报告在附录 B 中。535 名调查受访者中，95.1% 自我认同为女性，因此女性总人数为509 名。

39.Mariëlle Stel et al., "Lowering the Pitch of Your Voice Makes You Feel More Powerful and Think More Abstractly," *Social Psychological and Personality Science* 3, no. 4 (2012): 497－502.

40. 嗓音深沉的 CEO 挣的钱更多，监管的企业更大。见 William J. Mayew, Christopher A. Parsons, and Mohan Venkatachalam, "Voice Pitch and the Labor Market Success of Male Chief Executive Officers," *Evolution and Human Behavior* 34, no. 4 (2013): 243－48. 有关嗓音深沉的男性一般被视为更具权力、更能胜任、更具支配力的研究，见 D. R. Carney, J. A. Hall, and L. Smith LeBeau, "Beliefs About the Nonverbal Expression of Social Power," *Journal of Nonverbal Behavior* 29 (2005): 106－23, 以及 S. E. Wolff and D. A. Puts, "Vocal Masculinity Is a Robust Dominance Signal in Men," *Behavioral Ecology and Sociobiology* 64 (2010): 1673－83。

41. 有关表明声调较高的女性被认为更具外在魅力的研究，见 see D. R. Feinberg et al., "The Role of Femininity and Averageness of Voice Pitch in Aesthetic Judgments of Women's Voices," *Perception* 37 (2008): 615－23。有关表明声调较低的女性被视作更好的领导者的调查研究，见 Casey A. Klofstad, Rindy C. Anderson, and Susan Peters, "Sounds Like a Winner: Voice Pitch Influences Perception of Leadership Capacity in Both Men and Women," *Proceedings of the Royal Society B: Biological Sciences* 279, no. 1738 (2012): 2698－704。

42.Polly Dunbar, "How Laurence Olivier Gave Margaret Thatcher the Voice That Went Down in History," *Daily Mail*, October 29, 2011, www.dailymail.co.uk /news/ article-2055214/How-Laurence-Olivier-gave-Margaret-Thatcher-voice-went- history.html.

43.Dana R. Carney, Amy J. Cuddy, and Andy J. Yap, "Power Posing: Brief Nonverbal Displays Affect Neuroendocrine Levels and Risk Tolerance," *Psychological Science* 21, no. 10 (2010): 1363 - 68.

44.John Brecher, "How to Close the Gender Gap at Work? Strike a Pose," *NBC News*, January 15, 2014, usnews.nbcnews.com/_news/2014/01/15/22305728- how-to-close-the-gender-gap-at-work-strike-a-pose.

45.Deborah J. Mitchell, J. Edward Russo, and Nancy Pennington, "Back to the Future: Temporal Perspective in the Explanation of Events," *Journal of Behavioral Decision Making* 2, no. 1 (1989): 25 - 38.

46.Beth Veinott, Gary A. Klein, and Sterling Wiggins, "Evaluating the Effectiveness of the Premortem Technique on Plan Confidence," in *Proceedings of the 7th International ISCRAM Conference*, Seattle, WA, May 2010.

47.Kimberly A. Daubman, Laurie Heatherington, and Alicia Ahn, "Gender and the Self-Presentation of Academic Achievement," *Sex Roles* 27, nos. 3/4 (1992): 187 - 204.

48.Laurie Heatherington et al., "Two Investigations of 'Female Modesty' in Achievement Situations," *Sex Roles* 29, nos. 11/12 (1993).

49. 自我抬高的定义来自 Alice H. Eagly and Steven J. Karau, "Role Congruity Theory of Prejudice Toward Female Leaders," *Psychological Review* 109, no. 3 (2002): 573 - 98; 所引内容在第 584 页。

50. 对自我抬高的性别差异研究的全面回顾，见上文。

51.Laurie A. Rudman, "Self-Promotion As a Risk Factor for Women: The Costs and Benefits of Counterstereotypical Impression Management," *Journal of Personality and Social Psychology* 74, no. 3 (1998): 629 - 45. 有关女性因为展现自信，让别人关注她们的优势而受到惩罚的更新回顾，见 Laurie A. Rudman and

Julie E. Phelan, "Backlash Effects for Disconfirming Gender Stereotypes in Organizations," *Research in Organizational Behavior* 28 (2008): 61‑79。

52.Laurie A. Rudman et al., "Status Incongruity and Backlash Effects: Defending the Gender Hierarchy Motivates Prejudice Against Female Leaders," *Journal of Experimental Social Psychology* 48, no. 1 (2012): 165‑79.

53. 谢丽尔·桑德伯格在《向前一步》中讲述了她的成功以及对此不同的感受。她对跻身《福布斯》年度世界最具权力的 100 位女性之列的反应可以在这本书的第 37 ~ 38 页找到。但是并非只有桑德伯格如此。研究显示，女性避免自我抬高，因为她们担心如果她们抬高自己，会招致集体反对和报复。见 Corinne A. Moss-Racusin and Laurie A. Rudman, "Disruptions in Women's Self-Promotion: The Backlash Avoidance Model," *Psychology of Women Quarterly* 34, no. 2 (2010): 186‑202。

54.Jennifer Lawrence, "Why Do I Make Less Than My Male Co-Stars?," *Lenny* (October 13, 2015).

55.Andreas Leibbrandt and John A. List, "Do Women Avoid Salary Negotiations? Evidence from a Large-Scale Natural Field Experiment," *Management Science* 61, no. 9 (2014): 2016‑24.

56.Sophie McGovern, "Glove Stretchers and Petticoats: Packing Advice from a Victorian Lady Traveller," GlobetrotterGirls.com, June 11, 2012, 2015 年 6 月 24 日获取 , globetrottergirls.com/2012/06/book-review-hints-for-lady-travellers/.

57.Linda L. Carli, Suzanne J. LaFleur, and Christopher C. Loeber, "Nonverbal Behavior, Gender, and Influence," *Journal of Personality and Social Psychology* 68, no. 6 (1995): 1030‑41.

58.Hannah R. Bowles and Linda Babcock, "How Can Women Escape the Compensation Negotiation Dilemma? Relational Accounts Are One Answer," *Psychology of Women Quarterly* 37, no. 1 (2013): 80‑96. 这种固定性的话语摘自第 84 页。

59. 同上，实验 2。

60.For a provocative book on unconscious bias, see Mahzarin R. Banaji and Anthony G. Greenwald, *Blindspot: Hidden Biases of Good People* (New York:

Delacorte Press, 2013).

第五章 压力使她专注，而非脆弱

1.Dan Bilefsky, "Women Respond to Nobel Laureate's 'Trouble with Girls,'" New York Times, June 11, 2015, www.nytimes.com/2015/06/12/world/europe/tim-hunt-nobel-laureate-resigns sexist- women-female-scientists.html?emc=edit_tnt_20150611&nlid=69372913&tntemail0=y. 另见 Sarah Knapton, "Sexism Row Scientist Sir Tim Hunt Quits Over 'Trouble with Girls' Speech," Telegraph, June 11, 2015, www.telegraph.co.uk/news/science/science-news/11667002/Sexism- row-scientist-Sir-Tim-Hunt-quits-over-trouble-with-girls-speech. html. Debrah Blum 是在午宴上发言的女性之一，她在午宴结束后和亨特进行了交谈，看他当时是不是在开玩笑，她发文，"Tim Hunt 'Jokes'.About Women Scientists. Or Not," Storify.com, June 14, 2015, storify.com/deborahblum/tim-hunt-and-his-jokes-about-women-scientists。

2. 有关情绪崩溃的语言，见 Maureen Dowd, "Can Hillary Cry Her Way Back to the White House?," New York Times, January 9, 2008, www.nytimes.com/2008/01/09/opinion/08dowd.html?pagewanted=alland_r=0。 另 见 Jeremy Holden, "Morris, Ingraham Claimed Clinton's Expression of Emotion Raises Questions About Her National Security Credentials," Mediamatters.org, January 8, 2008, mediamatters.org/research/2008/01/08/morris-ingraham-claimed-clintons-expression-of/142089。有关"过于情绪化，过于敏感，或者太脆弱了"，见 Emily Friedman, "Can Clinton's Emotions Get the Best of Her?," ABC News, January 7, 2008, abcnews.go.com/Politics/Vote2008/story?id=4097786。

3.Dave Zirin, "Serena Williams and Getting 'Emotional' for Title IX," Nation, July 9, 2012, www.thenation.com/blog/168793/serena-williams-and-getting-emotional-title-ix.

4.Donna Britt, "March Sadness: When Male Athletes Turn On the Tears," Washington Post, April 3, 2015, www.washingtonpost.com/opinions/march-sadness-when-male-athletes-turn-on-the-tears/ 2015/04/03/f557c096-d964-11e4-ba28-f2a685dc7f89_story.html.

5.Karen Breslau, "Hillary Clinton's Emotional Moment," *Newsweek*, January 6, 2008, www.newsweek.com/hillary-clintons-emotional-moment-87141.

6.Cathleen Decker, "'Emotional' Dianne Feinstein: At Least She's Not Hysterical," *Chicago Tribune*, April 7, 2014, www.chicagotribune.com/news/politics/la-pn-emotional-dianne-feinstein-cia- 20140407,0,6356985.story.

7.John McCain, "Bin Laden's Death and the Debate Over Torture," *Washington Post*, May 11, 2011, www.washingtonpost.com/opinions/bin-ladens-death-and-the-debate-over-torture/2011/05/11/AFd1mdsG_story.html?hpid=z2.

8.Lucy Madison, "Santorum: McCain 'Doesn't Understand' Torture," *CBS News*, May 17, 2011, www.cbsnews.com/news/santorum-mccain-doesnt-understand-torture.

9.Garrett Quinn, "Analysis: Coakley, Baker Dive into Weeds Again, but Show Their Emotional Sides in Final Debate," MassLive.com, October 29, 2014, www.masslive.com/politics/index.ssf/2014/10/final_debate_analysis.html; Todd Domke, "Baker Wins Debate by 'Losing It,'" WBUR.org, October 29, 2014, www.wbur.org/2014/10/29/domke-debate-baker.

10.Yvonne Abraham, "Turning the Tables," *Boston Globe*, October 30, 2014, www .bostonglobe.com/metro/2014/10/29/abraham/9LxKj9P0VwYdVxhAiVwNhJ /story.html.

11.Agneta H. Fischer, Alice H. Eagly, and Suzanne Oosterwijk, "The Meaning of Tears: Which Sex Seems Emotional Depends on Social Context," *European Journal of Social Psychology* 43 (2013): 505 - 15.

12.Shauna Shames, "Clearing the Primary Hurdles: Republican Women and the GOP Gender Gap," Political Parity, January 15, 2015, www.politicalparity.org/wp-content/uploads/2015/01/ primary-hurdles-full-report.pdf.

13. 此部分标题取自 Lisa Feldman Barrett 和 Eliza Bliss-Moreau 所发表的一篇重要论文 "She's Emotional. He's Having a Bad Day: Attributional Explanations for Emotion Stereotypes," Emotion 9, no. 5 (2009): 649。在 Lisa Feldman Barrett 的允许下使用（2014 年 6 月和作者的电子邮件交流）。

14. 上文报告了这些经典的研究成果。

15. 有关心率和血压变化的研究，见 William Lovallo，"The Cold Pressor Task and Autonomic Function: A Review and Integration," *Psychophysiology* 12, no. 3 (1975): 268 - 82。有关描述皮质醇变化的研究，见 Monika Bullinger et al., "Endocrine Effects of the Cold Pressor Test: Relationships to Subjective Pain Appraisal and Coping," *Psychiatry Research* 12, no. 3 (1984): 227 - 33。

16.R. van den Bos, M. Harteveld, and H. Stoop, "Stress and Decision-Making in Humans: Performance Is Related to Cortisol Reactivity, Albeit Differently in Men and Women," *Psychoneuroendocrinology* 34, no. 10 (2009): 1449 - 58.

17. 同上。

18.S. D. Preston et al., "Effects of Anticipatory Stress on Decision Making in a Gambling Task," *Behavioral Neuroscience* 121, no. 2 (2007): 257.

19. 不少作品中引述了男性比女性更常竞争这一观点。我特别喜欢 Laurence Shatkin 名为 *Career Laboratory* 的博客。在此他将"职业信息和职业决策在一个试管内混合起来"，看会出现什么有趣的现象。他在 2011 年 12 月 9 日发表的题为"男性和女性的工作价值观"（*Work-Related Values of Men and Women*）的博文中，基于 2013 年的全国大学毕业生调查，对男性和女性在考虑一份工作时对不同因素的重视程度进行了比较；见 careerlaboratory.blogspot.com/2011/12/work-related-values-of-men-and-women.html。

20.Van den Bos, Harteveld, and Stoop, "Stress and Decision-Making in Humans."

21. 值得一提的是，2009 年的研究中，范登博斯和他的团队在研究高低反应者时，采用了中央二分法，也就是说他们找到皮质醇的中间值，然后将参与者分成了两类，超过该值的和低于该值的。虽然用这个方法划分一个群体效果显著，但可能有更好的分割点。将来如果有更精确的方法定义高低反应者，研究者们设定的标准可能会稍稍不同。

22.Andrew J. King et al., "Sex-Differences and Temporal Consistency in Stickleback Fish Boldness," *PLOS ONE* 8, no. 12 (2013): e81116.

23.Jolle Wolter Jolles, Neeltje Boogert, and Ruud van den Bos, "Sex Differences in Risk-Taking and Associative Learning in Rats" (under review by *Royal Society*

Open Science in August 2015).

24.Shelley E. Taylor, "Tend and Befriend: Biobehavioral Bases of Affiliation Under Stress," *Current Directions in Psychological Science* 15, no. 6 (2006): 273‐77. 有关将"照顾和结盟"应激反应与"战或逃"应激反应进行比较的原作，见 Shelley E. Taylor et al., "Biobehavioral Responses to Stress in Females: Tend-and-Befriend, Not Fight-or-Flight," *Psychological Review* 107, no. 3 (2000): 411‐29。

25.Nichole Lighthall 和同事利用"照顾和结盟"理论分析，解释女性可能对风险规避大于追求的原因。我很感谢 Mara Mather 让我注意到这个阐释。

26. 这个关于主被动应对方式的说法是范登博斯做出的（鲁德·范登博斯和作者的私人交谈，2015 年 8 月 12 日）。个人行为、压力和性别之间的关联极其复杂，有关不同变量相互关系的研究，见 Tony W. Buchanan and Stephanie D. Preston, "Stress Leads to Prosocial Action in Immediate Need Situations," *Frontiers in Behavioral Neuroscience* 8, no. 5 (2014): 1‐6。

27.Christopher Cardoso et al., "Stress-Induced Negative Mood Moderates the Relation Between Oxytocin Administration and Trust: Evidence for the 'Tend-and-Befriend' Response to Stress?," *Psychoneuroendocrinology* 38, no. 11 (2013): 2800‐2804. 另见 R. R. Thompson et al., "Sex-Specific Influences of Vasopressin on Human Social Communication," *Proceedings of the National Academy of Sciences* 103, no. 20 (2006): 7889‐94。

28.L.Tomovaetal., "IsStressAffectingOurAbilitytoTuneIntoOthers?Evidence for Gender Differences in the Effects of Stress on Self-Other Distinction," *Psychoneuroendocrinology* 43 (2014): 95‐104.

29. 范登博斯在 2014 年 6 月的一次私人交谈中与我分享了这个类比。他还在一篇文章中使用了这个类比: Ruud van den Bos, Jolle W. Jolles, and J. R. Homberg, "Social Modulation of Decision-Making: A Cross-Species Review," *Frontiers in Human Neuroscience* 7 (2013): 301.

30. 没有女性董事成员的公司在 2005 年～2011 年间业绩只增长了 10%，而至少有一位女性董事成员的公司在这段艰难时期增长了 14%，比同规模公司多 40%。见 Urs Rohner and Brady W. Dougan, eds., "Gender Diversity and Corporate Performance," *Credit Suisse AG*, August 2012, 14。

31. 同上。

32. 对于超过 100 亿美元的大盘股公司，董事会有至少一位女性的公司，比董事会全部是男性的公司表现得更好。对于小一些的公司，女董事的优势稍稍没那么明显。对于低于 100 亿美元的中小盘股公司，有至少一位女性董事的公司的盈利比董事会全部是男性的公司高 17%。数据来源同上。

33. 有关国家的性别平等对董事会多样性和市场表现之间的关系起调节作用的元分析，见 Corinne Post and Kris Byron, "Women on Boards and Firm Financial Performance: A Meta-Analysis," *Academy of Management Journal* 58, no. 5 (2015): 1546 - 71。还有一篇很棒的文章，总结并分析了公司表现和女性董事成员方面相矛盾的发现，Alice H. Eagly, "When Passionate Advocates Meet Research on Diversity: Does the Honest Broker Stand a Chance?," *Journal of Social Issues*（出版中）。也许最精明的机构每样事情都做得对，它们超越了平均水平，提拔更多女性。也许盈利最高的公司有更多资金雇用并留住那些最具远见卓识的女性，Eagly 在她的文章中提出了这一点。

34. 美国政府关门的成本估计取自 Steve James, "Money for Nothing: Government Shutdown Costs $12.5 Million per Hour," *NBC News*, October 1, 2013。暂时解雇的联邦公务员的人数取自 Laura Meckler and Rebecca Ballhaus, "More Than 800,000 Federal Workers Are Furloughed," *Wall Street Journal*, October 1, 2013, online. wsj.com/news/articles/SB10001424052702304373104579 107480729687014。

35. *2013 Catalyst Census: Fortune 500 Women Board Directors* (December 10, 2013), http://www.catalyst.org/knowledge/2013-catalyst-census-fortune-500-women-board-directors.

36. Susan Vinnicombe, Elena Dolder, and Caroline Turner, *The Female FTSE Board Report 2014* (Bedford, UK: Cranfield School of Management, Cranfield University, 2014).

37. 准确而言，莱恩和哈斯兰姆不是最先注意到这个现象的人。伊丽莎白·贾奇（Elizabeth Judge.）在 2003 年为《泰晤士报》写了一篇题为"Women on Board: Help or Hindrance?"的文章，莱恩和哈斯兰姆的好奇心因此被激起。贾奇指出，伦敦股票交易所排名前 100 的公司有一个令人忧心的特征——即女性管理的公司变现得不如男性管理的公司好。贾奇认为责任在于女性领导人。但莱恩和哈斯兰姆深入研究了这个问题，他们发现，股票表现低迷的公司通常在女领导人上任前 5 个月就面临困难，因此股票表现下滑不是女性的责任。她们是在股票下滑很久后被聘任的。

38.Sylvia Maxfield, "Janet Yellen on the Glass Cliff," *PC News*, November 4, 2013, www.providence.edu/news/headlines/Pages/Sylvia-Maxfield-Providence-Journal-op-ed.aspx.

39.Catherine Fox, "Lagarde Appointment Tests 'Glass-Cliff' Theory," *Financial Review*, July 26, 2011, www.afr.com/p/opinion/lagarde_appointment_tests _glass_DLVt4mTpAqOTaxhjxL8y8H.

40.Jaclyn Trop, "Is Mary Barra Standing on a Glass Cliff?," *New Yorker*, April 30, 2014. 有关对该事件的掩盖，见 Rebecca Ruiz and Danielle Ivory, "Documents Show General Motors Kept Silent on Fatal Crashes," *New York Times*, July 15, 2014。

41.Nichole R. Lighthall et al., "Gender Differences in Reward-Related Decision Processing Under Stress," *Social Cognitive and Affective Neuroscience* 7, no. 4 (2012): 476 - 84. 其他研究者同样发现，在进行新的学习时，比起消极反馈，处于压力之下的男性和女性都更关注积极反馈。见 Antje Petzold et al., "Stress Reduces Use of Negative Feedback in a Feedback-Based Learning Task," *Behavioral Neuroscience* 124, no. 2 (2010): 248。

42.Paul C. Nutt, "The Identification of Solution Ideas During Organizational Decision Making," Management Science 39 (1993): 1071 - 85. 如果你想了解更多需要做出"是不是"和"该不该"决定的众多问题，见一篇更新的文章： Paul C. Nutt, "Surprising but True: Half the Decisions in Organizations Fail," *Academy of Management Executive* 13, no. 7 (1999): 5 - 90.

43.Hans Georg Gemuden and Jurgen Hauschildt, "Number of Alternatives and Efficiency in Different Types of Top-Management Decisions," *European Journal of Operational Research* 22 (1985): 178 - 90. 这家公司所做的决定极少被认为"非常好"，这点也许听起来有点儿令人失望，但该公司在评估它过去所做的决定时，有很高的标准。他们将 18 个月间所做的 34% 的决定评为失败的决定，40% 为令人满意的决定，只有 26% 的决定被评为非常好。

44.Barry Schwartz, *The Paradox of Choice* (New York: Ecco, 2004). 虽然此书被决策研究者们奉为经典，但关于选择超载及其出现和不出现的时间仍旧处于激烈的争论中。有关测试选择超载是否出现的 50 项研究的元分析，见 Benjamin Scheibehenne, Rainer Greifeneder, and Peter M. Todd, "Can There Ever Be Too Many Options? A Meta-Analytic Review of Choice Overload," *Journal of Consumer Research* 37, no. 3 (2010): 409 - 25。他们发现，各项研究得出的结果差异很大，有些研究指出，

人们在面临太多选择时动力和满足感都相应减少；另一些研究发现，动力和满足感毫无变化。部分取决于做选择的那个人的专业知识。如果你喜欢工具，那么站在一堵挂满螺丝刀的墙前会让你嘴角上扬。奇普·希斯和丹·希斯对选择超载研究的实际意义做出了精彩的分析，见 *Decisive: How to Make Better Decisions in Life and Work* (New York: Crown Business, 2013)。

45.Alison Wood Brooks, "Get Excited: Reappraising Pre-Performance Anxiety as Excitement," *Journal of Experimental Psychology: General* 143, no. 3 (2014): 1144–58.

46. 同上。

47. 同上。另见 S. Schachter 和 J. Singer 的经典文章，"Cognitive, Social, and Physiological Determinants of Emotional State," *Psychological Review* 69 (1962): 379–99, doi:10.1037/h0046234。

48. 如果你在想她为什么选这首歌，因为说英语的人都知道这首歌，它是 iTunes 历史下载次数最多的 21 首歌曲之一。而且，这首歌用三种不同音阶唱都会好听，因此高音女性和低音男性都能演唱这首歌。

49.Brooks, "Get Excited," 实验 2 和实验 3。

50.Jeremy P. Jamieson, Matthew K. Nock, and Wendy Berry Mendes, "Mind Over Matter: Reappraising Arousal Improves Cardiovascular and Cognitive Responses to Stress," *Journal of Experimental Psychology: General* 141, no. 3 (2012): 417–22.

第六章　看着他人做出糟糕的决定

1.Ulrica G. Nilsson et al., "The Desire for Involvement in Healthcare, Anxiety and Coping in Patients and Their Partners After a Myocardial Infarction," *European Journal of Cardiovascular Nursing* 12, no. 5 (2013): 461–67, doi:10.1177/1474515112472269.

2.Linda J. Sax, Alyssa N. Bryant, and Casandra E. Harper, "The Differential Effects of Student-Faculty Interaction on College Outcomes for Women and Men," *Journal of College Student Development* 46, no. 6 (2005): 642–57.

3.Yeonjung Lee and Fengyan Tang, "More Caregiving, Less Working: Caregiving Roles and Gender Difference," *Journal of Applied Gerontology* 34, no. 4 (June 2015), doi:10.1177/0733464813508649.

4.Francesca Gino 在她的作品 *Sidetracked: Why Our Decisions Get Derailed and How We Can Stick to the Plan* (Boston: Harvard Business Review Press, 2013) 中描述了这项研究。有关完整研究以及数据，见 Francesca Gino, "Do We Listen to Advice Just Because We Paid for It? The Impact of Advice Cost on Its Use," *Organizational Behavior and Human Decision Processes* 107, no. 2 (2008): 234–45。

5.Paul C. Nutt, "The Identification of Solution Ideas During Organizational Decision Making," *Management Science* 39 (1993): 1071–85. 另 见 Chip and Dan Heath, *Decisive: How to Make Better Decisions in Life and Work* (New York: Crown Business, 2013) 中的第二章"Avoid a Narrow Frame"。

6. 这个例子摘自 Daniel Kahneman, *Thinking, Fast and Slow* (New York: Farrar, Straus and Giroux, 2011), 279–80。

7.Daniel Kahneman and Amos Tversky, "Prospect Theory: An Analysis of Decision Under Risk," *Econometrica: Journal of the Econometric Society* (1979): 263–91. Kahneman 和 Tversky 在 10 多年后创立了该理论的新版本；见 Amos Tversky and Daniel Kahneman, "Advances in Prospect Theory: Cumulative Representation of Uncertainty," *Journal of Risk and Uncertainty* 5, no. 4 (1992): 297–323。

8. 丹尼尔·卡尼曼和作者的私人交谈，2015 年 5 月 5 日。

9.Elanor F. Williams and Robyn A. LeBoeuf, "Starting Your Diet Tomorrow: People Believe They Will Have More Control Over the Future Than They Did Over the Past," Journal of Consumer Research（书稿校订中）。在威廉姆斯和勒伯夫进行的某些研究中，她们询问参与者的亲身经历；在某些研究中，她们让参与者想象假设性的情境。

10. 威廉姆斯和勒伯夫发现，人们怀疑他们在将来不会有更多控制权的少数方面之一是他们的拖延程度。他们的逻辑似乎是，一旦拖延过，就永远会拖延。比起概率性游戏，人们多半更能控制自己的拖延程度，但他们认为拖延本身不可控制。这听上去很讽刺，但也许很贴近现实。

11.Daniel T. Gilbert et al., "Looking Forward to Looking Backward: The Misprediction of Regret," *Psychological Science* 15, no. 5 (2004): 346‐50.

12.Kriti Jain et al., "Unpacking the Future: A Nudge Toward Wider Subjective Confidence Intervals," *Management Science* 59, no. 9 (2013): 1970‐87. 诚然，我将"打开未来"的研究应用于各类社会及关系问题。多数此类的研究探讨的是人们不善估计他们对将来执行任务时所具备的时间和控制权。有关打开未来及其对决策的改善的更多研究，见 Jack B. Soll, Katherine L. Milkman, and John W. Payne, "A User's Guide to Debiasing," in *Wiley-Blackwell Handbook of Judgment and Decision-Making*, eds. Gideon Keren and George Wu (Malden, MA: Wiley-Blackwell, 2015)。

13. 我要表达对 Nora Williams 的感谢，她帮助我想出这些克服认为我们在未来更有控制力的偏见的策略。作为一位慷慨无私的同事，她和我分享了几个聪明的想法。

14. 如果你想深入了解认知失调，我所读过的有关这方面最丰富有趣的书籍是 Carol Tavris and Elliot Aronson, *Mistakes Were Made (but Not by Me)*, rev. ed. (Boston: Houghton Mifflin Harcourt, 2015)。书中的例子取材于近期的新闻及最近发生过的事件，Tavris 和 Aronson 写得很好。

15. 虽然 Leon Festinger 多年来针对认知失调的著述甚多，但他在书中详述了自己的完整理论 A *Theory of Cognitive Dissonance* (Stanford, CA: Stanford University Press, 1957)。

16. 父母大幅修改甚至代写他们子女的大学申请短文的做法也许听起来骇人听闻，但这正是院校招生办公室已经意识到并加以谴责的一种趋势。见 Rebecca Joseph, "A Plea to Those Helping Students with College Application Essays: Let the 17-Year-Old Voice Take Center Stage," *Huffington Post*, October 17, 2013。另见 Kevin McMullin, "For parents: No essay hijacking," CollegeWise.com, 2016 年 1 月 29 日获取，www.collegewise.com/for-parents-no-essay-hijacking。

17.Tavris 和 Aronson 在他们的书中指出，这是我们在问"你在想些什么"时真正传达的意思。

18.Anthony Pratkanis and Doug Shadel, *Weapons of Fraud: A Course Book for Fraud Fighters* (Washington, DC: AARP, 2005). 想要本书的赠阅本，打开 www. aarp.org。

19. 积极效应的这一定义源自论文 Andrew E. Reed and Laura L. Carstensen, "The Theory Behind the Age-Related Positivity Effect," *Frontiers in Psychology* 3 (2012): 1‑9。

20.Derek M. Isaacowitz et al., "Selective Preference in Visual Fixation Away from Negative Images in Old Age? An Eye-Tracking Study," *Psychology and Aging* 21, no. 1 (2006): 40‑48.

21.Mara Mather, Marisa Knight, and Michael McCaffrey, "The Allure of the Alignable: Younger and Older Adults' False Memories of Choice Features," *Journal of Experimental Psychology: General* 134, no. 1 (2005): 38‑51.

22.Sunghan Kim et al., "Age Differences in Choice Satisfaction: A Positivity Effect in Decision Making," *Psychology and Aging* 23, no. 1 (2008): 33.

23.Corinna E. Löckenhoff and Laura L. Carstensen, "Aging, Emotion, and Health- Related Decision Strategies: Motivational Manipulations Can Reduce Age Differences," *Psychology and Aging* 22, no. 1 (2007): 134‑46. 另见 Corinna E. Löckenhoff and Laura L. Carstensen, "Decision Strategies in Health Care Choices for Self and Others: Older but Not Younger Adults Make Adjustments for the Age of the Decision Target," *Journals of Gerontology Series B: Psychological Sciences and Social Sciences* 63, no. 2 (2008): 106‑9。

24.Mara Mather and Laura L. Carstensen, "Aging and Motivated Cognition: The Positivity Effect in Attention and Memory," *Trends in Cognitive Sciences* 9, no. 10 (2005): 496‑502. 另见 Laura L. Carstensen and Joseph A. Mikels, "At the Intersection of Emotion and Cognition: Aging and the Positivity Effect," *Current Directions in Psychological Science* 14, no. 3 (2005): 117‑21。

25.Quinn Kennedy, Mara Mather, and Laura L. Carstensen, "The Role of Motivation in the Age-Related Positivity Effect in Autobiographical Memory," *Psychological Science* 15, no. 3 (2004): 208‑14.

26. 你可能在想，这些修女在初次调查的 14 年后是否都还健在，她们是否格外健康。不幸的是，其中许多已经去世。1987 年完成调查的 862 位修女中，2001 年尚且健在的有 316 位，其中 300 位参与了第二次调查。1987 年所做的初次调查没有文章发表，但被引用过，见 Laura L. Carstensen and K. Burrus, "Stress, Health and the Life Course in a Midwestern Religious Community"（未发表文稿，1996）。你可能还在想，为什么研究者不选其他人群而选择研究修女。我问过后续研究的作者之一玛拉·马瑟，她解释说，不是因为他们认为修女对周遭世界的观点会更加积极或消极，仅仅是因为这样研究方法会简化。许多人搬到不同地方或者结婚并且更改姓氏，研究者很难在 10 年或者更久后找到她们。在 14 年间研究一个宗教团体的成员要比研究普通人群的成员要简单得多。还有些研究者在做阿尔茨海默病、体重变化、血压研究时选择修女。

27. 有关积极效应对我们决定记忆的影响的综述，见 Quinn Kennedy and Mara Mather, "Aging, Affect, and Decision Making," in Do Emotions Help or Hurt Decision Making?, eds. K. Vohs, R. Baumeister, and G. Loewenstein (New York: Russell Sage Foundation, 2007), 245–65。

28. 有关积极效应也许是精神健康的表现的研究，见 Laura K. Sasse et al., "Selective Control of Attention Supports the Positivity Effect in Aging," PLOS ONE 9, no. 8 (2014), e104180。有关控制个人情感需要大脑各区域相互作用的研究，见 Michiko Sakaki, Lin Nga, and Mara Mather, "Amygdala Functional Connectivity with Medial Prefrontal Cortex at Rest Predicts the Positivity Effect in Older Adults' Memory," Journal of Cognitive Neuroscience 25, no. 8 (2013): 1206–24。

29. Löckenhoff and Carstensen, "Decision Strategies in Health Care Choices."

30. Kennedy, Mather, and Carstensen, "The Role of Motivation."

31. 有关情绪调节和衰老的更多信息，见 Reed and Carstensen, "The Theory Behind the Age-Related Positivity Effect," and M. Mather, "The Emotion Paradox in the Aging Brain," Annals of the New York Academy of Sciences 1251, no. 1 (2012): 33–49。

32. James J. Gross et al., "Emotion and Aging: Experience, Expression, and Control," Psychology and Aging 12, no. 4 (1997): 590. 更新的研究，见 Laura L. Carstensen et al., "Emotional Experience Improves with Age: Evidence Based on Over 10 Years of Experience Sampling," Psychology and Aging 26, no. 1 (2011): 21–33。

33. 有关老年人寻求更少选择的论述，见 R. Mata and L. Nunes, "When Less Is

Enough: Cognitive Aging, Information Search, and Decision Quality in Consumer Choice," *Psychology of Aging* 25 (2010): 289‐98, 以及 Mara Mather, "A Review of Decision Making Processes: Weighing the Risks and Benefits of Aging," in *When I'm 64*, eds. L. L. Carstensen and C. R. Hartel (Washington, DC: National Academies Press, 2006), 145‐73。有关探讨老年人在决策过程中寻求更少信息的近期神经科学研究，见 Julia Spaniol and Pete Wegier, "Decisions from Experience: Adaptive Information Search and Choice in Younger and Older Adults," *Frontiers in Neuroscience* 6 (2012)。

34.Andrew E. Reed, Joseph A. Mikels, and Kosali I. Simon, "Older Adults Prefer Less Choice Than Young Adults," *Psychology and Aging* 23, no. 3 (2008): 671‐75. 有关对老年女性比年轻女性寻求更少乳腺癌诊疗信息的研究，见 Bonnie Meyer, Connie Russo, and Andrew Talbot, "Discourse Comprehension and Problem Solving: Decisions About the Treatment of Breast Cancer by Women Across the Life Span," *Psychology and Aging* 10, no. 1 (1995): 84。

35.Laura L. Carstensen et al., "Emotional Experience Improves with Age," 21.

36.Marisa EmotionKnight et al., "Aging and Goal-Directed Emotional Attention: Distraction Reverses Emotional Biases," *Emotion* 7, no. 4 (2007): 705. 另见 M. Mather and M. Knight, "Goal Directed Memory: The Role of Cognitive Control in Older Adults' Emotional Memory," *Psychology and Aging* 20, no. 4 (2005): 554‐70。有关分散注意力能降低老年人的积极效应这一论断的作品，见 E. S. Allard and D. M. Isaacowitz, "Are Preferences in Emotional Processing Affected by Distraction? Examining the Age-Related Positivity Effect in Visual Fixation Within a Dual-Task Paradigm," *Aging, Neuropsychology, and Cognition* 15, no. 6 (2008): 725‐43。

后 记

1. 伊丽莎白·洛夫特斯是研究目击证人证词易错性方面的专家。见 Elizabeth Loftus, "Our Changeable Memories: Legal and Practical Implications," *Nature Reviews Neuroscience* 4, no. 3 (2003): 231‐34。

2.这个记忆和绘画的类比,我借鉴了一个哲学论坛2012年10月17日发表的题为"What's a Good Analogy for Human Memory?" 的讨论。感谢用户MyselfYoursef这个聪明的想法,不管你是谁。见forums.philosophyforums.com/threads/whats-a-good-analogy-for-human-memory- 57001.html。

3. 有关选民在选举后会更新他们的政治观点的研究,见Ryan K. Beasley and Mark R. Joslyn, "Cognitive Dissonance and Post-Decision Attitude Change in Six Presidential Elections," *Political Psychology* 22, no. 3 (2001): 521 - 40, 以及 Linda J. Levine, "Reconstructing Memory for Emotions," *Journal of Experimental Psychology: General* 126, no. 2 (1997): 165 - 77。有关成年人记错高中成绩的研究,见Harry P. Bahrick, Lynda K. Hall, and Stephanie A. Berger, "Accuracy and Distortion in Memory for High School Grades," *Psychological Science* 7, no. 5 (1996): 265 - 71。有关成年人记错青少年时期性格的研究,见Daniel Offer et al., "The Altering of Reported Experiences," *Journal of the American Academy of Child and Adolescent Psychiatry* 39, no. 6 (2000): 735 - 42。

4.Carol Tavris and Elliot Aronson, *Mistakes Were Made (but Not by Me)*, rev. ed. (Boston: Houghton Mifflin Harcourt, 2015), 101.

致 谢

1. 迈克尔·查邦是一位曾获普利策奖的小说家,完整的引文是:"如果你想成为一名成功的小说家,你需要三样东西:天赋、运气和自制力。自制力是这三样中唯一你能控制的一样,因此这是你必须集中注意力加以控制的方面,你只能去希望并相信另外两方面。"